세상에서 가장 아름다운 실험 열 가지

The Prism and the Pendulum

옮긴이 김명남

KAIST 화학과를 졸업하고 서울대 환경대학원에서 환경 정책을 공부했다. 인터넷 서점 알라딘 편집팀장을 지냈고, 지금은 전문 번역가로 활동하고 있다. 옮긴 책으로는 『마음이 태어나는 곳』, 『이보디보, 생명의 블랙박스를 열다』, 『문학은 어떻게 내 삶을 구했는가』, 『우리 본성의 선한 천사』, 『블러디 머더―추리 소설에서 범죄 소설로의 역사』, 『우리는 언젠가 죽는다』, 『소름』, '마르틴 베크' 시리즈 등이 있다.

세상에서 가장 아름다운 실험 열 가지

로버트 P. 크리즈 | 김명남 옮김

THE PRISM AND THE PENDULUM: The Ten Most Beautiful Experiments in Science
Copyright © 2003 by Robert P. Crease

Korean-language edition copyright © 2018 by Chiho Publishing House
This Korean-language edition was published in agreement with the author, c/o BAROR INTERNATIONAL, INC., Armonk, New York, U.S.A. through Danny Hong Agency, Seoul, Korea.

1판 1쇄 · 2006년 8월 31일
1판 3쇄 · 2018년 11월 15일

발행처 · 도서출판 지호 | 출판등록 · 2007년 4월 4일 제2018-000061호 | 주소 · 서울시 서대문구 증가로19길 10, 203호 | 전화 · 02-6396-9611 | 팩스 · 02-6488-9611 | 이메일 · chihobook@naver.com | 편집 · 김희중 | 표지디자인 · 오필민 | 내지디자인 · 박애영

ISBN 978-89-5909-019-8

세상에서 가장 아름다운 실험 열 가지

로버트 P. 크리즈 | 김명남 옮김

지호

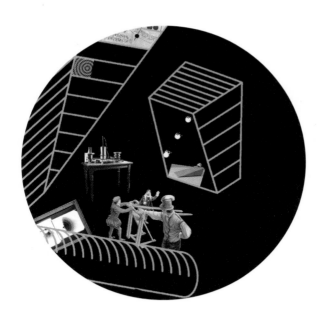

세상의 모든 야생의 것들에게

| 차례 |

전이의 순간

과학자들이 실험을 일컬어 '아름답다'고 표현하는 걸 언제 처음 들었는지 잘 기억나지 않는다. 하지만 그게 무슨 뜻인지 어렴풋하게나마 처음 이해한 순간이 언제인지는 똑똑히 기억한다.

몇 년 전, 나는 하버드 대학 물리학부 건물의 한 어둑한 연구실에 앉아 있었다. 사방에 책이며 논문이 제멋대로 쌓여 있었다. 내 맞은편에 앉은 사람은 셸던 글래쇼 교수였다. 정력적인 물리학자인 그의 얼굴은 돋보기만큼이나 두꺼운 안경에 가려진데다 신비로운 베일처럼 주위를 둘러싼 시가 연기 때문에 아예 보이지 않을 지경이었다. "참으로 아름다운 실험이었지요." 교수는 말했다. "절대적으로 **아름다운** 실험이었고말고요!" 특정 단어를 강조하며 열렬하게 뱉은 그의 말을 듣노라니, 문득, 그가 단어 하나하나를 주의 깊게 선별하여 발언하는 게 틀림없다는 생각이 들었다. 그의 눈에는 지금 설명하고 있는 실험이 문자 그대로 '아름다운' 무엇으로 보이는 게 분명했다.

글래쇼 교수는 인문학적 교양이 부족한 사람이 아니다. 그가 지닌 인문학이나 예술 분야의 지식은 그 분야 전공자들이 교수의 영역, 즉 입자물리학에 대해 지닌 상식에 견주어 훨씬 낫다. 그런 과학자들이 적지 않다. 그는 또한 탁월한 과학자로서 1979년에 노벨 물리학상을 받았다. 나와 그 방에서 대화를 나누기 몇 년 전의 일이었다. 나는 그 순간, 그 연구실에서, 갑자기 한 가지 의문에 사로잡히게 되었다. 진심으로 과학 실험이 아름답다고 믿을 수 있는 걸까? 우리가 보통 풍경이나 사람이나 그림을 보고 아름답다고 할 때와 똑같은 심정으로 그럴 수 있는 걸까?

나는 글래쇼 교수를 그토록 흥분시킨 실험이 어떤 것인지 자세히 알고 싶었다. 교수는 그 실험을 과학계에 통용되는 축어를 활용하여 'SLAC 중성전류' 실험이라 불렀다. 수많은 과학자, 공학자, 기술자들이 여러 해에 걸쳐 구슬땀을 흘려가며 수행한, 어렵고도 복잡한 실험이었다. 실험을 설계하고 장비를 갖추는 데만 거의 십 년이 소요되었고, 1978년 봄 샌프란시스코 남쪽 산타클라라 산맥 부근에 있는 스탠퍼드 선형가속기 연구소(SLAC) 내에 건설된 3.2킬로미터 길이의 입자가속기를 활용해 실험이 벌어졌다. 편극 전자(스핀이 모두 한 방향으로만 편극된 전자)를 발생시킨 뒤 전자 빔을 광속에 가까운 속도로 입자가속기 내에 쏘아 보내면 전자들은 양성자와 중성자로 이루어진 핵 과녁에 가 세게 부딪친다. 그후에 일어나는 현상을 관찰하는 실험이었다. 실험의 결과에 따라 신생 이론이 검증될 상황이었다. 글래쇼 교수는 가장 기초적인 수준에서 물질의 구조를 설명하고자 하는 그 이론의 형성에 결정적 기여를 한 인물이었다. 이론이 옳다면 전자가 두 가지 스핀 방향 중 어느 쪽을 취하느냐에 따라 양성자 과녁에서 튕겨나는 방식에 아주 작은 차이가 있을 것이다. 소위 '홀짝성 비보존 중성전류'의 존재를 암시하는 결과일 터였다. 결과를 제대로 관측하려면 상상을 초월할 정도의 정밀한 실험을 수행해야 했다. 믿을 만한 데이터를 산출하기 위해서는 전자를 100억 개 가량 관찰해야 했다. 그런 실험은 애초 불가능하거나 가능하다 해도 결과가 깔끔하지 못하리라고 생각하는 과학자들이 많았다.

그런데 과학자들은 실험에 착수한 후 단 며칠 만에 모호하거나 의심스럽기는커녕 너무나 분명한 형태로 그 야심찬 이론을 뒷받침하는 결과가 나온다는 사실을 깨달았다(글래쇼 교수를 비롯한 세 명의 과학자들이 이론 수립에 기여한 덕분에 노벨상을 받는다). 흠 잡을 데 없이 수행된 하나의 실험 덕택에 홀짝성 비보존 중성전류라는 자연의 근원적 속성이 새로이 존재를 인정받은 것이다. 물리학을 연구하는 사람이라면 누구나 결과의 명료함을 인식할 수 있었기에 실제 작업에 참가하지 않은 과학자들조차도 이 실험이 감동적이라고 여겼다. 1978년 6월, 가속기 연구소 강당에서 토론이 열렸을 때 실험에 관여했던 한 과학자가 실험 내용과 결과에 대해 발표했다. 외부인들에게는 처음으로 설명하는 자리였다. 사람들은 나중에 떠올리기를 당시 강당을 메웠던 연구소 과학자들 중 결과에 이의를 제기하고 나선 자가 하나도 없었는데, 원래 논쟁이라면 사족을 못 쓰는 자들이 그런 모습을 보인 것은 일찍이 한 번도 없던 일이라고 했다. 정말 누구도, 어떠한 질문도 던지지 않았다. 발표자 역시 회상하기를 발표를 마친 뒤 터져 나온 박수가 평소보다 길었고, 평소보다 미더웠으며, 평소보다 존경의 기색을 더 많이 띤 것 같았다고 했다.[1]

실험이 아름다울 수 있다는 생각을 접한 나는 그렇다면 정말 아름다운 실험들에는 어떤 것들이 있을지 궁금해졌다. 이 주제는 철학자인 동시에 과학사학자라는 이중 전공을 갖고 있는 내게 양 진영 모두에 속하는 문제를 제기하는 것이었다. 실험이 아름다울 수 있다고 할 때, 실험은 어떤 의미를 갖는 것일까? 아름다움이 실험에 간직될 수 있다고 할 때, 아름다움은 어떤 의미를 갖는 것일까?

과학자가 아닌 사람들과 실험의 아름다움에 대해서 얘기해보면 회의적인 반응을 보이는 이들이 없지 않다. 내 생각에 그들의 회의적 시각에는 세 가지 요인이 있다. 첫째는 사회적 요인이다. 과학자들은 연구 내용을 보고하거나 기자들과 얘기할 때처럼 공식적인 대화의 장에서는 '아름다움'이라는 표현을 거의 쓰지 않는다. 우리 사회에는 연구자라면 객관적으로 자연을 관찰하는 자로 보여야 하고 주관적이고 개인적인 것은 억눌러야 한다는 관습적 상이 있다. 이 상에 자신을 맞추기 위해서 과학자들은 실험이 순전히 기능적 활동인 양 묘사한다. 기구들을 배치하고 조작하기만 하면 옳은 데이터들이 기계적으로 착착 나오는 것처럼 말이다.

두번째 요인은 문화적인 것이다. 학교에서 학생들이 과학을 배우는 방식과 상관이 있다. 교과서를 보면 실험은 수업의 수단, 학생들이 깊은 이해를 얻기 위해 동원하는 도구에 불과하게 그려져 있다. 학생들은 점수를 받기 위해 넘어야 할 산으로서 실험을 인식하므로 그 아름다움을 쉽사리 간과하고 만다.

세번째 요인은 진정한 아름다움이 추상적인 것에서만 나타날 수 있다는 철학적 편견이다. 미국의 시인 에드나 세인트 빈센트 밀레이는 "오직 유클리드만이 있는 그대로의 아름다움을 목격했다"라고 단언했다. 이런 입장을 취한다면 과학에서 아름다움을 논할 때 이론이나 해석의 역할에만 집중하게 된다. 추상적인 것, 가령 방정식, 모델, 이론 등은 간결성, 명료성, 통찰력, 깊이, 영원성, 기타 우리가 아름다움과 밀접히 연관 짓곤 하는 여러 속성들을 지니고 있다는 것이다. 하지만 기계나 장비, 약품, 생물체 등을 갖고 부산을 피워야 하는 실험은 기준 미달인 것처럼 보인다.

현업에 종사하는 과학자들은 모두 아는 바이지만 실제 연구실에서 벌어지는 실험은 대개가 고된 육체적 노동이다. 과학자는 눈금을 조정하거나, 실험을 준비하거나, 설계하거나, 오류를 없애거나, 일상적으로 발생하는 문제들을 해결하거나, 자금과 지원을 구걸하며 대부분의 시간을 보낸다. 과학은 대부분 우리가 이미 할 수 있는 것, 혹은 우리가 이미 알고 있는 것의 범위를 꾸준히 조금씩 늘려감으로써 발전한다. 그러나 가끔씩, 예상치 못했지만 필연적으로, 우리가 사물을 인지하는 방식 자체를 바꾸고 새로운 통찰을 이루게끔 하는 어떤 하나의 사건이 등장한다. 그 사건 덕분에 우리는 혼란에서 빠져나오며 비로소 문제의 핵심이 무엇인지를 똑바로, 의문의 여지없이 알게 된다. 자연에 대한 생각 자체가 변하는 것이다. 과학자들은 바로 그런 순간을 가리켜 '아름답다'고 한다.

이 표현은 대화, 메모, 편지, 인터뷰, 연구 공책, 그 밖의 곳들에서 수시로 모습을 드러낸다. "아름다움. 이 결과는 반드시 발표할 것, 아름답다!" 노벨상을 받은 물리학자 로버트 밀리컨은 1912년에 자신의 연구실 공책에 이렇게 썼다. 하지만 머지않아 발표한 과학 논문에서는 '아름답다'는 표현을 쓰지 않았다. 제임스 왓슨은 로절린드 프랭클린이 찍은 것으로서 오늘날 널리 알려진 DNA 분자의 X선 회절 사진을 1953년 초에 보고서는 '아름답기 그지없는 나선'이라고 묘사했다. 그는 또 프랜시스 크릭과 함께 쓴 그 유명한 DNA 구조 발견 논문 초고에서 프랭클린과 여타 킹스 칼리지(King's College) 과학자들의 작업이 '매우 아름다웠다'고 표현했으나, 동료들의 강권에 못 이겨 최종 원고에서는 삭제했다. 과학자들은 자연스럽고 솔직한 순간에는 저도 모르게 '아름다움'이라는 용어를 결과, 기술, 기기, 방정식, 이론 등등에 갖다 붙인다. 그리고 아마도 가장 흥미로운 경우일 텐데, 과학 발전의 동력인 실험에 대해서도 그렇게 부르곤 하는 것이다.[2]

그런 자연스런 순간에, 과학자들은 아름다움이란 단어를 엄격하거나 고정적이지 않은 의미로, 심지어는 모순적인 방식으로 사용한다. 그렇다고 비난할 일은 아니다. 정확하게 논하기 어렵기로 따지자면 아름다움만한 주제가 또 있겠는가? 20세기의 위대한 물리학자 중 한 명인 빅토르 바이스코프는 1980년에 "과학에서 무언가가 아름답다는 것은 베토벤의 음악이 아름답다는 것과 같은 뜻이다"라고 말했다. 그런데 불과 몇 년 뒤에는 "과학에서의 '아름다움'이란 우리가 예술에서 경험하는 아름다움과는 아무런 관련이 없다"고 썼다.[3] 바이스코프는 과학의 아름다움과 예술의 아름다움 사이에는 비슷한 점도, 차이나는 점도 있다는 사실을 느꼈지만 그 점을 일관성 있게 잘 표현하지 못했던 것이다.

다른 과학자들은 이 주제를 언급할 때 보다 신중한 태도를 취했다. 그중 한 사람으로 영국 수학자 G. H. 하디가 있다. 그는 『어느 수학자의 변명』이라는 훌륭한 책을 썼는데 그 속에서 몇 가지 수학 증명들의 아름다움을 주장하고는 이유를 설명했다. 하디는 제안하기를, 자신이 몸담은 학문에서 아름다움을 판별하는 핵심적인 기준을 꼽자면 의외성, 필연성, 경제성, 그리고 깊이, 즉 증명이 얼마나 근본적인가 하는 점이라고 했다. 따라서 수학적 증명은 아름답다고 불릴 수 있지만 체스 문제는 그럴 수 없다고 했다. 체스 문제의 해답은 아무리 훌륭하더라도 게임의 규칙 자체를 바꾸는 것은 아니다. 반면 새로운 수학 증명은 수학 그 자체를 뒤집어놓을 수도 있다.[4]

19세기 영국의 물리학자 마이클 패러데이는 런던의 왕립과학연구소에서 대중 강연 시리즈를 한 것으로 유명하다. 그중 가장 유명한 편으로 '양초의 화학적 역사'를 주제삼은 강의를 들 수 있다. 강연 첫머리에 패러데이는 양초를 가리키며 '아름답다'고 했다. 양초의 색깔이나 모양새가 예쁘다는 게 아니었다. 패러데이는 도리어 화려한 장식 양초들을 좋아하지 않았다. 그는 말하기를, 아름다움은 "가장 보기 좋은 것을 뜻하는 게 아니라, 가장 훌륭하게 **기능하는** 것을 뜻한다"고 했다. 패러데이의 눈에 양초가 아름다운 까닭은 양초가 다양한 과학적 법칙들에 따라 우아하고도 효율적으로 제 기능을 해내기 때문이다. 양초 불꽃의 열기는 한편으로 밀랍을 녹이면서 또 한편으로는 뜨거운 공기를 위로 올려 보내어 밀랍 가장자리가 차가워지도록 한다. 덕분에 녹은 밀랍은 컵에 담긴 모양으로 안전하게 유지된다. 밀랍 웅덩이가 평평하게 유지되는 까닭은 '이 세상을 한데 묶어주고 있는 바로 그 중력'이 작용하고 있는 탓이다. '고인 웅덩이'에 잠긴 심지의 바닥으로부터 저 위 불꽃까지, 심지를 따라 밀랍이 빨려 올라가는 것은 모세관 현상 덕분이다. 불꽃의 열기는 밀랍에 화학 반응을 촉발함으로써 불이 꺼지지 않게 한다. 양초의 기능은 여러 과학적 원리들의 정교한 상호작용에 바탕을 두고 있을뿐더러 양초는 매우 단순명쾌한 방식으로 그 원리들을 엮어내고 있다. 양초가 아름다운 것은 그 때문이다. 패러데이는 그렇게 주장했다.[5]

그렇다면 실험의 아름다움은 어떨까? 실험은 회화나 조각과는 달리 역동적이며 차라리 연극에 가깝다. 자신들이 관심 갖고 있는 어떤 것을 만들어내기 위해 계획하고, 설치하고, 관찰하는 작업이다. 줄자를 적도에 둘러보지 않고도 지구의 지름을 알아낼 방법은 없을까? 우주로 나가 지구를 바라보지 않고도 지구가 움직이는지 아닌지 알 수 있을까? 원자 속에 무엇이 있는지는 또 어떻게 알 수 있을까? 우리는 실험실에서 적당한 사건을 일으킴으로써 그 해답들을 눈앞에 드러나게 할 수 있다. 때로는 프리즘이나 진자 같은 너무나 간단한 재료들로도 가능하다. 혼돈으로부터 형식이 솟아난다. 그러나 그것은 마술사가 모자에서 토끼를 꺼내는 것처럼 마법 같은 일이라기보다는 우리가 세심하게 조율한 사건들 덕택인 것이다. 세상의 신비가 스스로 입을 열도록, 우리가 도운 것이다.[6]

실험의 아름다움은 실험에 관여하는 요소들이 입을 열게 만드는 **방식**에 달렸다. 수학 증명과 체스 문제를 대비시킨 하디의 주장이 뜻하는 바는, 아름다운 실험이란 세상에 대한 깊이 있는 지식을 드러내는 실험이며 그 깊이는 세상에 대한 이해를 변화시킬 정도여야 한다는 것이다. 양초의 아름다움을 환기시킨 패러데이를 떠올려보면 아름다운 실험의 요소들은 효율적으로 배치되어 있어야 하리라고 생각할 수 있다. 그리고 하디와 패러데이 둘 모두 주장하는 바로서, 아름다운 실험은 또한 결정적이어야 한다. 추가적으로 일반화나 추론의 단계를 거치지 않고도 결과가 또렷해야 한다. 아름다운 실험도 후에 여러 의문들을 불러일으킬 때가 있지만, 그 의문들은 실험 자체에 대한 문제가 아니라 이 세상에 대한 문제일 때가 많다.

깊이, 효율성, 명확성이라는 미의 세 가지 구성요소는 철학자와 예술가들이 오랜 기간 추구해온 공식적이고 체계적인 미학 연구에서도 일관되게 등장하는 것들이다. 플라톤으로부터 마르틴 하이데거에 이르는 몇몇 철학자들은 미적인 것이 아름다움을 넘어서 참됨과 선함을 드러낸다고 강조한다. 아름다움이란 다양성 속에서 원형이, 유한 속에서 무한이, 세속적인 것 속에서 신적인 것이 돌출하는 일이라 했다. 반면 다른 이들, 가령 아리스토텔레스 같은 이들은 아름다운 대상의 조성 요소에 초점을 맞췄다. 그래서 대칭이나 조화의 역할을 강조했으며 그런 각각의 요소들이 미에 있어 무언가 핵심적인 기여를 한다고 보았다. 마지막으로 또 다른 이들, 데이비드 흄과 임마누엘 칸트 등을 포함한 일군의 철학자들은 아름다운 대상이 우리 마음에 일으키는 특별한 만족감에 집중했다. 우리는 가끔 충족감을 실제로 느끼는 순간까지도 스스로 무엇을 원하는지조차 모를 때가 있는데, 아름다운 대상은 그 사실을 깨닫게 하여 우리로 하여금 "그게 바로 내가 정말 원했던 거였어!"라는 즐거운 탄성을 지르게 한다. 과학 실험은 위의 모든 속성들을 지닐 수 있다. 그러므로 실험 역시 '아름답다'고 불러도 좋을 것 같다. 아름다움이라는 용어의 원뜻을 확대해석함으로써 비유적으로 표현할 수 있다는 게 아니다. 우리가 보통 다른 것들에 대해 아름답다고 하듯이 실험에 대해서 아름답다고 해도 괜찮아 보인다.

마크 트웨인은 『철부지의 해외 여행기』라는 책에서 피사의 두오모에 있는 세례당을 방문하여 흔들리는 샹들리에를 본 일을 회상했다. 전하는 말에 따르면 갈릴레오가 열일곱 살 때 그 유명한 샹들리에를 보고 영감을 받아 진자의 등시성을 발견했다고 한다. 즉석에서 맥박으로 시간을 측정하는 실험을 했다는 것이다. 등시성이란 진자가 움직이는 거리에 상관없이 앞뒤로 왔다 갔다 하는 데 걸리는 시간은 늘 같다는 법칙이다(트웨인도 대부분의 기계식 시계들이 진자의 등시성 원리를 바탕에 두고 만들어졌다는 사실을 알고 있었다). 트웨인은 진자가 귀족적인 동시에 프롤레타리아적이라고 생각했다. 샹들리에를 바라보면서 그는 인류에게 시간을 구획할 방도를 알려준 갈릴레오의 발견에 대해 깊이 경외하였고, 불현듯 세상에 대해 새로운 친밀감을 느꼈다.

 하잘것없는 하나의 물체가 과학과 기계학의 세계에 놀라운 영역 확장을 가져다준 것으로 보였다. 그 물체의 존재에 담긴 함축적 의미를 숙고하다보니, 열심히 진자 운동을 하는 이 세상의 둥근 것들은 모두 이 근엄한 모체 진자에게서 비롯한 자식들이 아닐까 하는 이상한 생각마저 들었다. 이 진자는 자신이 하찮은 램프 이상의 존재라는 사실을 잘 알고 있으며 지적인 방식으로 그 사실을 표현하고 있는 것만 같았다. 진자는 자신이 모든 진자의 원형이고, 스스로의 판단에 따라 추구하는 어떤 경이롭고도 심원한 목적 때문에 진자의 탈을 썼을 뿐인 진자이며, 평범한 진자가 아닌 오래되고 유일하고 존경받을 만한 단 하나의 진자, 곧 이 세상 진자들의 아버지나 다름없는 아브라함 진자라는 사실을 스스로 아는 듯했다.[7]

비길 데 없이 독특한 문체로 씌어진 트웨인의 글은 아무리 기초적인 과학 실험이라도 얼마든지 아름다울 수 있다는 사실을 알려준다. 세상에 대한 깊은 이해를 가능케 하는 실험이라면, 단순하고도 직접적인 방식으로 보여주는 실험이라면, 추가적 증명 없이도 우리를 만족시키는 실험이라면, 무엇이든 얼마든지 아름다울 수 있다.

흔들리는 샹들리에, 프리즘을 뚫고 지나가는 빛살, 진자의 진동면이 천천히 회전하며 원을 그리는 것, 무게가 서로 다른 물체들이 동시에 놓여났을 때 거의 동시에 떨어지는 것, 기름방울의 속도 비율…… 이 모든 사건들은, 적절히 시행되기만 한다면, 사건 자체에 대해서뿐만 아니라 이 우주에 대해서 무언가 말해줄 수 있다. 이들은 마치 풍경화처럼 우리를 즐겁게 하고 감동시키고 안목을 넓혀주는 동시에 마치 지도처럼 세상 깊숙이 안내한다. 실험은 경계를 이루는 사건이다. 평범하고 단순한 물체들을 활용하여 수행될 수 있지만, 그때 그 물체들은 의미 있고 중요한 새로운 영역으로 나아가는 다리 역할을 한다. 독일의 시인이자 철학자인 프리드리히 실러는 아름다움을 통해 우리는 감각의 세계에 뿌리내린 채 관념의 세계로 나아갈 수 있다고 자주 말했다. "아름다움은 전이의 순간이다. 하나의 형상이 다른 형상들로 흘러들어갈 준비를 갖춘 것과 같다." 미국의 문필가 랠프 왈도 에머슨의 말이다.[8]

실험의 아름다움은 여러 형태일 수 있다. 바흐 음악의 아름다움과 스트라빈스키 음악의 아름다움이 다른 것과 마찬가지다. 어떤 실험들은 다양한 물리법칙을 한데 모은다는 점에서 요약적 아름다움을 지닌다. 그런가 하면 규모가 천차만별인 여러 요소들을 엮어 준다는 점에서 폭 넓은 아름다움을 지닌 실험도 있고, 엄정하리만 치 단호한 형식 속에서 순순한 이론을 드러냄으로써 엄격한 아름다움을 보여주는 실험도 있으며, 인간으로서는 어쩔 수 없는 자연의 불가해한 무한함과 압도적인 물리력을 증언하는 숭고한 아름다움을 지닌 실험도 있다. 그리고 진정 아름다운 실험들은 대부분 이 각각의 아름다움을 조금씩이나마 갖고 있다.

이 책은 말하자면 특별한 전시회가 될 것이다. 이 전시회에 진열된 작품들은 모두 보기 드문 아름다움을 간직했다. 각각은 고유한 설계와 독특한 소재, 개성 넘치는 매력을 지녔다. 독자 여러분은 모든 작품을 골고루 좋아하지 않을지도 모른다. 각자의 배경 지식, 경험, 전공, 개인적 취향 때문에 몇몇 작품들을 다른 것보다 더 마음에 들어 할 수도 있겠다.

　전시회를 준비할 때 가장 어려운 작업 중 하나는 선보일 작품을 선정하는 일이다. 나는 문제를 이렇게 풀었다. 2002년, 나는 어떤 과학자가 아름다운 실험이라는 말을 하는 걸 듣고는 글래쇼 교수뿐 아니라 수백 명의 과학자들이 오래 전부터 내게 비슷한 표현을 해왔음을 떠올렸다. 그래서 당장 투표를 해보기로 했다. 나는 『물리학 세계』라는 국제 잡지에 칼럼을 기고하고 있는데, 이 잡지의 독자들에게 자신들이 생각하는 가장 아름다운 실험이 무엇인지 알려달라고 했다. 독자들이 보내온 후보작의 수는 놀랍게도 3백 개가 넘었다. 실제 벌어졌던 역사적 실험뿐 아니라 사고실험, 제안 상태인 실험, 증명, 정리, 모형까지 포괄했으며 물리학부터 심리학까지 거의 모든 과학 분야를 아울렀다. 내가 제안한 투표가 인터넷의 토론 그룹과 블로그들에 번져나가자 또 추가로 수백 개의 후보작들이 답지했다. 나는 그중 가장 자주 언급된 후보 열 개를 고름으로써 가장 아름다운 과학 실험 목록을 완성했다.[9] 목록에 오른 것들 중 물리 실험이 너무 많다고 지적하는 이도 있을 것이다. 내가 애초에 칼럼을 쓰면서 독자들에게 가장 아름다운 물리학 실험을 꼽아달라고 했던 것도 사실이다. 그래도 나는 여기 모인 역사적 풍경들이 세상에서 가장 아름다운 열 가지 과학 실험들이라고 거리낌 없이 주장하려 한다. 근거는『물리학 세계』의 독자든 다른 경로를 통해 답을 보낸 사람들이든 대부분의 응답자들이 과학 실험 전반에 걸친 조사라고 여겨주었기 때문이다.『물리학 세계』의 독자들이 보낸 후보 중에도 화학, 공학, 생리학 실험들이 섞여 있었다.

또 책에 실린 실험들 중 절반 이상은 물리학이 하나의 독립된 과학 분과로 성립되기 전에 수행된 것들이다. 마지막으로, 이들은 모두 교과서에 예제로 등장하는 고전적 사례들이다. 기초과학 교육 과정에서 역사적 실험을 다룰 때 빈번하게 논의되고 재현되는 실험들로서 넓은 의미로 볼 때 과학의 전형으로 여겨지는 것들이다. 그러므로 극적이고도 신기원적인 이 실험들에 대한 묘사와 암시가 극작가 톰 스토파드, 작곡가 필립 글래스, 소설가 움베르토 에코, 기타 여러 예술가들의 작업에 나타나는 것, 나아가 대중문화의 소재로

자주 사용되는 것도 놀랄 일이 아니다.[10]

　나는 열 개의 실험을 연대순으로 정렬하기로 했다. 과학이 2천 5백 년이라는 긴 세월 동안 밟아온 여정의 광대함을 절실히 느낄 수 있기 때문이다. 이 목록을 통해 우리는 과학의 당면 과제가 지구의 크기나 천구에서의 위치 등 우리 행성의 기초적 속성을 거칠게나마 짐작하는 일이었던 시절로부터, 원자와 그 구성 입자들의 속성을 정밀하게 측정하기 시작한 지금의 시대까지 훑어볼 수 있다. 해시계나 경사면 등 손수 만든 단순한 도구들이 사용되던 시대로부터 훨씬 발달된 각종 기기들이 사용되는 시대까지 돌아볼 것이다. 과학자들이 홀로 작업하던 시대로부터(많아봤자 기껏 한두 명의 조수를 두는 것이 보통이었다) 수백 명씩 힘을 합쳐 연구하는 오늘날까지 살펴볼 것이다. 과학계에서 최고로 흥미로운 몇몇 인물들의 성격과 창조성에 대해서도 훔쳐볼 수 있다. 과학의 진화 과정에서 분수령으로 여겨지는 유명한 역사적 실험들도 여럿 포함되어 있다. 갈릴레오의 경사면 실험은 가속 운동에 대한 수학적 공식을 최초로 끌어낸 것이었다. 아이작 뉴턴의 **결정적 실험**은 빛과 색의 성질을 규명했다. 토머스 영의 이중 슬릿 실험은 빛의 파동성을 밝혀냈다. 어니스트 러더퍼드의 실험을 통한 원자핵 발견은 핵의 시대를 열어젖혔다. 수록된 실험들 중에는 과학사에서 가장 위대한 패러다임 전환, 즉 아리스토텔레스적 운동관에서 갈릴레오적 운동관으로, 빛의 입자론에서 파동론으로, 고전역학에서 양자역학으로의 전환 등을 촉진했거나 설득력 있게 입증했던 것들도 있다.

단 하나를 제외하고는 모든 실험들이 거의 비슷한 지지를 얻었기에 순위를 매기지는 않았다. 하나의 예외란 전자의 양자적 간섭을 입증한 이중 슬릿 실험인데, 최고로 아름다운 과학 실험을 결정하는 투표에서 모든 후보들을 젖히고 단연 가장 많은 표를 얻었다. 나의 선택에 대해서 언쟁을 하려면 얼마든지 할 수 있을 것이다. 하지만 열 개의 실험을 추려낸 과정에 대해서는 지적할 수 있을지 몰라도 이 전시회의 주제, 즉 과학 실험이 아름다울 수 있다는 사실에 대해서는 누구도 반론하지 않으리라 믿는다.

현재까지 알려진 가장 오래된 해시계.
기원전 3세기의 것으로 에라토스테네스가 살았던 시기의 것이다.
잘 보존된 편이지만 그릇 위로 그림자를 떨어뜨리는 침은 사라지고 없다.

하나

지구를 측정하기
에라토스테네스의 지구 둘레 재기

기원전 3세기경 에라토스테네스(기원전 276년경~기원전 195년경)라는 그리스 학자는 인류 최초로 지구의 둘레를 측정했다. 그가 사용한 도구들은 단순했다. 해시계의 지침, 지침이 드리우는 그림자, 몇 가지 측정과 가정뿐이었다. 그러나 그 측정은 너무나 천재적이었기 때문에 이후 수백 년간 권위를 인정받으며 줄곧 인용되게 된다. 또한 너무나 간단하고 교훈적인 실험이라서 2천5백 년가량 지난 오늘날에도 매년 전 세계의 학생들이 재현하고 있다. 실험의 원리는 어찌나 우아한지, 제대로 이해하기만 한다면 당신도 당장 그림자의 길이를 재고픈 욕망을 느낄 것이다.

에라토스테네스의 실험은 중요한 두 가지 발상을 결합한 결과였다. 첫번째 발상은 우주란 평범한 삼차원 공간 안에 일군의 천체들

(지구, 태양, 행성들, 별들)이 배열된 것이라는 생각이었다. 우리에겐 너무 당연하다 싶은 생각이지만 당시엔 널리 인정되는 이론이 아니었다. 이 세상과 밤하늘에서 펼쳐지는 무수한 운동들은 설령 늘 변하는 것처럼 보여도 그 아래에 공평무사하고 변함없는 어떤 질서가 있다는 생각, 우주의 구조는 기하학을 통해 묘사되고 설명될 수 있다는 생각은 그리스인들이 최초로 고안하여 과학에 물려준 유산이었다. 두번째 발상은 평범한 측정 도구들을 사용하여 우주의 범위와 규모를 이해할 수 있다는 생각이다. 에라토스테네스는 이 두 가지 발상을 결합함으로써 건물과 다리를 지을 때, 밭이나 도로를 측량할 때, 홍수나 계절풍을 예측할 때 쓰기 위해 개발된 기술들로 지구와 여타 천체들의 규모를 잴 수도 있다는 대담한 생각을 하게 된 것이다.

에라토스테네스는 우선 지구가 구형에 가깝다고 가정했다. 우리는 지구가 편평하지 않다는 사실을 최초로 증명하려 했던 인물이 항해자 콜럼버스라고 흔히 알고 있지만, 사실이 아니다. 우주에 대해 열심히 사고했던 고대 그리스인 중 많은 이들이 지구는 반드시 둥글어야 할뿐더러 우주의 규모에 비견할 때 상대적으로 작은 크기에 불과하리라고 이미 결론 내렸었다. 아리스토텔레스도 그중 하나였다. 아리스토텔레스는 에라토스테네스의 시대로부터 한 세기 전쯤에 쓴 책 『천체에 관하여』에서 지구가 구형이어야만 하는 이유를 다양한 논증 경로로 증명했는데, 논리적인 논증도 있고 경험적인 논증도 있었다. 예를 들어 아리스토텔레스는 월식 때 지구가 달에

드리우는 그림자의 모양이 언제나 굽어 있다는 사실을 지적했다. 이것은 지구가 둥글어야만 가능한 현상이다. 또 여행자들이 북쪽을 여행할 때 보는 별과 남쪽을 여행할 때 보는 별이 서로 다르다는 점에 주목했다(지구가 편평하다면 있을 수 없는 일이다). 가령 이집트나 키프로스에서 관찰되는 별들 중 어떤 것은 먼 북쪽 땅에서는 보이지 않으며, 북쪽 땅에서 항상 볼 수 있는 별들 중 어떤 것은 남쪽에서 떠서 남쪽으로 지는데, 이것은 둥근 물체의 표면에 서서 멀리 있는 별을 보았을 때만 가능한 현상이다. "이런 사실들로 볼 때 우리의 땅은 구형일 뿐 아니라 저 멀리 별들과 비교했을 때 크기가 그리 크지 않다고 생각된다." 아리스토텔레스는 이렇게 썼다.[1]

박식한 사변가였던 아리스토텔레스는 더욱 창의적인 논증들도 여럿 제시했다. 그는 해외여행자나 군대 원정대의 기록을 섭렵함으로써 서로 멀리 떨어진 동쪽(아시아) 대륙과 서쪽(아프리카) 대륙에 모두 코끼리가 산다는 것을 알게 되었다. 그래서 그는 두 대륙이 어디선가 연결되어 있을 것이라고 주장했다. 옳지는 않지만 재치 있는 추측이었다. 아리스토텔레스 외에도 여러 그리스 학자들이 지구가 둥글다는 주장을 다양하게 뒷받침했다. 일출과 일몰 시각이 나라마다 다르다는 점, 항구를 떠나는 배는 선체의 윗부분부터 시야에서 사라진다는 사실 등이 좋은 증거였다.

하지만 이 모든 논증들로도 한 가지 기초적인 의문을 풀 수 없었다. 지구가 둥글다 치자. 대체 그 크기는 얼마나 될까? 탐험가가 직접 지구 둘레를 발로 밟아 재어보지 않고도 지구의 크기를 알아낼 방법이 있을까?

　에라토스테네스 이전에는 대략의 추측만 존재했다. 최초의 추측
은 역시 아리스토텔레스의 것이었다. 그는 "지구의 둘레 길이를 계
산한 수학자들은 400,000스타데라는 결론에 이르렀다"고 썼지만
숫자의 출전이 어딘지, 계산 과정은 어땠는지 밝히지 않았다.[2] 아리
스토텔레스의 수치를 현대 길이 단위로 정확하게 환산하기도 어렵
다. 스타데(stade) 또는 스타디움(stadium)이라는 단위는 그리스의
경주로(路) 길이를 가리켰는데 도시마다 차이가 있었다. 요즘 연구
자들이 스타데의 길이를 어림 계산해본 바에 따르면 아리스토텔레
스의 수치는 64,360킬로미터쯤 된다(실제 지구 둘레는 약 40,064킬로
미터다). 천체들이 서로 회전하는 우주 모형을 제시했던 아르키메데
스는 아리스토텔레스보다 좀 작게 생각했는데 300,000스타데, 즉
48,270킬로미터 남짓한 길이였다. 그러나 아르키메데스 역시 자료
원이나 추론 과정에 대해서는 아무 단서를 남기지 않았다.

　이때 에라스토테네스가 등장한다. 아르키메데스보다 약간 어렸
던 에라스토테네스는 북아프리카에서 태어나 아테네에서 공부했
다. 상당한 박학자였던 그는 여러 분야의 전문가였는데 문학 비평
이나 시학에서부터 지리학이나 수학에 이르기까지 두루 통달했다.
하지만 어떤 분야에서도 최고로 인정받지는 못했기 때문에 친구들
은 그에게 그리스 알파벳의 두번째 글자를 딴 '베타'라는 신랄한 별
명을 지어주었다. 언제나 둘째에 그친다는 뜻이었다. 친구들은 조
롱했지만 사실 그는 탁월한 학자였다. 기원전 3세기 중엽에는 이집

트 왕으로부터 왕자의 개인교사 자리를 제안받았으며, 후에는 그 유명한 알렉산드리아 도서관 관장으로 임명되었다. 알렉산드리아 도서관은 공공 도서관으로서는 세계 최초이자 가장 큰 규모였는데 알렉산드리아를 그리스권의 문화적 수도로 만들려 했던 이집트 프톨레마이오스 왕조가 세운 것이다. 도서관은 전 세계 학자들의 집합소가 되었으며 알렉산드리아는 중요한 지적 요충지로 자라났다. 유클리드 학파만 해도 알렉산드리아에 뿌리를 내리고 있었다. 알렉산드리아 도서관의 사서들은 실로 다양한 주제의 자료를 광범하게 모을 수 있었으며 그 자료들은 적절한 학문적 자격을 가진 자라면 누구에게든 열려 있었다(알렉산드리아 도서관은 자료를 저자 이름순으로 정리한 최초의 도서관이기도 하다).

에라토스테네스는 지리학 책을 두 권 썼는데 둘 다 고대 세계의 학문에 중대한 영향을 미친 작품이다.* 세 권짜리 저작인 『지리학』은 위도선(적도와 평행하게 그린 위치선)과 자오선(지구의 양극과 어떤 한 지점을 연결한 세로선)을 사용해 세계 지도를 그린 최초의 책이다. 한편 『지구의 측정』이라는 책에는 지구 크기를 계산하는 방법이 설명되어 있는데, 이는 알려진 기록으로는 최초의 것이다. 안타깝게도 두 저서 모두 완전히 유실되었기 때문에 우리는 그 내용을 알았던 다른 고대 학자들의 기록을 통해서 에라토스테네스의 추론을 재구성해보는 수밖에 없다.[3] 그 내용이 널리 알려져 있었다는 사실은

---

* 에라토스테네스는 '지리학(geographica)'이라는 용어를 최초로 사용한 인물이기도 하다.

불행 중 다행이다.

　에라토스테네스의 추론은 이렇게 시작한다. 지구가 광활한 우주에 떠 있는 작고 둥근 물체라면 우주의 다른 물체들, 가령 태양은 지구에서 굉장히 멀리 떨어져 있을 것이고, 거리가 멀기 때문에 지구에 도달하는 태양 빛은 언제나 서로 평행하다고 볼 수 있다. 그는 태양이 하늘 높이 뜰수록 그림자의 길이가 짧아진다는 사실을 잘 알았다. 그리고 여행자들의 기록을 통해서 시에네(지금의 아스완)라는 마을에서는 하짓날에 해가 머리 꼭대기에 온다는 것, 그래서 수직으로 선 모든 물체의 그림자가 사라져버린다는 것을 알았다. 기둥, 막대기, 심지어 그림자를 드리우는 것이 유일한 기능인 해시계의 지침조차도 그림자를 잃는다고 했다. 마을의 우물에도 빛이 똑바로 떨어지면서 그림자가 몽땅 사라졌다. 한 고대 기록에 따르면 "우물 입구가 마개로 빈틈없이 틀어 막힌 것 같았다"고 한다 [4] (물론 다소 과장이 있다. 그림자가 아예 없어지는 것은 아니다. 이전에는 물체 옆으로 길게 드리워졌던 것이 물체 바로 아래로 수직으로 떨어지는 것뿐이다).

　에라토스테네스는 또 알렉산드리아가 시에네의 북쪽에 있으며 두 도시가 거의 같은 자오선 상에 놓여 있다는 사실도 잘 알았다. 이집트 정부는 매년 나일 강이 범람하고 나서 지형을 다시 측량하기 위해 왕립 측량대를 파견했는데, 덕분에 두 도시 사이의 거리가 약 5천 스타데 정도임을 알 수 있었다(숫자는 내림을 한 것이므로 이것을 갖고 스타데를 현대 길이 단위로 정확하게 변환할 수는 없다).

　현대의 용어로 말하면 시에네는 멕시코 북부, 이집트 남부, 인도, 중국 남부를 잇는 가상의 선인 북회귀선(지구본을 보면 대부분 나와 있다) 위에 놓여 있다. 북회귀선 위의 모든 지점들이 공통적으로 갖는 특별한 속성이 바로 일 년에 단 하루, 연중 낮이 가장 긴 날, 즉 6월 21일 하지에 해가 머리 꼭대기에 뜬다는 것이다. 북회귀선보다 북쪽에 사는 사람들은 태양이 머리 바로 위에 뜨는 것을 볼 일이 없으며, 언제나 그림자를 보게 된다. 북반구에 살지만 북회귀선 아래 있는 사람들은 일 년에 두 번 머리 꼭대기에 온 해를 보는데 한 번은 하지 전, 한 번은 후이며 정확한 날짜는 위치에 따라 다르다.

이것은 지구의 자전축이 태양에 대해 기울어져 있기 때문이다. 하지만 에라토스테네스에게 이 점은 문제가 되지 않았다. 그에게 중요한 사실은 시에네에서 머리 꼭대기에 태양이 오는 순간 그보다 북쪽이나 남쪽에서는 머리 위에 해가 오지 않는다는 점뿐이었다. 알렉산드리아도 마찬가지다. 시에네를 제외한 다른 곳에서는 해시계 바늘이 그림자를 만들어낼 것이다. 그리고 그림자의 길이는 지구의 곡률에 달려 있다. 곡률이 크다면 알렉산드리아 같은 곳에서 생기는 그림자의 길이가 길 것이고, 곡률이 작다면 그림자가 짧을 것이다.

에라토스테네스는 기하학에 정통했다. 덕분에 그는 지구의 정확한 곡률, 나아가 지구의 둘레를 알 수 있는 독창적인 실험을 고안해 낼 수 있었다.

이 실험의 아름다움을 음미하기 위해 그가 실제로 수행했던 실험 방식을 정확히 알 필요는 없다. 다행이 아닐 수 없다. 우리는 그가 손수 기록한 자료를 물려받지 못했기 때문이다. 우리가 갖고 있는 자료는 그의 동시대인이나 후세인들이 작성한 2차 기록뿐인데, 모두 불완전한데다가 기록자 대부분은 에라토스테네스 실험의 세부사항을 완벽하게 이해하지 못한 것이 분명하다. 우리는 그의 추론 경로를 꼬치꼬치 따라갈 필요가 없다. 이 문제에 특별한 관심을 갖게 된 이유는 왜인지, 처음엔 어떻게 시도했는지, 방향을 잘못 잡아 설계를 물린 적은 없는지, 어떻게 궁극의 깨달음을 얻게 되었는지, 이후엔 어떤 방향으로 관심이 발전했는지 하나도 알 필요가 없다. 이런 점들을 몰라서 생기는 유일한 문제는, 에라토스테네스가 벼락에라도 맞은 듯 순간적 영감을 받았으리라고 자꾸 상상하게 된다는 점뿐이다. 그 점을 제외하고는 실험을 이해하는 데 아무런 장애가 없는 것이다. 복잡한 수학적 추론을 좇기 위해 이론적이고 지적인 도약을 거쳐야 하는 것도 아니고, 코끼리 서식 분포의 예에서 보았듯 참신한 경험적 가정을 이끌어내야 하는 것도 아니다. 이 실험의 아름다움은 짧은 그림자의 길이를 재는 행위만으로 우주의 규모에 관련된 수치들을 발견해낼 수 있다는, 바로 그 단순성에 있다.

에라토스테네스 실험의 놀랄 만한 단순성과 우아함은 [그림 1-1]과 [그림 1-2]에 잘 나타나 있다.

하짓날, 태양이 시에네(A)에서 머리 꼭대기에 오면 그림자가 사라진다. 햇빛은 지구 중심까지 일직선을 이루며 떨어진다(선 AB). 그 순간 알렉산드리아(E)에서는 같은 방향으로(CD) 그림자가 생겨난다. 태양 빛은 평행하게 도달하지만 지구가 곡면을 이루고 있는

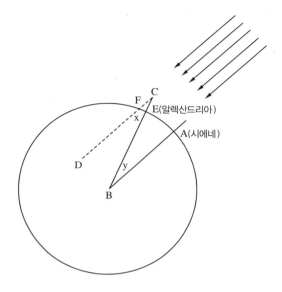

[그림 1-1] 알렉산드리아의 그림자가 이루는 각(x)은 알렉산드리아와 지구 중심, 시에네와 지구 중심을 잇는 두 선이 만나 이루는 각(y)과 같다(그림의 척도는 정확하지 않다). 따라서 알렉산드리아의 그림자가 이루는 호의 길이(EF)가 해시계 그릇이 이루는 원의 전체 둘레에 대해 차지하는 비율은 시에네에서 알렉산드리아까지의 거리(AE)가 지구 전체 둘레에 대해 차지하는 비율과 같다.

탓에 알렉산드리아에서는 막대기와 약간의 각을 이루기 때문이다. 그 각을 x라고 하자. 각이 작다, 곧 그림자가 짧다는 것은 지구가 대체로 편평하다는 뜻이고 지구의 둘레 길이가 매우 크다는 뜻이다. 각이 크다, 곧 그림자가 길다는 것은 지표의 굴곡이 심하다는 뜻이고 둘레가 짧다는 뜻이다. 그림자의 길이로부터 곧바로 지구의 둘레를 계산할 방법이 없을까? 기하학을 알면 답이 나온다.

　유클리드에 따르면 두 개의 평행선을 교차하는 직선이 각 평행선과 이루는 내각의 크기는 동일하다. 따라서 알렉산드리아에서 그림자가 이루는 각(x)은 지구 중심에서 알렉산드리아까지 이은 선(BC)과 지구 중심에서 시에네까지 이은 선(BA)이 교차하여 이루는 각(y)과 같다. 그렇다면 해시계 바늘의 그림자가 이루는 호의 길이

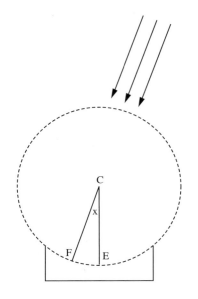

[그림 1-2] 에라토스테네스는 그림자의 길이(EF)가 해시계의 그릇이 이루는 원의 둘레에 대해 갖는 비를 쟀을 수도 있고, 아니면 그림자가 이루는 각도(x)가 원 전체의 각인 360도에 대해 갖는 비를 쟀을 수도 있다.

([그림 1-2]의 FE)와 해시계 받침 곡면이 이루는 원의 둘레 길이 비는 시에네에서 알렉산드리아까지의 거리([그림 1-1]의 AE)와 지구의 둘레 비와 같을 것이다. 이 비율의 크기를 측정할 수 있으면 지구의 둘레를 계산할 수 있다. 에라토스테네스는 이 점을 깨달았다.

　에라토스테네스가 취했으리라 예상되는 측정 방법에는 여러 가지가 있지만, 과학사학자들의 연구에 따르면 아마도 그리스 식 해시계라 할 수 있는 시간표시기를 이용한 것이 거의 분명하다. 바늘이 떨구는 그림자가 그리는 호를 분명히 알아볼 수 있는 기기이기 때문이다. 스카페(skaphe)라 불렸던 그리스 식 해시계는 우묵한 청동 그릇 한가운데 바늘이 있고, 바늘의 그림자가 그릇 표면에 난 눈금을 따라 천천히 이동하는 형태였다. 에라토스테네스는 그림자가 시간 눈금 어디에 떨어져 몇시를 가리키는지 궁금했던 것이 아니라 하지 정오에 그림자가 이루는 각도가 궁금했을 따름이다. 그는 그 호의 각도가 원 전체에서 차지하는 비율을 측정했을 것이다(원을 360등분하여 각도를 표기하는 방식은 에라토스테네스의 시대로부터 한 세기쯤 뒤에야 등장한다). 혹은, 똑같은 말이지만, 바늘이 받침 그릇에 드리우는 그림자의 호 길이가 그릇의 둘레에서 차지하는 비율을 쟀을 수도 있다.

하짓날 정오, 에라토스테네스는 그림자가 만드는 쐐기 모양의 각이 전체 원의 50분의 1이라고 정확히 측정했다(우리라면 7.2도라고 말할 것이다). 그러므로 알렉산드리아와 시에네 사이의 거리는 총 자오선 길이의 50분의 1에 해당했다. 5,000스타데에 50을 곱한 에라토스테네스는 지구의 둘레가 250,000스타데라는 결론에 도달했다. 후에 그는 결과를 252,000스타데로 조정했다(어느 쪽이든 40,225킬로미터쯤 된다). 조정의 이유는 확실히 밝혀지지 않았지만 아마도 지리학적 거리 계산을 간편하게 만들기 위해서가 아니었을까 싶다. 에라토스테네스는 원의 각을 60등분하는 버릇이 있었는데 둘레를 252,000스타데로 정의하면 60분의 1은 4,200스타데로 깔끔하게 나누어떨어지기 때문이다. 하지만 250,000스타데든 252,000스타데든, 스타데를 현대의 단위로 환산하는 데 어떤 수치를 사용하든, 에라토스테네스의 결과가 요즘 인정되는 40,064킬로미터에서 불과 몇 퍼센트밖에 차이나지 않는 수치임에는 변함이 없다.

실험의 성공에는 우주를 바라보는 에라토스테네스의 관점이 결정적 기여를 했다. 그 특별한 관점을 채택하지 않았다면 그림자 길이를 잼으로써 지구 둘레를 계산하는 일 따위는 애초에 불가능했을 것이다. 왜 그런지 예를 들어 생각해보자. 고대 중국에는 지도 제작에 관한 내용을 담은 『회남자』라는 책이 있었다. 『회남자』에는 한 시점에 두 장소(북쪽과 남쪽)에 동일한 높이의 해시계 바늘을 세우면 그림자의 길이가 서로 다르다는 기록이 있다.[5] 그런데 저자는 지구가 틀림없이 편평하다고 가정했기 때문에, 바늘의 그림자가 짧은 쪽은 태양에 보다 가깝게 있어서 그런 것이라고 결론 내린다. 그러므로 그림자 길이의 차이를 통해 하늘의 높이를 계산할 수 있다는 것이다!

에라토스테네스가 활용한 수치 자료 및 그의 측정 결과는 모두 근삿값이었다. 그는 시에네가 정확히 북회귀선 위에 있지 않다는 사실을 알았을지도 모른다. 시에네가 정확히 알렉산드리아 정북쪽에 위치한 것도 아니다. 두 도시 사이의 거리 또한 정확히 5,000스타데는 아니다. 나아가 지구에서 바라보는 태양은 깨알만한 점이 아니라 그보다는 조금 큰, 작은 동그라미이기 때문에(폭이 0.5도 정도다) 동그라미의 한쪽 끝에서 오는 빛이 시계 바늘을 때리는 각도와 다른 쪽 끝에서 오는 빛이 때리는 각도가 같지 않다. 그림자의 경계가 아주 약간 흐려 보이는 까닭은 그 때문이다.

그러나 에라토스테네스가 동원할 수 있었던 기술의 수준을 고려한다면 실험은 훌륭하고도 남았다. 고대 그리스인들은 그가 지구 둘레의 길이로 제시한 252,000스타데라는 수치를 믿을 만하다고 판단하여 수백 년간 공식적으로 사용했다. 기원후 1세기경 로마의 문필가 플리니우스는 에라토스테네스를 가리켜 지구 둘레를 재는 문제에 있어 '두드러진 권위자'라 칭했고, 그의 실험은 '대담'하며 그의 추론은 '섬세'하고 그의 수치는 '널리 받아들여지고 있다'고 했다.[6] 에라토스테네스 사후 백 년쯤 뒤 한 그리스 학자가 새로운 방식으로 지구 둘레를 재고자 나섰다. 그는 매우 밝은 별인 카노푸스를 알렉산드리아에서 볼 때의 각도와 로도스 섬(로도스에서는 카노푸스가 지평선 바로 위에 뜬다고 알려져 있었다)에서 볼 때의 각도 차를 측정함으로써 문제를 풀려 했으나, 결과는 그다지 신빙성이 없었다. 에라스토테네스의 시대로부터 무려 천 년이 흐른 뒤에도 당시 최고의 아랍 천문학자들조차 그의 작업을 더 이상 어떻게 발전시키지 못했다. 높이가 정확히 알려진 산꼭대기에서 지평선을 바라보는 각도를 잰다거나, 서로 다른 두 장소에서 하나의 별을 동시에 관찰하여 지평선으로부터 떠오른 높이를 잰다거나 하는 방식들을 동원했지만 별 소득이 없었다. 천체의 위치를 훨씬 정확히 측정하는 기기들이 등장한 현대에 와서야 과학자들은 에라토스테네스의 계산을 뛰어넘을 수 있었다.

에라토스테네스의 실험은 지리학과 천문학을 변화시켰다. 우선, 지리학자들이 위도를 아는 두 장소 사이의 거리를 확실히 계산할 수 있게 되었다. 가령 아테네와 카르타고 사이, 카르타고와 나일 강 입구 사이 거리를 알게 되었다. 에라토스테네스는 사람이 사는 땅의 위치와 크기를 알게 되었다. 그 다음 에라토스테네스의 뒤를 잇는 사람들은 우주적 거리, 즉 달까지의 거리, 태양까지의 거리, 별들까지의 거리 등을 계산할 수 있는 기준자를 얻게 되었다. 한마디로 말해 에라토스테네스의 실험은 인류가 지구에 대해 갖고 있던 생각, 지구가 우주에서(최소한 태양계에서) 어떤 자리를 차지하는가에 대한 기존의 생각, 나아가 우주에서 인간이 점하는 위치에 대한 관점 등을 송두리째 바꾸어놓았다.

　에라토스테네스의 실험은 특정한 종류의 실체에 구애받지 않으며 얼마든지 다양한 방식으로 재현될 수 있다는 점에서 여러 다른 실험들과 마찬가지로 추상적이라 볼 수 있다. 그러므로 그의 실험은 인류 문화에까지 모종의 기여를 하였다. 실험을 이루는 요소들은 평범하고 낯익은 것들이다. 그림자, 줄자, 중학교 수준의 기하학이 전부다. 알렉산드리아에 있어야 한다거나 스카페를 사용해야 할 필요가 없다. 꼭 하지에 실험을 해야 하는 것도 아니다. 전 세계 수백 개의 학교들이 에라토스테네스의 실험을 교과 과정에 넣어두고 있다. 임시로 뚝딱뚝딱 만든 해시계의 그림자를 활용하는 학교가 있는가 하면 깃대나 탑을 활용하는 곳도 있다. 다른 학교들과 이메일을 주고받으며 협동 실험을 하는 경우도 있다. 도시의 위도와 경도는 지리 관련 웹사이트에서 찾아보고 도시 간 거리는 '맵퀘스트(MapQuest)' 같은 웹사이트를 통해서 알아보면 된다. 이런 식으로 에라토스테네스의 실험을 재현한다는 것은 가령 미국 남북전쟁 마니아들이 게티즈버그 전투를 재연하는 것과는 차원이 다르다. 후자의 목적은 사적 고증의 정확성 아니면 재미를 위한 모방일 것이다.

반면 에라토스테네스의 실험을 재현하는 학생들은 그가 수행했던 바로 그 실험을 베끼거나 흉내 내는 게 아니다. 학생들은 마치 자신이 세계 최초인 양 그 실험을 수행하는 것이다. 그러면 실험은 너무나 생생한 결과를 그들의 눈앞에 똑똑히 보여준다. 너무나 직관적이라 반박할 수조차 없는 결론이 도출되는 것이다.

에라토스테네스의 실험은 또한 실험이라는 행위의 속성이 무엇인지를 극적인 방식으로 보여준다. 과학자들은 물리적으로 직접 지구의 둘레를 재지 않았으면서 어떻게 그 크기를 단언하는 것일까? 우리 인간은 무력하지 않다. 수십만 킬로미터의 줄자를 지구에 감는 무지막지한 방법이 가능할 때까지 기다릴 필요도 없다. 적절한 소도구를 사용해 현명하게 실험을 설계하면 된다. 그 실험은 그림자처럼 덧없고 불안정한 존재들에게서 영원히 변치 않는 우주의 속성을 이끌어낸다. 에라토스테네스의 실험을 통해 우리는 극심한 혼돈, 혹은 눈 깜박할 새 사라지는 그림자 같은 찰나의 실체에서 원형을 이끌어낼 방도가 있다는 사실을 배운다. 알맞은 도구들을 고안해내기만 하면 되는 것이다.

에라토스테네스의 실험이 아름다운 이유는 그 폭이 놀랄 만큼 넓기 때문이다. 어떤 실험들은 무언가를 분석하고, 추출하고, 분해함으로써 혼돈 속에서 질서를 찾아내 보여준다. 그러나 에라토스테네스의 실험은 우리의 시선을 그 반대로 돌려 작은 것들 속에서 광대함을 찾게 한다. 이 실험은 우리 인식의 지평을 넓히고, '그림자란 무엇이며 어떻게 생겨나는 것인가?'라는 언뜻 너무 단순한 질문에 대해 새로운 방식으로 접근하게 한다. 또한 일시적인 특정한 그림자의 길이가 지구의 둥근 모양새, 지구의 크기, 지구와 태양과의 먼 거리, 끊임없이 위치를 바꾸는 두 천체의 운동, 땅 위의 다른 모든 그림자들과 밀접한 관계를 맺고 있음을 깨닫게 한다. 이 실험을 통해 사람들은 태양이 우리로부터 무척 멀리 떨어져 있다는 사실, 시간은 순환하듯 흐른다는 사실, 지구는 둥글다는 사실을 논박의 여지없이 명백하게 이해하게 되었다. 이 실험은 세상에 대한 인류의 경험의 질을 바꿔놓았다.

사람들은 물리학 실험이 원래 비인간적인 것이라고 생각하며 우주에서 인류의 존재가 갖는 의미를 훼손시킨다고 비난한다. 과학이 인류로부터 모든 특권적 위치를 앗아간다는 것이다. 그래서인지 마술적 가치관에 함몰하거나, 태양, 행성, 별 등이 개인의 운명과 신비롭게 이어져 있다는 몽상을 함으로써 인간성의 손실을 보상받으려는 자들도 있다. 하지만 인간성의 손실이란 그들의 상상에서만 존재하는 현상이다. 일견 추상적인 에라토스테네스의 실험은 사실 인간은 어떤 존재이며 인간이 발 딛은 곳은 어디인가를 현실적으로 이해하게 함으로써 그야말로 진정한 의미에서 인간을 더욱 인간답게 해주고 있다. 우리를 둘러싼 모든 일들이 큰 것, 직접적인 것, 지배하는 것의 가치를 찬양하는 속에서 이 실험은 작은 것, 일시적인 것, 그리고 모든 차원의 사물들이 궁극적으로 연결되어 있는 방식의 결정적인 중요성을 제대로 인식하도록 해준다.

과학은 왜 아름다운가

에라토스테네스의 실험을 아름답다고 불러야 할까? 머리말에
서 언급했던 세 가지 기준, 즉 근본적인 뭔가를 드러낼 것, 그
것을 효율적으로 보여줄 것, 우리를 만족시키면서 실험 자체에 대
해서가 아니라 이 세상에 대해서 추가적인 의문을 불러일으킬 것이
라는 조건을 모두 충족한다 해도 실험을 아름답다고 말하는 데 반
대할 사람이 있을지 모르겠다. 실험에 대해 아름다움을 논하는 것
은 부적절하고, 엘리트주의적일뿐더러 기만적이라고 하는 사람들
을 여럿 보았다.

아름다움을 실험에 적용해서는 안 된다고 생각하는 자들은 보통
아름다움은 주관성, 의견, 감정의 영역인 반면 과학은 객관성, 사
실, 지성의 영역이라고 잘라 말한다. 말하자면 어떤 실험을 '아름답
다'고 묘사하는 것은 예술 및 인문학의 업무(가령 인간의 일상과 문화
를 탐구하고 확장시키는 일)와 과학의 업무(가령 자연 세계를 설명하는
일)를 혼동시킬 위험이 있다는 것이다. 과학을 아름답다고 하는 것
은 철학자 베네데토 크로체가 '주지주의자의 실수'라고 불렀던 오
류, 즉 예술과 사상을 변칙적으로 뒤섞어버리는 실수를 저지르는

일이라고 그들은 주장한다. 화가이자 비평가인 존 러스킨도 아름다움을 정의할 때 이 이분법을 존중했다. "어떤 물체를 보았을 때 명백하고 직접적인 지력을 행사하지 않고 외관을 그저 바라보는 것만으로도 즐거움을 느낄 수 있다면 그때 그 물체를 어떤 면에서, 혹은 어느 정도는 아름답다고 부를 수 있다."[1] 사람들은 아름다움을 감상하기 위해 구태여 복잡한 생각을 하고 싶어 하지 않는다. 위와 같은 입장대로라면 과학 실험은 지성의 창조물에 다름 아니므로 아름다운 것들의 목록에 포함될 수 없다.

실험의 아름다움을 논하는 것은 엘리트주의에 불과하다고 주장하는 이들은 논리를 더욱 발전시켰다. 그들의 지적은 이렇다. 아름다움은 직관적으로 이해되어야 하며 직접 체험이 가능해야 한다. 반 고흐의 그림이나 모차르트 협주곡의 아름다움을 말로 풀어쓴 설명을 읽음으로써 가늠하려 애쓴다고 상상해보라. 그러므로 과학 실험의 아름다움은 과학자들에게나 명백할 뿐이다. J. 로버트 오펜하이머도 언젠가 비슷한 말을 했다. 그에 따르면 양자역학의 탄생 과정을 이해하는 일은 외부인에게는 "의기양양한 순간이기도 하겠지만 두려운 순간"이기도 하다. 그것은 마치 "유례없는 고난과 영웅적 사건들로 점철된 원정을 마치고 돌아온 군사들의 후일담을 듣는 일, 저 높은 히말라야 산맥을 넘은 탐험가들의 이야기를 듣는 일, 치명적인 질병에서 회복한 이들의 이야기를 듣는 일, 신과 영적 교감을 나누었다는 신비주의자의 간증을 듣는 일"과 마찬가지다. "그런 이야기들은 사실 꼭 해야 할 말은 다 빼먹게 마련이다." 특정한 세상의 아름다움은 그 세상의 거주자들에게만 접근 가능한 것이다. 많은 영역이 그렇다. 따라서 과학의 아름다움이라는 대저택에서도 상당한 구역은 일반인들에게 접근 불가 지역이나 마찬가지다. 이것은 엘리트주의의 기미를 풍긴다. 민주적 감성을 지닌 현대인들에게 엘리트주의란 찬동하기 힘든 대상이다.

세번째이자 가장 강력한 반대 논지는 용어의 기만성에 대한 주장이다. 과학자들 스스로도 이 점을 인정할지 모른다. 과학자의 일은 제대로 들어맞는 이론을 찾는 것이므로, 실험자가 아름다운 대상을 창조하겠다는 자의식을 갖는 것은 아무리 좋게 봐도 본질에서 벗어난 일이고 최악의 경우 위험하기까지 하다.[2] 실험자는 아름다움에 신경을 쏟느라 '유약해져' 지성에 족쇄를 차게 될지 모른다. 아름다움에 대해 가차 없는 사람만이 상상력 넘치고 통찰력 있는 과학 작업에 적합하다고 볼 수도 있다. 한편 과학자가 아닌 이들은 이렇게 말한다. 과학에서 아름다움을 찾는 일은 피상적이고 감상적일뿐더러 선전의 목적을 감추고 있는 위장술이라고. 쉽게 공감할 수 있는 주장이다. 나 역시 과학의 아름다움에 대한 말들을 어디서 들었는지 짚어보면 과학자들의 작업 현장이 아닌 홍보부처에서 더 잦았다는 점을 인정할 수밖에 없다. 한번은 어떤 토론회에 참석했었는데 강연자가 보여준 마지막 슬라이드는 달 표면 위로 떠오르는 지구의 모습을 담은 유명한 사진이었다. 물론 그 사진은 무척 아름답다. 수십 년 동안 미국 항공우주국(NASA)의 강력한 선전 도구가 되어온 사진이다. 그렇지만 천문학자들은 그것을 자료로는 결코 인정하지 않을 것이다.

이상의 세 가지 반대 논지는 모두 아름다움을 잘못 이해한 데서 비롯한 것이다. 첫번째 반대는 아름다움을 장식물로 오해했다. 과학을 미적 관점에서 바라보는 것, 즉 외양으로 평가하는 것은 오히려 과학의 아름다움을 놓치는 지름길이다. 실험의 아름다움은 보여주고자 하는 바를 **어떤 방식으로** 보여주는가 하는 데 달려 있다. 나중에 살펴보겠지만, 뉴턴의 **결정적 실험**의 아름다움은 프리즘이 만들어내는 다채로운 색상과는 무관하며(사실 뉴턴이 그 실험을 고안해내기 위해서는 색상에 사로잡히지 않는 것이 중요했다) 그 실험이 어떻게 빛의 속성을 드러내는가 하는 방식에 있다. 지구의 질량을 측정한 캐번디시 실험의 아름다움은 캐번디시가 만들어낸 기구의 괴상한 겉모습이 아니라 장인 수준의 정교함에서 비롯한다. 토머스 영의 실험이 아름다운 것은 범상한 흑백 줄무늬 때문이 아니라 그 무늬가 빛의 핵심에 대해 뭔가 알려주기 때문이다.

두번째 반대 논지는 교육받은 인간의 인지는 감정이나 정서와 본질적으로 뗄 수 없다는 점을 간과했다. 이 점은 첫번째 반대도 마찬가지다. 우리가 미술관에서 완전 초짜가 아닌 것처럼 실험실에서도 완전 무경험자라고는 할 수 없다. 우리는 그림이나 음악, 시의 아름다움을 감상할 때 늘 교육받은 인식 능력을 발휘한다. 반면 '지성의 발휘'가 거의 필요 없는 대상인데도 아름다움을 깨닫지 **못할** 때가 있다(파블로 네루다의 시 중에는 「양말에 바치는 송시」라는 작품이 있는데, 정말로 발에 신는 물건의 아름다움을 예찬한 시다). 실험의 아름다움을 파악하기 위해 약간의 노력이 필요하다 해도 그리 큰 장애는 아니다. 이 책에 수록된 열 가지 실험의 아름다움을 음미하는 데도 그리 큰 노력은 필요치 않을 것이다. 진정한 장애는 세상 만물을 도구적으로, 즉 우리의 목적에 얼마나 잘 들어맞는지 평가하는 기능적 관점에서만 보려 드는 고정관념이다. 우리는 미적 감각을 잠재워두고 있는지도 모른다. 잠든 감각을 일깨우기만 하면 된다. 작가인 윌라 캐더가 했던 말과 같다. "아름다움은 흔하지 않다. 그 대상을 놓치지 않으려면 우리는 무심코 지나친 발걸음을 다시 돌려 찬찬히 살펴야 한다."[3]

세번째 반대 논리는 강력하고도 근본적인 것이다. 고대 플라톤 시대부터 존재했던 이성과 예술의 갈등이라는 오래된 문제를 담고 있다. 사람들이 논리에 설득되기보다 겉모습에 혹하지 않을까 하는 걱정이다. 플라톤은 『공화국』에서 말하기를 예술은 이성이 아닌 열정에 영합함으로써 "인간들의 어리석은 부분을 만족시키고" 우리를 잘못된 방향으로 이끈다 했다.[4] 아우구스티누스도 비슷한 생각을 했다. 그는 이성을 압도할 수 있는 감각의 능력에 위협을 느꼈다. 심지어 교회 음악도 위험할 수 있다고 생각하여 한번은 자신조차 "노래가 싣고 있는 진리에 감동하기보다 노래 자체에 감동"하는 때가 있노라 고백했다. 이것은 "심대한 죄이며, 그럴 때는 차라리 노래 소리를 듣지 않는 편이 낫다"고 그는 말했다.[5] 세번째 반대 논리는 무시무시한 결론으로 다다를 수도 있다. 이미지가 가진 마술적이고 기만적인 힘을 조심하고, 이성과 논리만을 따르라! 그래서인지 논리를 중시하는 철학자들은 진리와 아름다움을 서로 구별하거나 극단적으로는 대립시키기도 한다. 논리학자 고틀로프 프레게는 영향력 있는 한 저작에서 이렇게 말했다. "진리를 묻고자 할 때, 우리는 과학 탐구에 걸맞은 태도를 취하기 위해서 미적인 즐거움과는 이별하게 된다."[6]

세번째 반대 논리에 답하기 위해서는 과학의 정수, 그리고 예술의 정수란 무엇인지 떠올려야 한다. 논리나 수학 모델에 점령당하지 않은 또 다른 철학적 전통에 기댈 필요가 있다. 이 계보는 진리를 무엇에 대한 정교한 묘사로 보지 않고, 무엇인가를 드러내는 것으로 보는, 좀더 근본적인 관점을 택한다(하이데거가 여러 차례 지적했듯 그리스어에서 진리를 뜻하는 단어 알레테이아aletheia는 '드러냄'을 의미한다). 이 전통에 기대어보면 과학적 연구와 아름다움은 처음부터 완전히 이어져 있다. 아름다움은 진리 발견과 떨어져 외따로 존재하는 게 아니라 진리 발견에 수반하는 것이다. 과학 활동의 예기치 못한 부산물이라고도 표현할 수 있다. 아름다움은 우리 지성에 씌워진 족쇄를 풀고, 자연에 대한 친밀감을 깊게 함으로써 현실에 대한 새로운 이해의 발판을 다져주는, 행운의 부적이다. 이런 측면에서 볼 때 아름다움은 우아함과 대척에 놓일 수 있다. 우아함은 새로운 도약의 발판을 전제로 하지 않기 때문이다.[7] '아름다움'은 새로운 이해의 발판을 마련해준 어떤 물체와 새로 알게 된 것을 솔직하게 받아들이는 우리의 마음자세 사이를 조율 내지 조정해주는 감정이다.[8]

에라토스테네스의 실험이 정말 이런 경우에 해당할까?

실험을 마냥 추상적으로만 이해할 수도 있다. 기원전 3세기 수준의 GPS(위치 확인 시스템)라거나 단순한 계량의 문제, 지적 연습 문제 정도로 평가할 수도 있다. 내가 중학교에서 이 실험을 배웠을 때 대부분의 친구들이 그렇게 이해했고, 선생님도 그렇게 가르쳐주셨다. 하지만 그것은 먼저 상상력을 틀어막았기 때문에 생긴 일이다. 정답을 맞히고 싶은 열망, 전통적 과학 교육의 가르침, 이미 위성사진까지 본 마당에 신기할 것이 없다는 선입견 등이 상상력 발휘를 방해했다. 일상에서 우리는 빛에 따라오는 현상인 그림자에 대해 아무 관심도 쏟지 않으며, 그냥 "멋진걸!" 하면서 지나친다. 그런데 에라토스테네스의 실험을 통해 우리는 태양 빛을 받는 지구에 생기는 모든 그림자들은 끊임없이 진화하는 한 덩어리로서의 우주에 긴밀하게 엮인 현상임을 깨닫는다. 에라토스테네스의 실험에 대해 숙고할 때, 우리의 상상력은 구속받기는커녕 활발한 자극을 받는다. 우리는 일상의 굴레에서 벗어나 잠시 멈춰 서서 인류가 우주에서 차지하고 있는 공간에 대해 문득 깊게 이해하게 된다. 이 실험은 세상에 대한 경외감을 일깨운다.

그러므로 대답은 '그렇다'이다. 에라토스테네스의 실험은 아름답다. 아름다움에 대해 진지하게 생각해본다면 그렇게 답할 수밖에 없다. 다른 모든 아름다운 것들처럼, 에라토스테네스의 실험은 한편으로는 먼 거리에서 세상을 조감하도록 도와주는 동시에 다른 한편으로는 우리를 세상 가까이, 보다 세상 깊숙한 곳으로 밀어 넣어준다.

피사의 사탑.

둘

공을 떨어뜨리다
사탑의 전설

달 표면, 1971년 8월 2일

데이비드 R. 스콧 사령관 자, 제 왼손에는 깃털이, 오른손에는 망치가 있습니다. 우리가 오늘 여기 있게 된 이유 중 하나는 갈릴레오라는 신사 때문이 아닐까 생각합니다. 아주 오래 전에 중력장에서 자유낙하하는 물체들에 대해 중대한 발견을 한 사람이죠. 우리는 이렇게 생각했습니다. 갈릴레오의 발견을 확인하는 데 달보다 적합한 장소가 또 있을까 하고 말이죠.

[카메라가 한쪽에는 깃털, 다른 쪽에는 망치를 들고 있는 스콧의 두 손을 가까이 잡는다. 그리고 나서 다시 배경이 전부 보이도록 물러난다. 팔콘이라는 이름을 갖고 있는 아폴로 15호 착륙선이 뒤에 보인다.]

스콧 그래서 여러분을 위해 여기서 실험을 해보기로 했습니다. 이 깃털은 매의 깃털인데요, 우리의 달착륙선 이름이 팔콘(매)이기 때문에 정말 어울린다고 하겠습니다. 저는 이제 두 물체를 여기서 떨어뜨려보겠습니다. 바라기로는 두 물체가 동시에 땅에 닿을 겁니다.

[스콧이 망치와 깃털을 손에서 놓는다. 두 물체는 나란히 떨어져서 약 1초 뒤에 거의 동시에 달 표면에 닿는다.]

스콧 어떻습니까! 갈릴레오 씨의 발견이 정말 옳았군요.[1]

전해오는 말에 따르면, 피사의 사탑 실험은 무게가 다른 물체들의 낙하속도가 같다는 것을 신빙성 있게 보여준 최초의 실험으로서 아리스토텔레스의 권위를 전복하는 데 큰 역할을 했다고 한다. 이 전설은 한 사람(이탈리아 출신의 수학자, 물리학자, 천문학자인 갈릴레오 갈릴레이), 한 장소(피사의 사탑), 하나의 사건으로 이루어진 이야기다. 이 전설은 어디까지가 진실이며, 어떤 비밀들이 숨어 있을까?

갈릴레오(1564~1642)는 피사의 한 음악가 집안에서 태어났다. 아버지 빈센치오는 이름난 류트 연주자였는데 논쟁거리가 될 만한 음악적 실험들을 즐기는 취미가 있었다. 음조나 음정, 조율에 대해 연구하여 귀에 들리는 실제 증거들이 고대 학자들의 권위보다 낫다는 사실을 보이곤 했다. 빈센치오의 아들은 아버지의 강인한 의지를 물려받았다. 갈릴레오의 전기학자인 스틸먼 드레이크는 갈릴레오가 과학적 성공을 거두는 데 핵심 역할을 한 두 가지 성격을 지적한 적이 있다. 첫째는 '호전성'이다. 갈릴레오는 "전통을 전복하고 자신의 과학적 위치를 지켜내는" 전투에 임할 때 두려움이 없었고 심지어 나서서 즐기기까지 했다. 둘째는 갈릴레오의 성격이 두 가지 극단적 성정 사이에서 절묘한 균형을 이루었다는 점이다. 하나는 "사물을 관찰하는 데 즐거움을 느끼고, 사물간의 유사점과 관계를 잘 가려내며, 명백한 예외나 이상 현상들에 지나치게 신경 쓰지 않은 채 일반화를 이루어내는" 능력이었다. 다른 하나는 "원칙에서 벗어나는 설명할 수 없는 현상에 대해 애태우고 근심한 나머지 수학적 정확성을 가지지 못하는 원칙이라면 차라리 없는 편이 낫다고까지 생각하는" 성격이었다. 두 가지 모두 과학 연구에 귀중한 자질이다. 과학자라면 누구나, 어느 한쪽이 우세하는 경향이 있긴 해도 두 가지 특성을 종합하여 지니고 있다. 하지만 드레이크에 따르면 갈릴레오의 성정은 이 양극단 사이에서 실로 절묘하게 중심을 잡고 있었다.[2] 갈릴레오가 세상에 영향을 미치는 데 핵심적이었던 자질로서 문필 능력도 빼놓을 수 없다. 그는 글을 통해 주변에 의견을 전하고 그들을 설득할 줄 알았다.

갈릴레오는 1580년 가을 무렵에 의학을 공부하려고 피사 대학에 입학하지만, 곧 수학에 훨씬 매료되었다. 1589년에는 피사 대학에서 강사 자리를 맡았고 자유낙하 운동에 대해 연구하기 시작했다. 그는 피사 대학에 3년간 머물렀다. 피사의 사탑 실험이 실제 벌어졌던 일이라면 아마 이 시기에 이루어졌을 것이다. 갈릴레오는 1592년에 파도바 대학으로 옮긴다. 파도바에서는 18년을 살면서 대부분의 중요한 과학 연구들을 수행했다. 성능이 뛰어난 천체망원경을 발명한 것도 파도바에서였다. 그는 천체망원경을 사용해 여러 천문학적 발견들을 해냈는데, 가령 목성의 위성을 처음 관찰한 것 등이다. 천체망원경은 갈릴레오가 논란에 휩싸이는 계기를 마련하기도 했다. 그의 천문학적 발견들이 프톨레마이오스 체계(태양이 지구 주위를 돈다)와 맞지 않았을뿐더러 아리스토텔레스의 운동 이론에도 대치되고, 오히려 코페르니쿠스 체계(지구가 태양 주위를 돈다)를 지지했기 때문이다. 또 파도바에서 갈릴레오는 공들인 시연을 통해 물리법칙들을 설명하는 강의를 펼쳐 꽤 유명세를 얻었다. 그의 강의는 무려 2천 명을 수용하는 강당에서 이루어지곤 했다. 1610년, 그는 토스카나 대공의 궁정이 있는 피렌체로 옮긴다. 그리고 1616년에는 코페르니쿠스 학설을 '주장하거나 방어하지' 말라는 경고를 받는다. 하지만 그로부터 16년 뒤인 1632년, 그는 『두 개의 세계관에 관한 대화―프톨레마이오스 체계와 코페르니쿠스 체계』라는 훌륭한 책을 펴낸다. 책은 검열을 통과했지만 코페르니쿠스 체계를 강하게 지지하는 논리들을 담은 것임이 알려지게 되었다. 다음해인 1633년, 갈릴레오는 로마 가톨릭 교회에 소환되며, 그곳에서 자신의 관점이 오류투성이였음을 인정하고 이제는 그 학설을 '철회하고, 저주하고, 증오한다'고 천명해야 했다. 가택 연금에 해당하는 형벌에 처해진 그는 말년을 피렌체 외곽 아르체트리라는 마을에서 보내야 했다. 그리고 죽기 얼마 전에 빈센치오 비비아니라는 유망한 젊은 수학자를 조수로 두었다. 비비아니는 눈까지 먼노 과학자를 충심으로 따르며 배우는 제자가 되었고 갈릴레오의 회상, 사변, 장광설을 참을성 있게 들어주었다. 후에는 갈릴레오에 대한 기록을 보존하는 일에 전념하기로 결심하고 최초의 갈릴레오 전기를 집필한다.

우리가 아는 갈릴레오의 유명한 전설들은 비비아니가 쓴 애정 넘치는 전기에서 비롯한 것이 많다. 아브라함 진자 이야기도 그중 하나다. 의대생 시절이던 1581년, 갈릴레오가 피사의 두오모 세례당에 걸린 샹들리에의 흔들리는 모습을 보고 맥박으로 시간을 재 진자의 등시성을 발견했다고 전하지만, 역사학자들은 이 이야기가 완벽한 사실은 아닐 것이라 본다. 오늘날 그 자리에 걸려 있는 샹들리에는 1587년에야 설치되었기 때문이다. 그러나 사실적 요소가 전혀 없는 거짓말이라고도 볼 수 없는데, 그전에 걸려 있었을 등잔도 어쨌거나 똑같은 물리법칙을 따라 흔들렸을 게 아니겠는가. 좌우간 비비아니가 전하는 이야기 중 가장 유명한 것이 바로 갈릴레오가 "다른 교사들과 철학자들과 모든 학생들이 지켜보는 가운데" 피사의 사탑을 올라가, "똑같은 조성이지만 무게가 다른 물체들이 같은 매질 속을 움직일 때 그 속도는 아리스토텔레스가 천명한 것처럼 무게에 비례해 커지는 게 아니라 무게와 상관없이 서로 동일하다는 것"을 "반복된 실험을 통해" 보여주었다는 일화다.[3]

갈릴레오는 자신이 쓴 책에서 논리, 사고실험, 유추 등 다양한 논증을 통해 왜 무게가 다른 두 물체가 진공에서는 똑같은 속도로 떨어질 수밖에 없는지 설명했다. 하지만 피사의 사탑 실험을 직접적으로 언급한 대목은 없다. 포탄과 머스킷 총탄을 갖고 야외에서

"시험을 해"보았더니 거의 동시에 떨어진다는 일반 법칙을 발견했다고 적혀 있을 뿐이다. 보통 때와 달리 이 특정 실험을 지나치게 세세하게 묘사한 점, 그런데 비비아니의 책에는 이 실험에 대한 언급이 없는 점, 반면 피사의 사탑 일화는 비비아니의 기록에만 존재하는 점 때문에 과학사학자들은 피사의 사탑 실험이 실제 벌어졌던 사건이 아닐 것이라고 의심해왔다.

갈릴레오가 사탑에서 실제로 실험을 했느냐 하지 않았느냐의 문제보다 더 중요한 것은 갈릴레오의 생각이 아리스토텔레스적 틀을 벗어나 자신만의 운동 법칙 분석으로 넘어갔다는 점이다. 아리스토텔레스의 자연철학은 물체의 운동에 대한 기술을 담고 있어 오늘날의 용어로 부르면 아리스토텔레스 물리학이라고 할 수 있는 것으로서, 매우 일관되고 종합적인, 세심한 이론 체계였다. 그 바탕에는 세상의 중심에 지구가 정지한 채로 있고, 하늘의 영역에 속하는 물체들은 지구의 물체들이 움직이는 것과는 전혀 다른 법칙에 따라 행동한다는 가정이 깔려 있었다. 갈릴레오의 입장에서 아리스토텔레스 체계에 의심을 품거나 도전한다는 것은 두 가지 가정 모두를 의심하고 도전한다는 뜻이었다. 지구는 움직이지 않는다는 가정, 그리고 지구 물체들의 운동에 대한 아리스토텔레스의 해석, 두 가지 모두 의심의 대상이었다.

아리스토텔레스 우주관의 핵심은 하늘과 땅은 별개의 영역이며 서로 다른 물질들로 만들어졌고 서로 다른 법칙에 종속된다는 것이다. 하늘에서 벌어지는 운동은 질서정연하고, 정확하고, 주기적이고, 수학적이다. 반면 땅에서 벌어지는 운동은 혼란스럽고, 불규칙하고, 오로지 정성적으로만 묘사될 수 있다. 또 땅에서 움직이는 물체들은 자신의 '타고난 자리'를 찾아가려는 경향에 의해 운동한다고 했다. 단단한 물체라면 지구의 중심을 향하는 방향, 곧 아래쪽으로 떨어지는 것이 타고난 속성이다. 아리스토텔레스는 무거운 물체들이 위로 올라가는 것은 부자연스럽고 '격렬한 운동'이며, 아래로 내려가는 것은 '자연스런 운동'이라고 나누어 규정했다.

아리스토텔레스는 자유낙하하는 물체의 운동을 관찰하고는 속도가 매질에 따라 다르다는 점을 인식했다. 매질이 공기처럼 '얇을' 경우와 액체처럼 '두터울' 경우 낙하 속도가 다르다는 것이다. 그는 낙하하는 물체는 시간이 얼마 흐른 뒤 일정한 최고 속도에 도달하게 되는데, 그 속도는 물체의 무게에 비례한다고 주장했다. 일상의 경험에 부합하는 생각이다. 창문 밖으로 골프공과 탁구공을 떨어뜨린다고 생각해보자. 골프공이 더 빨리 떨어져 먼저 바닥을 칠 것이다. 만약 골프공을 물이 찬 수영장에 빠뜨리면 떨어지는 속도가 공기 중일 때보다 느리다. 철로 된 공과 함께 떨어뜨리면 이번엔 철로 된 공이 먼저 바닥을 칠 것이다. 마찬가지로 망치는 깃털보다 빨리 떨어진다. 아리스토텔레스는 이 현상을 하나의 틀로 체계화했다. 후대의 과학철학자들이라면 '패러다임'이라고 부를 것이다. 아리스토텔레스의 패러다임은 일상의 현상들을 바탕으로 한 것이었고, 그가 설명하고자 하는 것도 바로 일상의 현상들이었다. 예를 들어 하나의 행위자(가령 말)가 하나의 대상(마차)을 계속 운동시키는 데 있어 장애(마찰을 비롯한 각종 저항)를 겪고 있다고 하자. 누구에게나 친숙한 이런 상황에서 운동은 거의 언제나 힘과 저항 사이의 균형으로 표현될 수 있다. 아리스토텔레스는 자유낙하하는 물체의 경우에도 비슷한 접근법을 취하여, 힘(그의 설명에 따르면 우주의 중심으로 돌아가고자 하는 자연스런 경향성)이 저항(물체가 움직이는 매질이 빡빡한가 그렇지 않은가, 오늘날의 용어로는 '점도')과 균형을 이루는 운동이라고 설명한 것이다. 그는 저항하는 매질이 없는 경우에는 낙하 속도가 무한대가 될 것이라고 결론 내렸다.

현대 용어로 평하자면, 아리스토텔레스는 가속 현상을 제대로 해석해내지 못한 것이다. 갈릴레오 이전에도 이 점을 수상히 여긴 학자들이 적지 않았다. 벌써 6세기 무렵, 비잔티움의 학자 요하네스 필로포누스는 실험 결과가 아리스토텔레스 이론에 위배된다는 기록을 남겼다. "한쪽이 다른 쪽보다 몇 배 이상 무거운 두 물체를 같은 높이에서 떨어뜨렸을 때, 낙하에 걸리는 시간의 비는 무게의 비와 관련이 없으며 낙하 시간의 차는 매우 작다." 필로포누스의 글은 이렇게 이어진다. 한쪽의 무게가 다른 쪽의 두 배 정도에 지나지 않는다면 "낙하 시간의 차는 전혀 없거나 거의 무시할 만한 수준이다".[4]

갈릴레오가 파도바로 옮기기 전인 1586년, 플랑드르의 기술자 시몬 스테빈은 아리스토텔레스의 해석이 틀렸음을 보여주는 일련의 실험들에 대해 썼다. 스테빈은 무게가 열 배 차이 나는 납으로 된 공 두 개를 준비하여 9미터 높이에서 바닥으로 떨어뜨렸다. 바닥에는 판자를 두어 공이 떨어지면 소리가 나게 했다. 스테빈은 이렇게 썼다. "실험 결과, 가벼운 공이 무거운 공보다 열 배 이상 오래 공중에 체류하지 않고, 두 공이 거의 동시에 판자에 떨어져서 각각이 내는 소리가 거의 하나로 겹쳐 들린다는 것을 알았다."[5] 이 문제에 대한 아리스토텔레스의 설명은, 한마디로, 틀린 것이 분명했다.

갈릴레오의 시대인 16세기에도 자유낙하 물체의 실험 결과가 아리스토텔레스 이론에 위배된다는 점을 지적한 이탈리아 학자가 여럿 있었다. 피사 대학의 교수인 지롤라모 보로도 그중 하나였다 (그는 갈릴레오가 대학을 다닐 때 교수로 있었다). 보로는 주장하기를, 무게는 같지만 크기와 밀도가 다른 여러 물체들을 수없이 '던져본' 결과(그는 모호한 표현을 사용했다), 정말 놀랍게도 매번 밀도가 큰 물체가 밀도가 낮은 물체보다 천천히 떨어지더라고 했다.[6]

광대한 분야에 관심을 쏟은 위대한 과학자들의 작업이 으레 그렇듯 아리스토텔레스의 연구에 적잖은 실수와 오류가 있다는 점은 당시에도 이미 잘 알려져 있었다. 하지만 갈릴레오 이전의 유럽 학자들은 오점들을 그리 심각하게 여기지 않았다. 갈릴레오의 업적이 위대한 것은 이 때문이다. 갈릴레오는 아리스토텔레스의 운동 이론이 자유낙하 물체에만 관련된 것이 아니라 과학 전체의 틀과 긴밀하게 얽혀 있다는 사실을 깨달았으며, 자유낙하 현상을 적절히 설명하기 위해서는 가속의 문제를 제대로 통합해내야 한다는 것, 그러기 위해서는 완전히 새로운 과학적 틀이 세워져야 하리라는 점을 인식했다. 아리스토텔레스는 물체가 낙하할 때 점차 속도가 커진다(가속된다)는 점을 잘 알았지만 그것이 자유낙하 운동의 근본 속성이라고는 생각지 않았다. 물체가 떨어지면서 저마다 고유한 일정 속도에 도달하기까지 그 사이에 잠시 벌어지는 비본질적이고도 하찮은 현상이라 해석했다. 갈릴레오도 처음에는 이 견해를 수용했다. 하지만 곧 가속의 문제가 매우 중요하다는 것을 깨달았으며, 아리스토텔레스 체계에 그냥 '덧붙이는' 식으로는 해결될 수 없다는 점도 알게 되었다. 아리스토텔레스의 자유낙하 운동 해석이 틀린 게 확실하다면 부분만 수선하는 것은 불가능했다. 전체를 완전히 뜯어고쳐야 했다.

갈릴레오라고 해서 순간적으로 이런 통찰을 갖게 된 것은 아니다. 그도 처음에는 남들처럼 아리스토텔레스가 옳다고 가정하고 출발했다. 어떤 결정적인 하나의 단서가 있어서 갑자기 확 마음을 바꾸게 된 것도 아니다. 갈릴레오는 다양한 연구를 누적해가는 과정에서 차차 혁명적인 궤도를 밟게 된 것이다. 진자 운동이나 자유낙하 운동처럼 평범한 연구들뿐 아니라 천문학 연구도 도움이 되었다.

갈릴레오가 자유낙하 운동을 처음 논한 것은 「운동에 관하여」라는 미출간 원고에서다(피사 대학에 있을 때 작성한 것이다). 갈릴레오는 물체가 제 밀도에 비례하는 등속으로 낙하한다는 아리스토텔레스의 개념을 그대로 받아들였다. '물체의 (자연적) 운동 속도의 비에 관한 일반 법칙'이라고 그는 표현했다. 금으로 만들어진 공은 은으로 만들어진 같은 크기의 공보다 두 배 빨리 떨어져야 한다. 전자의 밀도가 후자보다 두 배 가까이 크기 때문이다. 갈릴레오는 이 현상을 직접 확인하려 시도한 것이 분명한데, 놀랍고 안타깝게도 실험이 제대로 이루어지지 않았노라고 낙담하여 적고 있다. "속성상 한쪽이 다른 한쪽보다 두 배 빨리 떨어져야 하는 두 개의 물체를 탑에서 떨어뜨려보면, 빠를 것이라 예상했던 쪽이 두 배는커녕 눈에 띌 정도로 빨리 땅에 닿지도 않는다."[7] 과학사학자들은 이 대목을 예로 들면서 갈릴레오가 아주 초기부터 관찰을 통해 이론을 확증하려 했다고 결론 내린다. 하지만 같은 책의 다른 대목에서 갈릴레오는 괴상한 주장을 펼치기도 한다. 가벼운 물체가 초반에는 무거운 물체보다 빨리 떨어지다가, 나중에야 무거운 물체가 그 뒤를 따라잡는다는 것이다. 사람들은 이 대목을 놓고서 갈릴레오의 성실성이나 실험자로서의 역량을 의심하기도 했다.

몇 년 뒤, 갈릴레오는 자유낙하 물체에 대한 기존 관념을 바꾸어 아리스토텔레스의 설명 틀을 완전히 포기한다. 그가 이 방향을 택하게 된 과정은 상당히 복잡하다. 다양한 증거와 생각들이 얽혀 있으며 땅이 아닌 하늘에서의 운동에 대한 연구도 영향을 미쳤다. 갈릴레오를 연구하는 학자들은 그의 원고를 한 장 한 장 끈질기게 분석한 끝에 갈릴레오의 사고가 진화해간 과정을 대략 밝혀냈다. 갈릴레오는 『두 개의 세계관에 관한 대화』(1632)와 『두 개의 신과학』(1638)에서 자유낙하 운동에 대한 일련의 논증을 펼친다. 두 책의 구성은 세 남자들이 며칠 동안 나눈 폭넓은 대화를 기록한 것으로, 우리가 보기엔 꽤 낯선 형태이다. 첫번째 등장인물은 갈릴레오의 대역 격인 살비아티다. 심플리치오는 아리스토텔레스의 입장을 대변하며 어쩌면 갈릴레오의 과거의 견해를 표현하는 인물인지도 모른다(이름이 암시하듯 단순한 사람이라는 분위기를 풍긴다). 마지막으로 사그레도는 상식을 갖춘 교양인으로 묘사된다. 갈릴레오는 이런 문학적 형식을 취함으로써 자신은 슬쩍 발을 빼면서도 정치적으로나 신학적으로 민감한 온갖 주제들을 자유롭게 논할 수 있었다. 코페르니쿠스 체계가 좋은 예였다. 살비아티가 '불경한' 주장을 펼칠 때면 갈릴레오는 그가 단지 가상의 인물일 따름이며 그의 견해가 저자의 견해와 반드시 일치하지는 않는다고 물러설 수 있었다. 또한 자신의 주장을 여러 가지 방식으로 표현하는 기회도 가졌다. 살비아티가 펼치는 논증은 갈릴레오 자신이 실제로 겪은 사고 과정을 갈무리했다기보다는 결론만을 가져다 여러 가지로 풀었다고 봐야 옳을 것이다.

두 책 모두에서 살비아티와 사그레도는 무게와 조성이 다른 물체들로 수행한 여러 실험들을 언급한다. 『두 개의 신과학』 속 첫날 토론에서 살비아티가 주장하기를, 아리스토텔레스는 무거운 물체의 낙하 속도가 실제로 큰지 확인해보았다고 하는데 아마 거짓말일 것이라고 말한다. 그러자 사그레도가 이었다.

나는 직접 시험을 수행해본 입장에서 당신에게 자신 있게 말할 수 있습니다. 백 파운드(혹은 2백 파운드, 그 이상이라도 좋습니다)가 나가는 포탄을 반 온스도 안 나가는 총탄과 2백 브라치오[braccio, 1브라치오는 약 60센티미터] 높이에서 떨어뜨리면, 포탄이 총탄보다 먼저 떨어지는 거리가 한 뼘조차 안 됩니다. 그러니까 큰 것이 작은 것보다

2인치 정도 먼저 떨어질 뿐입니다. 큰 것이 땅에 닿을 때 작은 것은 고작 2인치 뒤처질 따름이라는 말입니다.

살비아티가 덧붙인다. "아마도 공기가 없는 곳에서는 모든 물체의 속도가 동일할 것이라는 생각이 듭니다. 추측이긴 하지만 매우 가능성이 높을 것입니다." 나중에 나흘째의 토론에서는 이렇게 말한다.

경험에 따르면, 두 개의 공이 있고 그중 하나가 다른 하나보다 열 배 내지 열두 배 무거울 때(가령 하나는 납으로 만들어졌고 다른 하나는 나무로 만들어졌을 때), 두 공이 150 내지는 200브라치오 높이에서 떨어지면 땅에 도달하는 속도에는 거의 차이가 없습니다. 공기 때문에 두 공이 운동을 방해받거나 느려지는 정도는 매우 작은 것이 분명합니다.[8]

살비아티는 가상의 주인공이지만 갈릴레오 자신의 작업을 해설하고 있는 것이 틀림없다. 살비아티가 실험을 수행했다고 주장하므로, 갈릴레오가 서로 다른 무게의 물체들을 떨어뜨리는 실험을 실제로 수행하여 아리스토텔레스의 운동 이론을 반박하게 된 것이 맞을 것이다. 대부분의 역사학자들은 그렇게 믿고 있다. 갈릴레오는 정말로 탑에서 실험을 했던 것 같다. 어쩌면 피사의 사탑이었을 수도 있다. 아리스토텔레스를 믿는 학자들은 갈릴레오의 여러 논증을 종합해볼 때 이 실험이 아리스토텔레스의 세속적 운동 이론에만 문제를 일으키는 게 아니라 체계 전체에 영향을 미치리라는 점을 깨닫고 당황했다. 갈릴레오 이전에도 아리스토텔레스 운동론의 결점을 지적한 이들이 없지 않았으나, 갈릴레오는 아리스토텔레스 이론 체계에서 자유낙하 문제가 얼마나 치명적인 부분인지를 보여준 점, 그것을 대신할 운동 법칙을 발전시킨 점, 대안과 관련된 추상적 사고를 진행시킨 점, 그리고 문제의 중요성을 제대로 표현한 점에서 그들 모두보다 뛰어났다. 갈릴레오가 피사의 사탑에서 실제로 공을 떨어뜨린 적이 있든 없든, 그가 자유낙하 운동에 대한 아리스토텔레스적 설명의 대안을 만들어낸 중심적인 인물이라는 점에는 변함이 없다.

비비아니는 스승에게 너그러웠다. 이탈리아 속담에 '사실이 아니라도, 그럴싸하기는 하다'는 말이 있다. 피사의 사탑 실험에 대해 그 말을 적용해도 무리가 없어 보인다.

그런데 이 실험이 신화처럼 사람들 마음에 굳게 뿌리내려 현대 과학의 흐름을 바꾼 전환점으로 추앙받게 된 것은 왜일까? 어째서 그렇게 되었을까?

비비아니의 기록이 발휘한 힘을 한 가지 이유로 들 수 있다. 비비아니의 글은 간결하지만 그가 보여주는 장면은 매혹적이다. 비비아니는 대체로 조심스럽고 정확하게 글을 썼지만 늘 특정 부류의 청중, 문학가, 성직자, 정치가, 그리고 여타 과학자가 아닌 저명인사들을 염두에 두었다. 이들은 수학이나 기술적 세부에 대해서는 조금도 신경 쓰지 않으며 오히려 흡인력 있는 이야기에 끌리는 독자들이다. 과학사학자 마이클 세그레는 이렇게 말한 바 있다. "비비 아니는 후대의 독자들 중에 깐깐한 과학사학자들이 섞여 있으리라고는 전혀 상상하지 못했을 것이다."[9]

두번째 이유는, 대중적이고 때로는 역사적인 글에는 하나의 일화가 일련의 복잡한 중대 사건들을 요약해 보여주는 대표 이야기로 제시되는 경향이 있다는 것이다. 아리스토텔레스적 세계관에서 현대적 틀로 이행하는 대목에 있어서는 피사의 사탑 이야기가 더할 나위 없이 바람직한 일화였다. 그 탓에 바람직하지 않은 현상이 따라온 것도 사실이다. 우선 실험의 맥락이 제거되었다. 그리고 갈릴레오가 운동에 대해 이해하게 된 것이 전적으로 이 한 가지 실험 덕이라는 착각, 두 패러다임이 충돌하는 과정에 운동에 대한 설명이 가장 첨예하게 대립했다는 착각이 생겨나기도 했다.

사람들이 다윗과 골리앗 식의 이야기를 좋아한다는 것(최소한 다윗이 내 편일 때는 말이다), 이것이 마지막 이유이다. 현명한 책략 하나로 근엄하게 군림하던 자의 권위가 부당한 것으로 밝혀지고, 종내는 콧대가 꺾여 쫓겨나는 이야기, 이런 이야기는 평범한 사람들이 품은 지혜를 칭송하는 것으로 읽힌다.

모든 종류의 공연이 그렇듯, 실험 또한 창조에 얽힌 이야기, 즉 탄생사를 거느린다. 탄생의 역사는 실험이 최초로 수행되는 순간 절정을 맞는 이야기다. 다음은 성숙의 역사다. 최초의 수행 이

후에 펼쳐지는 이야기로서 그후 벌어지는 갖가지 사건들을 들려주는 역사다. 원한다면 일종의 전기라고 생각해도 좋을 것이다. 에라토스테네스의 지구 둘레 측정 실험처럼 갈릴레오의 자유낙하 실험도 한편으로는 특정 시공에서 벌어진 특정한 사건인 반면, 다른 한편으로는 다양한 물체, 기술, 정밀도를 동원해 다양한 방식으로 재현될 수 있는 하나의 원형이다. 세월이 흐르자 갈릴레오의 자유낙하 실험을 계승한 수많은 실험과 시연들이 벌어졌다. 모두 피사의 사탑 실험의 후손들이라 할 수 있다.

예를 들어 갈릴레오 사망 후 십여 년이 지나 공기 펌프가 발명되었다. 유리병에서 공기를 빼내는 기구로서 불완전하나마 진공 상태를 만들어주는 도구였다. 그러자 영국의 로버트 보일, 네덜란드의 빌럼 스흐라비산더를 비롯한 여러 과학자들이 진공에서는 무게가 다른 물체들이 동시에 떨어질 것이라는 갈릴레오의 주장을 시험하려 나섰다.

갈릴레오가 개척한 새로운 물리학이 아리스토텔레스의 이론을 완전히 대체한 18세기에도 진공에서의 자유낙하 실험은 엄밀하지 않은 시연의 형태로 널리 인기를 끌었다. 영국 왕 조지 3세는 기구 제작자를 닦달하여 공기를 뺀 튜브 속에서 깃털과 1기니짜리 동전이 동시에 떨어지는 기구를 만들어 가져오도록 했다. 한 관찰자의 기록이 남아 있다.

밀러 씨는 동전과 깃털로 하는 진공 펌프 실험을 조지 3세 국왕에게 설명하게 되었다고 말했다. 실험을 펼쳐 보일 때 젊은 광학기계 제조업자는 깃털을, 왕은 동전을 준비했다. 실험이 끝나자 왕은 청년의 실험 솜씨를 추켜세웠지만 인색하게도 동전을 돌려받아 조끼 주머니에 쏙 집어넣고 말았다.[10]

20세기에 들어서도 자유낙하 물체에 대해 실험하는 과학자들이 있었다. 저항이 큰 매질에서 물체의 가속 운동에 대한 방정식을 얻고자 정확한 낙하 시간을 재는 것이다. 가장 최근에 벌어진 것으로는 1960년대에 미국 롱아일랜드의 브룩헤이븐 국립연구소 기상관측탑에서의 실험이 있다. 이론 물리학자 제럴드 파인버그가 수행한 것이었다. 파인버그는 이렇게 썼다. "오래 전에 결론이 난 문제를 다시 *끄집어내* 실험해보는 제일 큰 이유는 이 이론의 결과가 우리의 직관과 반대되기 때문이다. 갈릴레오의 법칙을 배우며 자란 사람들의 직관과도 다르게 보이기 때문이다." 수백 년간 사용된 방정식도 늘 교정이 필요하다.[11] 분명 피사의 사탑 실험은 지금도 우리를 놀라게 할 수 있다.

피사의 사탑 실험은 우주의 근원적인 이야기를 들려준다. 포탄에서 깃털까지, 모든 물체들은 지구상의 모든 것에 동일하게 작용하는 어떤 힘의 영향을 나란히 받는다는 것이다. 실험의 구조는 실로 황당할 정도로 단순하며, 신비로운 조작 요소 같은 것은 끼어들 틈도 없다. 시계마저 없어도 된다. 실험은 결정적이며, 특별한 기쁨을 안겨준다. 아마도 '예상된 놀라움'이라 표현할 수 있을 것이다. 우리는 갈릴레오의 이론 틀이 진실이라는 것을 잘 알지만 일상생활을 할 때는 아리스토텔레스의 이론 틀 속에 산다. 공기 저항이 없는 달에서 산다면 진공에서 물체가 낙하하는 모습에도 익숙할 테고 그렇다면 이 실험은 아무런 교훈을 가지지 못할 것이다. 하지만 지구에서의 일상적인 경험을 통해 우리는 물체들이 아리스토텔레스가 설명한 방식으로 행동할 것이라 기대하고 있다. 그에 맞춰 계획을 세우면 언제나 잘 들어맞는다. 무거운 물건을 집으면 가벼운 물건을 집었을 때보다 손이 더 아래로 처진다. 그래서 그들이 훨씬 빨리 낙하할 것처럼 여겨진다. 정말 원래 있던 곳으로 돌아가고 싶어 하기라도 하는 양 느껴진다. 때문에 우리는 이 이론 틀이 깨어지는 모습을 보면서 번뜩 정신이 들고 즐거움을 느끼는 것이다. 실험 덕분에 우리는 머리로만 알던 것을 재확인하게 된다. 이런 즐거움은 프로이트가 '포르트-다(fort-da, 없어졌다-여기 있다)' 놀이라고 묘사했던 아기들의 놀이를 떠올리게 한다. 아기는 작은 물건 하나를 쥐고는 안 보이는 곳으로 치웠다가, 다시 눈앞으로 가져왔다가 하면서 논다. 아이는 물건이 줄곧 그곳에 존재한다는 사실을 '알지만' 그래도 왠지 물체가 다시 등장할 때마다 질리지도 않고 재미를 느끼는 것이다.

아주 최근까지만 해도 갈릴레오의 낙하 실험을 둘러싼 몇 가지 풀리지 않는 의문들이 있었다. 그중 하나는 갈릴레오가 「운동에 관하여」에 쓴 관찰 내용으로, 밀도가 낮은 물체가 밀도가 높은 물체보다 더 빨리 떨어지다가 차차 순서가 뒤바뀐다는 말도 안 되는 주장이다. 과학사학자 토머스 세틀은 1980년대에 갈릴레오의 실험을 재현해보았다. 실험 심리학자를 대동한 실험 결과, 놀랍게도 그는 갈릴레오의 관찰과 일치하는 현상을 목격했다. 보다 면밀히 연구한 결과 세틀이 내린 결론은 이랬다. 무거운 물체를 들고 있는 손은 쉬이 피로해지기 때문에, 실험자는 자신이 두 개의 물체를 동시에 놓았다고 생각하지만 사실은 무거운 쪽을 좀더 늦게 놓는 경향이 있다는 것이다.[12]

최근에야 풀린 또 다른 의문점은 비비아니의 기술이 믿을 만한가, 그리고 피사의 사탑에서 실제로 실험이 벌어졌다면 갈릴레오 자신은 왜 그 얘기를 한 번도 하지 않았는가 하는 점이다. 1970년대에 갈릴레오의 전기학자인 스틸먼 드레이크는 1641~1642년에 씌어진 갈릴레오의 서신들을 꼼꼼히 점검해보았다. 그 당시 갈릴레오는 눈이 멀고 가택 연금을 당한 상태여서 비비아니에게 모든 편지를 읽힌 뒤 답장도 대필하도록 했다. 1641년 초, 갈릴레오는 오래된 친구이자 동료인 빈센치오 레니에리로부터 편지를 여러 통 받았다. 레니에리는 막 피사 대학의 수학 교수가 된 참이었는데, 한때 갈릴레오가 맡았던 바로 그 자리였다. 한 편지에서 레니에리는 최근 수행한 실험에 대해 썼다. '대성당의 종루 꼭대기', 즉 그 유명한 피사의 사탑 위에서 나무와 납으로 만들어진 두 개의 공을 떨어뜨렸다는 것이다. 갈릴레오의 답장은 소실되었다. 하지만 레니에리의 답장으로 유추해보면, 갈릴레오가 『두 개의 신과학』에 적었던 자신의 낙하 실험들을 언급하면서 레니에리에게 무게는 다르지만 재질이 동일한 물체들로 실험을 수행하여 재질의 문제가 결과에 영향을 미치는지(물론 미치지 않았다) 알아보라고 한 것이 틀림없다. 레니에리의 편지 덕분에 갈릴레오는 자신이 피사에서 같은 재질로 된 물체들을 낙하시켰던 실험을 떠올리게 된 것 같다. 갈릴레오는 그 실험을 레니에리에게, 최소한 비비아니에게라도 설명해준 것 같다. 그렇다면 갈릴레오 자신이 한동안 잊고 있던 이야기를 왜 비비아니가 알게 되었는가, 그리고 비비아니는 어째서 갈릴레오가 동일한 재질로 된 공들을 사용했노라는 꽤 구체적인 세부 사항들을 적을 수 있었는가에 대한 의문이 풀린다. 비비아니의 기록에는 갖가지 오류들이 존재한다. 사실이다. 하지만 대부분은 연대를 잘못 적었거나 잘못된 부분을 강조했거나 요약하면서 내용을 흩뜨리는 등 사소한 것들이다. 게다가 갈릴레오가 자신의 저술에서 피사의 사탑 이야기를 반드시 해야만 하는 이유가 뭐가 있었겠는가? 그는 그저 '높은 곳'이라고만 언급했다. 그 높은 곳들 중의 한 곳이 피사의 사탑일지도 모른다는 사실은 실험의 부차적 요소이며, 결과의 신빙성에도 아무런 관련이 없다. 이런 점들을 숙고한 뒤 드레이크가 내린 결론은 다음과 같다. 갈릴레오는 레니에리에게 보낸 편지에서 자신이 과거에 피사의 사탑에서 수행했던 자유낙하 실험을 묘사한 것으로 보인다. 비비아니가 그 이야기를 알게 된 것은 편지를 대필하면서였을 것이다.[13]

저명한 과학사학자 I. 버나드 코언은 "피사의 사탑에서 무게가 다른 공 두 개를 떨어뜨려본 사람이 정말 있기는 한가요?" 내지는 "정말 떨어뜨려본다면 어떤 결과가 나올까요?" 같은 질문들에 줄곧 "모르겠습니다"라고 답해오다가, 답을 하는 것에도 지쳤다. 1956 년, 코언은 국제과학사학회에 참가하기 위해 이탈리아를 방문했다. 학회는 이탈리아 각지에서 열렸으며 그중 피사도 포함되어 있었다. 어느 날 코언은 피사의 사탑을 찾았다. 동료 학자들과 대학원생들이 사탑 아래에서 사람들이 지나다니지 못하도록 하는 동안, 그는 반질반질 닳아 미끄러운 대리석 계단을 딛고 경사진 꼭대기 마루로 올라갔다. 꼭대기에 도착한 뒤, 그는 탑의 남쪽 난간 너머로 간신히 양팔을 내밀어 무게가 다른 두 공을 떨어뜨렸다. 두 공은 거의 동시에 바닥을 쳤다. 쿵, 쿵! 넋을 잃고 쳐다보는 사람들 눈앞으로 떨어졌다. 그들은 예상치 못했던 현상을 보았기 때문에 황홀해한 것이 아니다. 자신들이 목격한 것이 역사적 중요성을 가진 실험임을 알기 때문이었다. 그 유명한 갈릴레오의 피사의 사탑 실험이 어쩌면 세계 최초로 재현되는 것일지도 모르기 때문이었다.

실험과 시연

미셸, 갈릴레오의 피사의 사탑 실험을 재현하다

이것은 보스턴 과학박물관에 있는 실물 크기 조각상에 붙여진 제목이다. 십대 초반의 흑인 소녀인 미셸은 오버올즈를 입었다. 옷장 위에 상자를 두 개나 쌓고 그 위로 올라간 미셸은 왼손에는 밝은 빨강색 소프트볼을, 오른손에는 밝은 노란색 골프공을 들고 있다. 미셸이 막 두 공을 떨어뜨리려는 찰나인데 마침 방으로 들어온 엄마가 그 모양을 보고 못마땅한 표정을 짓고 있다. 미셸의 엄마 머리 위에 붙은 풍선 모양의 설명판에 따르면, 엄마는 이렇게 생각하고 있다. '세상에 이게 무슨!' 한편 미셸은 이렇게 생각한다. '어느 쪽이 먼저 바닥에 떨어질까?'

설명은 이렇다.

물체는 어떻게 낙하할까요? 소프트볼이 골프공보다 먼저 바닥에 떨어질까요? 미셸은 4백 년 전에 갈릴레오가 그랬던 것처럼, 스스로 답을 알아보려는 참입니다. "직접 확인해봐야겠어." 남들의 말을 그대로 믿어버리고 싶지 않을 때 우리가 하는 말이지요.

이 전시물을 보면 갈릴레오의 피사의 사탑 실험이 얼마나 단순한 구성으로 이루어졌는지, 얼마나 전설적인 실험이 되었는지 알수 있다. 전시물을 통해 우리는 전설이 단순화하는 모양을 알 수 있고, 실험과 시연의 차이에 대해서도 생각해보게 된다.

미셸은 지금 실험을 하고 있다. 최초로 무언가를 밝혀내는 행위이다. 우리는 중요한 문제가 떠올랐는데 글을 읽는 것만으로는 탐구를 진행할 수 없을 때, 확실히 밝혀내기 위해서 실험이라는 행위를 준비한다. 깊이 있는 탐구를 하기 위해서 어떤 행동을 설계하고, 수행하고, 관찰하고, 해석한다. 실험을 할 때 우리는 종국에 어떤 결과가 나타날지 알지 못한다. 결론이 불확실하기 때문에 매우 조심스럽게 행위에 임한다. 그리고 실험으로 어떤 사실이 드러난다면, 그것은 선다형 문제에서 답을 가려낸 것과는 차원이 다르다. 다음단계가 무엇일지는 몰라도 좌우간 이미 우리는 변했기 때문이다. 하디가 체스와 수학의 차이라고 지적한 점 중의 하나다. 아무리 훌륭한 체스 게임이라도 규칙 자체를 변화시키지는 않는 반면, 수학적 증명 또는 과학 실험은 과학 자체를 변하게 한다. 무언가 새로운 것이 등장했기 때문이다. 바로 그렇기 때문에 탐구는 거기서 끝나는 게 아니라 더 깊고 새롭게 바뀌어간다.

미셸은 어쩌다보니 낙하 운동에 관심을 갖게 되었다. 왜일까? 우리로서는 알 수 없고 상상하기도 힘들다. 갈릴레오에 대한 책을 읽다가 갑자기 궁금증이 떠오른 것일지 모른다. 미셸은 진지하다. 문제를 탐구하기 위해서 친숙한 요소들을 동원하여 자그만 행위를 계획하였다. 미셸이 무엇을 발견하든, 그것으로 탐구가 끝나지 않으리라는 사실을 우리는 안다. 미셸은 더 많은 궁금증들을 갖게 될 것이다.

재현된 실험을 시연이라고 한다. 실험은 주최한 이와 관람하는 이가 동일한 행위이다. 실험은 그것을 계획한 사람과 그 사람이 속한 공동체 앞에서 무언가를 드러내기 위해 마련된 행위이다. 반면 시연은 이미 표준화된 행위로서 주최한 사람과 관람하는 사람이 다르다. 갈릴레오가 실제로 피사의 사탑 꼭대기에서 무게가 다른 공들을 떨어뜨렸다면, 그것은 시연이었을 가능성이 높다. 스스로 무언가를 밝혀내기 위해 수행한 행위라기보다는 남들에게 확인시켜주기 위한 행위였을 것이다. 현재의 기념비적인 실험들은 미래가 되면 인기 있는 시연이 된다. 시연을 한다는 것은 특정한 목적이 있어서 실험을 재현하는 것이므로 목적에 따라(학생들에게 자극을 준다거나, 동료들을 확신시킨다거나, 기자들에게 강한 인상을 준다거나 등등) 다양한 방식이 가능하다. 그러나 실험과 시연의 경계가 늘 또렷한 것은 아니다. 새로운 실험을 준비하거나 조정하는 와중에 연구자는 실험이 '공식적으로' 시작되지도 않았지만 이미 무엇을 사람들에게 보여주어야 할 것인지 알게 될 때가 있다. 현명한 실험자는 그것을 바탕으로 실험을 개량하기도 한다. 시연이라고 늘 계획된 대로 진행되는 것만도 아니다. 잘 알려진 일상의 힘들이 방해를 하거나, 정체를 알 수 없는 새로운 무언가가 불쑥 끼어들 때가 있다.

과학박물관에 가면 여러 가지 시연들을 접하게 된다. 보스턴 과학박물관에는 낙하 운동을 시연해 보이는 '정지, 낙하'라는 기구가 있다. 플렉시글라스(flexiglass, 강도가 높고 투명한 안전유리 / 옮긴이)로 된 두 개의 높다란 원통이 나란히 있는데, 원통 아래쪽으로 어떤 물체든 집어넣으면 통 안에 있는 기계 갈고리가 그것을 쥐어 꼭대기까지 잡아 올린다. 그리고 두 원통이 동시에 물체를 떨어뜨린다. 낙하 경로는 전자 감지 장치가 표시해준다. 아이들은 속에 집어넣을 것을 찾느라 온 박물관 바닥을 헤집으며 다니곤 하는데, 박물관의 큐레이터에게는 기쁜 일이겠지만 청소 담당 직원들에게는 꽤나 성가실 것이다. 샌프란시스코의 체험관에는 또 다른 시연 기구가 있다. 120센티미터 남짓한 길이의 플렉시글라스 원통이 받침대 대신 굴대에 얹혀 있어서 360도로 회전한다. 원통 안에는 두 개의 물체가 들어 있다. 깃털 하나, 그리고 장난감 같은 물건, 이를 테면 고무로 된 병아리 인형 같은 것이다. 원통에는 진공 펌프가 달려 있어서 관람객들이 마음대로 켰다 껐다 할 수 있다. 원통이 회전할 때, 두 물체는 작은 선반 같은 받침에 들려서 꼭대기까지 올라갔다가, 원통이 완벽히 뒤집히면 선반에서 떨어져 낙하하기 시작한다. 안에 공기가 들어 있을 때는 깃털이 장난감보다 뒤처져서 몇 초 간격을 두고 내려온다. 하지만 공기를 빼면 두 물체는 거의 동일한 시간에 떨어진다. 인기 만점인 기기라서 작동 모습을 구경하려면 언제라도 우글우글 몰린 아이들 틈을 헤집고 들어가야 한다.

시연은 실험을 고안하고, 실행하고, 이해하는 데 따르는 온갖 어려움을 예쁘게 포장한다. 실험과는 달리 시연에서는 청중과 현상 사이에 적잖은 거리가 있다. 시연은 또한 실험의 과정을 상당히 단순화시킨 것이다. 이미 '옳은' 답을 갖고서 현대적 기기들의 도움을 받아 구성하는 것이기 때문이다. 사실적인 느낌을 주기 위해 지나치게 완벽을 추구하지 않는 경우라도 마찬가지다.

시연, 교과서적 서술, 모의실험 등은 심지어 과학에 대한 오해를 불러일으킬 수도 있다. 과학 실험을 하나의 **과정**으로서가 아니라 이미 완성된 이론을 보여주는 것으로 착각하게 만들기 때문이다. 숫자에 따라 색깔을 채워 넣는 색칠하기 놀이처럼 보이게 만드는 것이다. 그 때문에 과학의 아름다움이 손상될 우려조차 있다. 과학사학자 프레더릭 홈스가 지적한 바와 같다. 더없이 명료하게 한 가지 사실만 가리키는 실험이라 할지라도, 그것은 '복잡한 배경과 맥락'에서 추출된 사례이며, 필연적으로 새로운 차원의 복잡성을 끌어들인다는 것이다.[1] 피사의 사탑 실험도 마찬가지였다. 과학자들이 자유낙하 실험의 중요성을 깨닫는 데는 오랜 시간이 걸렸다. 마침내 깨달은 뒤에도 과학은 단순해지지 않았다. 오히려 더 복잡해졌다.

아폴로 15호가 달에서 수행한 깃털 낙하 행위는 물론 시연이었다. 실험이라고 보기에는(심지어 지극히 기초적인 탐구 활동이라 부르기에도) 변명하기 어려운 오류들이 너무 많았다. 일단 물체가 떨어지는 최초의 높이를 재지 않았다. 스콧의 양팔이 지면에 평행한지, 어느 한쪽으로 기울지나 않았는지 확인한 사람도 없었다. 스콧이 두 물체를 동시에 놓는지 확인하지 않았으며 낙하 시간을 재지도 않았다. 스콧 사령관이 언급했듯("우리가 오늘 여기 있게 된 이유 중 하나는 갈릴레오라는 신사 때문이 아닐까 생각합니다.") 과학자들은 이미 달의 중력이 얼마인지, 가속되는 물체의 행동 법칙은 어떤지 잘 알고 있었다. 어느 하나에 조금이라도 의문이 있었다면 애초에 유인 우주선을 달에 보내는 것 자체가 자살 행위였을 것이다.

사실 아폴로 15호의 깃털 낙하 행위는 시연으로도 완성되지 못할 뻔했다. 촬영에 들어가기 몇 분 전, 스콧 사령관은 연습 삼아 깃털을 떨어뜨려보다가 당황하고 말았다. 정전기 때문에 깃털이 장갑에 들러붙어 떨어지지 않는 것이다! 하지만 막상 카메라가 돌아가기 시작하자 기적적으로 모든 일이 제대로 굴러갔다. 운이 좋았다. 이색적인 장소가 배경인데다 TV 공중파 방영은 물론 NASA 웹사이트에 비디오 동영상까지 게시된 덕택에 아폴로 15호의 실험은 모르긴 몰라도 역사상 가장 많은 사람들이 관람한 과학 시연이 되었다.

경사면. 18세기 말에 강의를 위해 제작된 경사면으로서 현재 이탈리아 피렌체 과학사박물관이 소장하고 있다. 뒤에 매달린 진자는 한 번씩 흔들릴 때마다 종을 울리도록 되어 있어서 일정한 시간 간격을 재는 도구로 쓰였다. 또 경사면을 따라 이동식 종들이 설치되어 있어서 공이 굴러 내려올 때 스치면 소리가 난다. 실험자는 여러 번 공을 굴려보면서 공이 내려가면서 종을 울리는 소리가 진자의 종소리와 동시에 나도록 조정할 수 있다. 그 다음에 공의 첫 낙하 시점부터 각각의 종까지의 거리를 재면 실험자(그리고 청중)는 일정한 시간 간격마다 공이 이동한 거리를 1로 시작하는 홀수의 수열 비로 나타낼 수 있다는 것을 알게 된다. 즉 공이 이동한 총 거리는 걸린 총 시간의 제곱에 비례한다. 갈릴레오의 법칙을 잘 보여주는 실험이긴 하지만, 갈릴레오가 실제로 이런 식의 경사면을 직접 제작했다는 증거는 없다.

알파 실험

갈릴레오와 경사면

과학 교사들은 이 실험을 '알파' 실험, 또는 '제일의' 실험이라고 부른다. 이 실험은 많은 경우에 학생들이 물리 시간에 제일 처음 수행하는 실험이다. 여러 면에서 이것은 최초의 근대적 과학 실험이었다. 연구자가 수학적 규칙을 발견해내기 위해 일련의 행동을 체계적으로 계획하고, 무대를 마련하고, 관찰했다는 점에서 그렇다.

갈릴레오가 1604년에 성공적으로 수행한 이 실험은 가속의 개념, 즉 시간에 따른 속도의 변화율이라는 개념을 선보였다. 피사의 사탑 실험이 자유낙하에 대한 갈릴레오의 연구 중에서도 저항이 미미할 경우 무게가 다른 물체들도 동시에 떨어진다는 사실을 보여주기 위한 시연이었다면, 경사면 실험은 특히 수학 법칙을 드러내기 위해 고안된 시연이었다. 이 실험을 두고도 몇 가지 의문들이 존재했다. 갈릴레오가 당시 동원할 수 있었던 기기들의 수준에 비해 실험을 통해 주장하는 결론이 너무나 정교했기 때문이다. 하지만 피사의 사탑 실험 경우와 마찬가지로, 최근의 역사적 연구를 통해 속속 놀라운 점들이 밝혀지면서 이 실험에 대한 의문들이 풀리고 있다. 갈릴레오의 실험자로서의 이미지 또한 완전히 바뀌었다.

물체가 자유롭게 낙하할 때는 어떤 일이 벌어질까? 부드럽게 점차 속력을 높여갈까? 순식간에 어떤 '자연적' 고정 속도로 도약할까? 어떤 일정 속도로 가기 위해서 모종의 변화를 겪을까? 이런 데에 관심이 생긴다면 누구라도 실제 상황을 관찰해볼 마음을 먹을 것이다. 가령 동전이나 공을 들고 있다가 손에서 놓아보는 것이다. 하지만 그런 물건들은 너무 빨리 떨어져서 제대로 추적하기 어렵다. 보다 정확하게 사건을 관찰하도록 상황을 조정할 순 없는 것일까?

앞장에서도 말했듯, 아리스토텔레스가 움직이는 물체들을 살펴본 결과 내린 결론은 낙하체의 속도는 일정하며 물체의 무게에 비례한다는 것이었다. 아마도 물속에서의 낙하 운동을 관찰하고 내린 결론으로 보인다. 또 매질의 저항이 없는 경우라면 속도가 무한대가 될 것이라고도 했다.

하지만 갈릴레오는 액체 속에서의 운동을 연구하는 것이 문제를 쉽게 하기보다는 불명확하게 할 것이라고 확신했다. 아리스토텔레

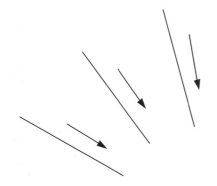

[그림 3-1] 경사면의 경사가 급할수록 굴러 내리는 공의 운동은 자유 낙하 운동에 가까워진다.

스와 마찬가지로 갈릴레오도 낙하체의 경로를 직접 측정하는 것은 너무 어렵다고 느꼈다. 사람의 눈은 그만큼 민첩하지 못한데다, 당시 존재하는 시계들은 짧은 간격을 제대로 잴 만큼 정교하지 못했기 때문이다. 물체가 지나는 매질의 밀도를 높여 감속을 시키는 대신, 갈릴레오는 운동에 작용하는 중력을 희석시키기로 마음먹었다. 즉 공을 경사면을 따라 굴려보기로 한 것이다. 그는 그렇게 함으로써 자유낙하 운동에 근사해가는 방법을 찾아낼 수 있으리라고 추론했다. 경사면의 기울기가 얕으면 공은 천천히 굴러갈 것이고, 경사가 심하면 빨리 구를 것이다. 경사가 심할수록 공의 운동은 자유낙하 운동과 닮아간다. 물체가 경사면을 따라 구르는 속도를 측정하고 이 속도가 경사의 기울기에 따라 어떻게 변하는지 알아봄으로써 자유낙하 운동의 문제를 풀 수 있을 것이다. 갈릴레오는 그렇게 희망했다([그림 3-1]).

1602년, 갈릴레오는 가운데 곧바른 홈이 파인 판자로 경사면을 만들고 그 홈을 따라 공이 굴러가는 속도를 측정하기로 했다. 하지만 그는 쓸 만한 결과를 얻지 못했다. 그는 방향을 바꿔 진자를 갖고 실험을 시도했다. 수직으로 세워진 원의 호를 따라 움직이는 운동은 경사면의 운동과 연관되어 있기 때문에 그 실험으로부터 갈릴레오는 많은 것들을 배웠다. 그러나 여전히 원하는 결과는 얻지 못했다. 갈릴레오는 차차 가속의 역할을 깨닫기 시작한다. 떨어지는 물체들은 처음에는 느리다가 점차 속도를 얻었다. 갈릴레오는 가속 법칙을 수학적으로 설명하겠다고 결심하게 되었다.

갈릴레오의 공책과 편지들을 보면 1604년 무렵에는 마침내 가속의 법칙을 발견했다는 것을 알 수 있다. 경사면에서의 운동을 탐구함으로써 얻어낸 개가였다. 결론은, 물체가 지나는 거리는 물체가 가속된 시간의 제곱에 비례한다는 것이다. 시간을 정수 간격으로 측정하고(1, 2, 3……), 매 간격 사이에 물체가 가로지른 거리를 측정하면 결과는 홀수의 나열이 된다(1, 3, 5……). 이것이 갈릴레오의 법칙으로 알려진 공식, 즉 $S \propto T^2$이다. 등가속 운동을 하는 물체의 거리를 출발점으로부터 잰 것은 물체가 움직인 순간으로부터 현재까지 걸린 시간의 제곱에 비례한다는 것이다(현대적 방정식으로 풀면 $d = \frac{1}{2}at^2$이다. 물체가 움직인 거리는 가속도의 2분의 1에 걸린 시간의 제곱을 곱한 것과 같다는 뜻이다). 갈릴레오는 경사각이 얼마든 상관없이 법칙이 유효하다는 사실을 발견했고, 경사면을 따라 굴러 내려오는 가속 물체들에 적용되는 이 법칙은 자유낙하하는 물체를 비롯하여 세상의 모든 가속을 겪는 물체에 똑같이 적용된다고 결론 내렸다. 물체가 위로 올라가든 아래로 떨어지든 상관이 없었다(갈릴레오는 구르는 운동이 미끄러져 내리는 운동과 다소 다르다는 점은 깨닫지 못했다. 둘 모두 갈릴레오의 법칙에 따라 등가속된다는 것은 같지만, 가속 상수가 조금 다르기 때문에 가속되는 속도가 조금 다르다. 구르는 물체에서는 에너지의 일부가 각운동량으로 소모되기 때문이다).

이것은 대단한 발견이었다. 무엇보다도 갈릴레오의 연구는 과학자들이 운동을 연구할 때 바라보아야 할 지점 자체를 바꾸어놓았다. 그때까지만 해도 사람들은 속도를 측정함에 있어 공간 개념만을 결부시켰다. 얼마나 먼 거리를 갔는가가 문제였던 것이다. 갈릴레오는 공간이 아니라 **시간**이 독립 변수이므로 시간을 측정해야 한다고 깨달은 최초의 인물이었다. 우리는 이미 이 사실에 익숙하기 때문에 더없이 당연한 일로만 생각한다. 하지만 그렇지 않다. 아니, 최소한 과거에는 그렇지 않았다. 하지만 이보다 중요한 것은, 갈릴레오가 무거운 물체들이 위로 솟는 '격렬한 운동'과 아래로 내려오는 '자연적 운동' 사이의 구분을 말소시켰다는 점이다. 두 운동 모두 물체가 가속을 겪는다는 점은 마찬가지다. 한 가지 수학적 법칙으로 모두 설명될 수 있는 것이다. 갈릴레오의 다른 연구들까지 염두에 두고 보면 의미는 분명했다. 아리스토텔레스 체계는 간단히 수선할 수 있는 게 아니다. 완전히 대체되어야만 했다.

갈릴레오는 법칙을 『두 개의 세계관에 관한 대화』(1632)에서 발표했다. 그러나 무척 간략하게 설명했기 때문에, 몇몇 동료 학자들은 그 주장을 믿지 않았으며 아무리 노력해도 같은 결과를 얻을 수 없다며 불평했다. 비판에 답하기 위해 갈릴레오는 다음 책인 『두 개

의 신과학』에서 보다 상세한 설명을 제시했다. 대화의 사흘째, 갈릴
레오를 대신하는 인물인 살비아티가 갈릴레오의 법칙을 설명하는
것을 듣던 중, 아리스토텔레스주의자인 심플리치오가 이렇게 반론
한다.

하지만 나는 여전히 자연이 낙하하는 무거운 물체에게 가속 현상
을 부여했는지에 대해 의문이 듭니다. 그러니, 나의 이해를 위해, 그
리고 나와 비슷한 사람들을 위해, 이 장소에서 [당신이] 결론과 부합
하는 결과를 낳았던 다양한 실험들(당신이 말하기를 많은 예가 있었다
고 하였으므로) 중 일부를 소개해준다면 좋겠습니다.

살비아티는 합리적인 요청이라고 생각한다. 그는 좋다고 말하고
는 실제로 자신이 문제의 법칙을 증명하는 실험들을 수행했었다며,
사용했던 기기를 심플리치오에게 설명한다.

길이가 12브라치오, 폭이 반 브라치오, 두께가 3인치 정도 되는
나무 들보 또는 서까래의 좁은 면을 따라 길쭉하게 홈을 팝니다. 홈은
1인치보다 조금 넓은 정도이고 매우 곧바릅니다. 깨끗하고 부드러워
야 하기 때문에 홈 안쪽에는 가능한 한 최고로 부드럽고 깨끗하게 다
듬은 송아지 피지를 풀로 붙입니다. 이 고랑을 따라 둥글게 잘 연마된
단단한 청동 공이 굴러가는 것입니다. 판자의 한쪽 끝을 수평면에서
1 내지 2브라치오 높이로, 내키는 대로 들어 올려 경사면으로 만듭니

다. 방금 말했듯이 공은 앞서의 골을 따라 굴러 내려가게 됩니다. 우리는 공이 내려가는 내내 그 시간을 쟀습니다(어떻게 쟀는지는 곧 말씀드리겠습니다). 시간의 측정 결과를 확신할 수 있기 위해 과정을 여러 차례 반복했는데, 여러 시행 사이의 시간차가 맥박의 10분의 1보다도 적었습니다.

살비아티는 심플리치오에게 계속 설명한다. 공을 홈의 길이 4분의 1만 굴린 경우에는 전체를 굴릴 때 걸렸던 시간의 정확히 반만큼 소요되었다. 길이를 다르게 해보아도 소요된 시간은 이 같은 비율에 따르는 것이 분명했다. 살비아티는 말한다. "족히 백 번은 실험을 해본 결과, 공간의 거리가 걸린 시간의 제곱에 따라 결정된다는 사실에 변함이 없었습니다. 또한 공을 굴리는 홈이 파인 판자의 경사를 아무리 다르게 해보아도 마찬가지였습니다." 이것이 우리가 오늘날 등가속도 운동의 법칙이라 부르는 것이다.

심플리치오는 설득을 당한다. "그 실험들이 이루어질 때 내가 직접 있었다면 참으로 좋았겠다는 생각이 듭니다. 하지만 당신이 그 실험들을 성실하게 수행했을 것이며 지금 충실하게 설명한 것이라 믿기 때문에, 나는 그 결과를 정확한 사실로 간주하겠으며 이에 만족합니다."[1]

갈릴레오의 경사면 실험은 에라스토테네스의 지구 둘레 측정 실험이나 그 자신의 피사의 사탑 실험과 다른 점이 있다. 앞선 실험들은 다른 목적을 위해 만들어진 도구를 활용했다. 반면 경사면 실험을 수행하기 위해서는 특정한 용도를 가진 독특한 기기를 처음부터 설계하고 제작해야 했다. 갈릴레오의 천재성은 실험을 실시했다는 사실 자체에만 있는 것이 아니다. 애초에 실험이 가능한 '무대'를 설계한 점에도 있다. 무대란 어떤 현상, 여기서라면 가속 현상이 눈앞에 나타나 탐구될 수 있는 상연 공간을 의미한다. 새롭거나 전혀 예상치 못한 현상이 등장할 수도 있는 무대다. 「운동에 관하여」 원고를 보면 갈릴레오가 경사면을 활용해 연구하기 시작한 무렵에는 여전히 자유낙하 물체나 구르는 물체가 등속 운동을 하리라고 예상하고 있었다. 일단 갈릴레오가 무대를 설계해내자, 다른 이들도 그것을 복제하여 자신들의 공연을 시험해볼 수 있었다. 극작가가 대본을 탈고하면 다른 이들이 무대에 올릴 수 있는 것과 마찬가지다. 경사면 실험은 특별한 무대를 필요로 한다는 점에서 에라스토테네스의 실험이나 피사의 사탑 실험과 다르지만, 수많은 새로운 방식으로 재현될 수 있다는 점에서는 다를 바가 없다.

한때 과학사학자들은 갈릴레오가 등가속도 운동 법칙을 발견했다는 점은 인정하면서도 실험을 수행했노라는 주장에 대해서는 의심을 품었다. 심플리치오보다 더 회의적이었다고 보아도 좋을 것이다. 주된 이유는 갈릴레오의 시간 측정 방식 때문이었다. 갈릴레오가 사용한 기기는 일종의 물시계였다. 작은 대롱을 통해 흘러내려간 액체의 양을 잼으로써 얼마나 시간이 흘렀는지 계산해내는 방식이었다. 이런 시계로 짧은 시간 간격을 정확히 재기란 참 어렵다. 사실

최근까지만 해도 많은 과학사학자들은 실험의 존재를 믿지 않았을 뿐더러 심지어는 물시계로 '맥박의 10분의 1' 수준, 약 10분의 1초 수준의 정확성을 얻었다는 갈릴레오의 주장을 비웃기까지 했다. 거리낌 없는 비판자 중에는 파리 고등연구원의 갈릴레오 전문가 알렉상드르 쿠아레가 있었다. 쿠아레는 과학이 이론적 추론에 의해 발전하며 실험은 '물화된 이론'일 뿐이라는 플라톤 식 과학관을 지닌 학자였다. 그는 이런 편견을 갖고 갈릴레오의 저작을 읽었기 때문에 갈릴레오의 논리나 수학적 논증은 심각하게 받아들이면서도 실험에 대해서는 조소를 감추지 않았다. 일례로 1953년, 쿠아레는 "갈릴레오가 동원할 수 있었던 실험 도구들이란 놀라울 정도로 보잘것없는 것들"이었다고 쓰면서 다음과 같이 경사면 실험을 조롱했다.

나무판에 난 '부드럽게 잘 닦인' 고랑을 따라 굴러가는 청동 공이라니! 작은 구멍이 난 그릇에 물을 담고, 구멍을 따라 흘러나간 물을 다른 작은 컵에 모아서는, 나중에 그 무게를 재어 공이 하강하는 데 걸린 시간을 잰다니…… 얼마나 많은 오류와 부정확성이 겹겹이 쌓이겠는가!…… 갈릴레오의 실험들은 아무짝에도 쓸모없었을 것이 분명하다. 그 결과가 너무나 완벽했다는 사실 자체가 실험의 부정확성을 그대로 보여주는 증거다.[2]

코넬 대학 과학사학과에서 고군분투하던 가난한 대학원생 토머스 세틀은 쿠아레의 견해에 찬동하지 않았다. 1961년, 세틀은 대학원 동료들과 함께 쓰던 집의 거실에서 갈릴레오의 실험을 꼼꼼하게 재구성해보기로 했다. 그는 "갈릴레오가 썼으리라 예상되는 기기와 실험 과정, 최소한 갈릴레오가 그러모을 수 있었으리라 생각되는 것들보다 조금도 나을 것이 없는 것들"만을 사용하기로 결심했다. 그는 기다란 소나무 널빤지, 나무 조각 몇 개, 바닥에 구멍을 뚫어 작은 유리 대롱을 꽂은 화분과 눈금이 새겨진 실린더(이것이 물시계다), 그리고 두 종류의 공을 준비했다. 지름이 5.7센티미터 정도 되는 당구공과 2.2센티미터 남짓한 볼베어링이었다. 실험이 제대로 굴러가게 하는 데는 약간의 숙련이 필요했다. 세틀이 발견한 바에 따르면 실험자는 "기기에 대한 감을 익히면서 실험의 리듬을 타는 데 약간 시간을 들여야 한다. 의식적으로 반사행동을 훈련해야 한다. 하루의 실험을 시작할 때, 또는 잠시 쉬었다가 다시 시작할 때, 몇 번 정도 시험함으로써 제 궤도에 오르게 준비해야 한다". 쿠아레가 지적했던 것처럼 공의 하강 시간을 재는 일이 작업의 '가장 어려운' 부분인 걸로 드러났다. 어쨌든 세틀은 갈릴레오의 법칙에 부합하는 훌륭한 데이터를 얻을 수 있었다. 그는 갈릴레오의 실험이 "기술적으로 완벽하게 가능했을 것"이라 결론 내렸으며, 충분히 연습한다면 화분으로 만든 물시계로도 갈릴레오가 주장했던 바대로 10분의 1초 수준의 정확성을 얻을 수 있노라고 했다. 세틀은 그림([그림 3-2])과 데이터 표를 덧붙여 이 재현 실험 결과를 『사이언스』지에 발표했다. "갈릴레오가 묘사한 그대로" 실험을 복제하는 일이 "간단하고, 명료하고, 쉬웠다"고 표현하는 등 대학원생만이 보일 법한

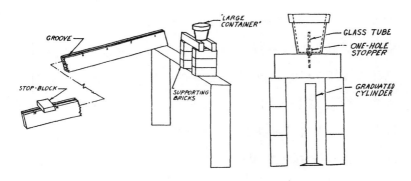

[그림 3-2] 토머스 세틀이 갈릴레오의 경사면 실험을 재구성해본 기기.

허세가 담겨 있긴 하지만, 이 논문은 갈릴레오의 실험에 대한 탁월한 안내로 손색이 없다.[3]

세틀의 작업은 경사면 실험이 등가속 운동 법칙을 증명하는 데 실제 사용되었으리라는 확신을 주었다. 그럼에도 불구하고 여전히 많은 과학사학자들은 갈릴레오가 스스로 설명한 방식대로 실험했을 리는 없다고 생각했다. 이론적 결론을 뒷받침하기 위한 첫번째 방법으로 그 실험을 활용했을 리는 없다는 것이다. 이런 입장을 가진 사학자들은 갈릴레오가 우선 모종의 추상적 추론을 통해 수학 법칙을 발견하고는 그것을 보여주기 위해 후에 장치를 고안한 것이라고 생각했다. 학자들이 회의를 품은 원인은 또 다시 물시계였다. 물시계의 도움으로 법칙을 완성했으리라고는 도저히 생각할 수 없었던 것이다.

1970년대가 되자 갈릴레오의 전기학자인 스틸먼 드레이크가 이 가정에 도전한다. 드레이크는 갈릴레오가 남긴 기록들을 한 장 한

장 면밀히 조사함으로써 그가 실제로 경사면 방법을 통해 법칙 수립에 도달했다고 결론 내렸는데, 다만 시간을 측정함에 있어서는 고된 음악적 수련의 덕을 본 것 같다고 주장했다. 유능한 류트 연주자였던 갈릴레오는 박자를 정확하게 셀 줄 알았다. 훌륭한 음악가는 물시계보다 더 정확하게 리듬을 맞출 줄 아는 법이다. 드레이크의 결론은, 갈릴레오가 경사면 고랑을 따라 프렛을 달았으리라는 것이다. 프렛은 초창기 현악기에 사용되던 현의 일종으로서 탈착이 가능했다. 공이 홈을 타고 굴러가다 프렛을 스치면 갈릴레오의 귀에는 자그만 딸각 소리가 들렸다. 드레이크의 세심한 재구성에 따르면, 갈릴레오는 프렛의 위치를 조정함으로써 꼭대기에서 내려오는 공이 규칙적인 간격으로 프렛을 지날 수 있게 했다. 당시 노래들의 평균 빠르기를 생각하면 한 박자가 대략 2분의 1초 남짓 되었을 것이다. 일단 갈릴레오가 뛰어난 청음 능력을 무기 삼아 일정한 시간 간격으로 프렛을 줄 세울 수 있다면, 다음은 프렛간의 길이를 재기만 하면 되었을 것이다. 이 간격은 공이 속도를 냄에 따라 점차 길어져 1, 3, 5……의 단계로 늘어난다. 덕분에 갈릴레오는 『두 개의 신과학』에서 설명한 것 같은 보다 정교한 실험을 구상할 수 있었을 것이고, 그것이 바로 세틀이 재구성한 그런 형태의 실험이었을 것이다.

한마디로 갈릴레오는 과학사학자들이 그동안 인정했던 것보다는 훨씬 솜씨 좋고 독창적인 실험가였다.

갈릴레오의 경사면 실험에는 독특한 아름다움이 있다. 우주적 차원이 작은 그림자 하나에 담겼던 에라토스테네스의 실험마냥 폭이 넓은 것은 아니다. 피사의 사탑 실험처럼 극적일 정도로 단순한 아름다움이 있는 것도 아니다. 피사의 사탑 실험에서는 극단적으로 상이한 두 개의 세계관이 하나의 시연에 구체화되어 맨눈으로도 볼 수 있게 또렷이 나타났다. 물론 경사면 실험의 아름다움이 실험을 통해 얻게 된 가속 운동의 수학 법칙에 들어 있는 것은 아니다. 모네나 세잔 작품의 아름다움이 그림에 그려진 건초 더미나 산 속에 들어 있는 게 아닌 것과 마찬가지다. 갈릴레오의 경사면 실험은 '패턴 출현'이라는 점에서 아름답다. 비교적 단순한 기기를 동원하여 일견 무질서하고 혼란스럽게 보였던 현상, 즉 경사로를 굴러 내려오는 공이라는 사건 속에서 자연의 근본 규칙이 드러나게 만들었다는 점, 그 점 때문에 아름답다. 갈릴레오는 그런 과정을 통해 최초로 법칙을 목격했던 것이며, 오늘날의 학생들 역시 그 과정을 통해 법칙을 배우는 것이다.

투표에 참여했던 한 응답자는 갈릴레오의 실험을 재현했던 경험을 이렇게 말했다. "중력의 크기가 $9.8m/s^2$이라는 걸 알게 되어서 아름답다고 느꼈던 것은 아니다. 비교적 단순한 설정만으로도 물리학에서 중요한 무언가를 정량적으로 측정할 수 있다는 점을 잘 보여주었기에 아름다운 것이다."

뉴턴-베토벤 비교

한 파티에서 친구들을 위해 베토벤의 마지막 피아노 소나타인
작품 제111번을 연주한 뒤, 베르너 하이젠베르크는 연주에
푹 빠진 청중들에게 이렇게 말했다. "내가 태어나지 않았더라도 누
군가는 결정성의 원리를 수립했겠지. 하지만 베토벤이 없었더라면
아무도 작품 제111번을 쓰지 못했을 거라네."[1]

과학사학자 I. 버나드 코언은 아인슈타인을 끌어들여 이 표현을
써 먹었다. "뉴턴이나 라이프니츠가 없었더라도 세상에는 미적분이
존재했을 것이다. 하지만 베토벤이 없었더라면 우리에게는 [제5번
인] C단조 교향곡이 없었을 것이다."[2]

이것이 소위 뉴턴-베토벤 비교이다. 뉴턴-베토벤 비교는 과학
과 예술의 관계를 우아하게 드러내는 사례이며, 과학이 아름다울
수 있는지에 대한 깊은 함의를 담고 있다. 보통의 논지는 두 가지를
대조시킨다. 과학의 성과물은 필연적인 반면 예술의 성과는 그렇지
않다는 것이다. 그 밑에는 과학이 탐사하는 이 세상의 구조란 사전
에 틀이 짜여 있으므로 과학자들은 이미 존재하는 구조를 드러내기
만 한다는 가정이 깔려 있다. 과학사회학자들은 이를 가리켜 '순서

대로 색칠하기' 접근이라고 부른다. 상상력, 창의성, 정부의 간섭, 사회적 요인 등은 과학의 발전 시점, 즉 얼마나 빨리 그리고 어떤 순서로 색깔을 채워 넣느냐 하는 문제에 영향을 미칠지 몰라도 최종적인 그림의 구조 자체엔 영향을 미치지 못한다는 것이다. 이에 비해 예술가들은 자신의 작품 구조 전반에 대해 완전한 책임을 지닌다.

철학자 임마누엘 칸트도 과학자와 예술가를 대조시켰는데, 근거는 사뭇 달랐다. 칸트에 따르면 '천재성'이란, 간혹 뉴턴 같은 과학자들을 낭만적으로 미화하는 데 동원되는 표현이긴 하지만, 과학자에게서 찾아볼 수 있는 것이 아니다. 과학자들은 스스로에게 그리고 다른 이들에게 자기 일의 목표를 충분히 설명할 수 있다. 천재성은 오로지 예술가들에 대해서만 쓸 수 있는 말이다. 과학자들은 자신의 작업을 남에게 가르칠 수 있지만 예술가들은 완전히 **고유한** 작품을 생산해내므로 그 창조의 비밀은 누구에게도 알려지지 않고 알려준다고 배워지는 것도 아니다. 칸트는 이렇게 썼다. "뉴턴은 자신이 기초적인 기하학 요소들에서 출발해 위대하고 심오한 발견으로 나아갔던 과정을 한 단계 한 단계 그대로 보여줄 수 있을 것이다. 스스로에게 설명할 수 있을 뿐 아니라 남들에게도 보여줄 수 있다. 그리고 직관적일 정도로 명료한 방식으로 표현함으로써 남들이 과정을 차근히 따라올 수 있게 할 수 있을 것이다." 그러나 호메로스나 다른 위대한 시인들은 그럴 수 없다. "감동적인 시를 쓰는 법은 어떻게도 배울 수가 없다. 시학이라는 예술의 기본 지침이 아무리 세세하게 정리되어 있어도, 아무리 근사한 모델이 있어도 불가능하다."[3]

일반적인 대조론에 반대하는 사람들도 있다. 과학자 오웬 진저리치는 재미난 논증을 통해 유사성을 지지했다. 과학자들이 부분적으로나마 이론의 구조 자체에 영향을 미친다는 것, 곧 전체 밑그림이 자연에 의해 모두 미리 결정되어 있지는 않다는 것을 사례 연구를 통해 보여준 것이다. 그의 주장에 따르면 뉴턴 식 세계관은 불가피한 사건이 아니었다. 케플러의 법칙에서 드러난 천문학적 현상들을 설명하는 데 있어 대안적인 설명법이 가능했다는 것이다. 가령 보존 법칙이라는 전혀 다른 측면에서 접근해도 설명 체계를 세울 수 있었다. 진저리치는 대안적 설명이 가능하다는 것을 보여줌으로써 상상력과 창의성이 뉴턴의 업적에 미친 영향을 강조했다. 그로써 뉴턴의 업적이 고유성을 지닌다는 것도 보여준다. "뉴턴의 『프린키피아』는 개인적인 성취라고 할 수 있다. 그를 통해 뉴턴은 베토벤이나 셰익스피어와 같은 수준의 창조성을 보였다." 진저리치의 결론이다.

하지만 진저리치도 뉴턴과 베토벤의 유사성을 지나치게 강하게 주장하지는 않았다. "주요한 과학 이론들은 지식의 종합을 이루어내는데, 이 과정이 예술적 구도에서 요소들이 나열되는 방식과 완전히 같다고는 말할 수 없다." 그의 말이다. 과학 이론은 자연이라는 비교 대상을 갖는다. 그리하여 '시험, 확장, 반증'이 가능하다. 과학적 업적은 애초와 다른 표현 방법으로도 적절하게 설명될 수 있다. 아니, 반드시 그렇다(오늘날 역사학자들을 제외한다면 그 누가 뉴

턴의 이론을 알기 위해 『프린키피아』를 읽겠는가?). 하지만 예술적 성취
는 그럴 수 없다. 진저리치는 이렇게 맺는다. 그럼에도 불구하고 뉴
턴-베토벤 비교를 조심스럽게 분석해보며 유사성과 차이점을 알아
보는 것은 "과학적 창조성의 본질에 대한 세심한 견해를 구축하는
데" 도움을 준다. 칸트의 주장, 그리고 전통적 견해를 따르자면 과
학 이론에서 아름다움이 설 자리는 없는 듯 보인다. 하지만 진저리
치가 그 자리를 복원해준 것 같다.[4] 프랑스의 철학자이자 과학자인
장-마르크 레비-르블롱도 비슷한 사고실험을 해보았다. 그는 아인
슈타인이 세상에 없었다면 상대성 이론이 어떻게 되었을지 상상해
보았다. 결과는 지금 우리가 갖고 있는 것과는 판이하게 다른 용어,
기호, 개념들이 나왔으리라는 것이다.[5]

　이론이 아니라 실험을 놓고 보면 뉴턴-베토벤 비교는 또 다른
측면의 의미를 지닌다. 과학계의 외부인들은 실험에는 창조적인 노
력이 거의 투입되지 않는다는, 즉 실험은 기계적인 과정에 불과하
다는 생각을 갖곤 한다. 이런 시각에서 볼 때 실험은 1958년에서
1973까지 미국 텔레비전에서 방영되었던 〈집중(Concentration)〉이
란 게임쇼를 닮았을 것이다. 출연자들이 벽에 걸린 블록 조각들의
뒷면에 감춰진 무언가를 찾아내 해석하는 게임이었다. 게임이 진행
되면 한 번에 하나씩 블록이 열려 뒤에 감춰진 단어나 상징의 일부
를 드러내보였다. 출연자들은 그 내용을 먼저 파악하는 경쟁을 하
고, 숨어 있는 기계장치를 움직여 블록을 돌려주는 것은 무대 뒤의
기술자들, '실험자'들이었다. 출연자들은 그런 기술적 과정 따위에

는 아무런 관심이 없다. 표면에 그려진 데이터의 내용에 집중할 뿐이다.

어떤 실험자라도 자신 있게 단언하겠지만, 이런 시각은 옳지 않다. 잘 짜인 실험에는 기계적이거나 필연적인 요소 같은 것은 존재하지 않는다. 이 점을 이해하기 위해서는 실험을 결과인 동시에 과정으로서 바라볼 줄 알아야 한다. 실험은 어떻게 특정한 과정을 거쳐 결론에 도달하는가? 이것을 알려면 거의 실험의 전기라고 해도 좋을 기나긴 이야기가 필요하다. 그 이야기 속에는 발단, 형성, 성장의 단계가 있고 운이 좋다면 성숙의 단계, 파생의 단계까지 있을 것이다. 이 과정에는 분명히 칸트가 천재성이라고 불렀던 어떤 재능이 투여된다. 사전에 주어진 규칙 따위는 없기 때문이다.

과학과 예술에서 스타일이나 전통이 작동하는 방식이 서로 다르다는 점을 칸트는 지적했고, 그 점은 옳았다. 역사적으로 돌아보면 프리즘 실험은 뉴턴의 것이고 정교한 측정은 캐번디시의 몫이며 빛의 간섭 실험은 영의 차지, 입자 산란 실험은 러더퍼드의 영역이었다. 또한 역사학자들은 패러데이, 볼타, 뉴턴, 프랭클린처럼 오랜 시간에 걸쳐 연속적으로 실험을 발전시켜간 과학자들을 연구하다 보면 어떤 현상을 탐구하고 그것을 이해하기 위한 새로운 실험을 고안하는 방식에 과학자들마다 특유의 패턴이 있다고 말한다. 그래도 우리는 어떤 그림을 두고 '카라바치오의 작품' 혹은 '카라바치오 풍의 작품'이라고 인식하는 것마냥 어떤 실험을 두고 '뉴턴의 작품' 혹은 '뉴턴 풍의 작품'이라고 인지하지는 못한다. 실험에 관계하는 독창성은 예술의 것과는 아무래도 좀 다를 것이다. 그러나 분명 상상력과 창조성에 의존하고 있으며, 필연적이지도 않다. 그리고 새로운 연구 영역을 열어가며 나름대로의 모범 예제들이 쌓인 독특한 전통을 구축한다.

과학적 상상력은 예술적 상상력과 마찬가지로 훈련이 가능하다. 과학적 상상력은 가용 자원, 이론, 생산물, 예산, 인력 등의 틀 안에서 움직인다. 이런 요소들을 엮어 하나의 행위를 완성함으로써 무언가 새로운 것이 출연하게끔 한다. 물론 풍부한 예산과 첨단 재료들이 있다면 더 좋을 것이다! 하지만 정말 뛰어난 실험자의 상상력은 주어진 자원을 한계로 보는 대신 가능성으로 본다. 괴테가 말한 바와 같다. "한계가 있을 때 비로소 탁월함이 도드라진다." 이런 면에서, 뉴턴-베토벤 비교는 대조라기보다 비유에 가깝다. 그리고 과학에도 아름다움을 위한 자리가 있다는 것을 뚜렷하게 보여준다.

아이작 뉴턴이 직접 그린 **결정적 실험**의 설계도.

넷

결정적 실험

뉴턴의 프리즘 빛분해

16 72년 1월, 아이작 뉴턴(1642~1727)은 헨리 올덴버그 앞으로 짤막한 메모를 하나 보냈다. 올덴버그는 뛰어난 과학자들(당시의 용어로는 '철학자들')끼리 모여 새로 만든 '런던 왕립학회'라는 단체의 간사를 맡고 있었다. 학회는 일주일 전쯤 뉴턴을 신규 회원으로 입회시켰는데, 회원들은 뉴턴이 발명한 독창적인 형태의 반사망원경에 강한 인상을 받았다. 메모에서 뉴턴은 뻔뻔하기조차 한 주장을 올덴버그에게 했다. 뉴턴은 이렇게 썼다. "저는 막 한 가지 철학적 발견을 완수했습니다. 제가 판단하기에는 이제껏 자연의 작동에 대해 이루어진 모든 발견들 중에서, 설령 가장 중대한 발견은 아니라 할지라도, 가장 신기한 발견임엔 틀림없어 보입니다."[1] 올덴버그가 이것을 야심에 들뜬 젊은이의 터무니없이 교만한 주장

이라 치부했더라도 누구도 뭐라 하지 않았을 것이다. 실제로 뉴턴은 까다로운 사람이었다. 호전적이고, 과민하고, 편집적일 정도로 비밀스러웠다. 하지만 위의 말은 결코 과장이 아니었다.

몇 주 뒤, 뉴턴은 왕립학회 회원들에게 한 가지 실험을 묘사한 글을 보낸다. 그의 주장에 따르면 햇빛 혹은 백색광이 이제까지의 생각처럼 순수한 빛이 아니며, 여러 가지 색깔의 빛들이 혼합되어 만들어진 것임을 결정적으로 증명하는 실험이었다. 뉴턴은 이 실험을 자신의 엑스페리멘툼 크루시스(experimentum crucis), 즉 '결정적 실험'이라고 지칭했다. 그의 색분해 실험은 과학사에 커다란 족적을 남긴 실험이며 실험 방법을 공개함으로써 세상을 깜짝 놀라게 한 사건이었다. 뉴턴의 전기학자들 중 한 명의 표현에 따르면 이 실험은 "뉴턴의 이론을 요약해 보여준다는 점에서 더없이 효율적인 동시에 그 간결미에 있어서 더없이 아름다웠다".[2]

아 이작 뉴턴은 1642년 영국 링컨셔에서 태어났다. 갈릴레오가 사망한 바로 그해였다. 뉴턴의 생일이 크리스마스라는 것은 어떻게 생각하면 참 어울리는 일이다. 그는 1661년에서 1665년까지 케임브리지 대학의 트리니티 칼리지에서 공부했는데, 또 다른 전기학자가 단언한 말을 빌리면, "대학 교육 역사상 가장 특출한 대학생 경력"을 가진 학생이었다.[3] 대학 시절에 뉴턴은 당시 유럽의 최고 과학자들이 찬찬히, 끈기 있게 구축해가고 있던 새로운 철학, 물리학, 수학을 독학으로 철저히 습득하고 익혔으며, 자신만의 공책에 비밀스럽게 내용을 적어두었다. 1665년, 뉴턴은 이미 졸업을 했지만 연구를 계속하기 위해 대학에 남아 있었다. 하지만 그해 대역병이 영국을 휩쓸어 케임브리지 대학도 2년간 문을 닫았기 때문에 그는 고향 링컨셔로 돌아오게 되었다. 어쩔 수 없이 어머니의 소유지인 과수원과 초원에서 한가한 시간을 보내게 되었지만, 이것은 뉴턴의 공부에 지장을 주기는커녕 도리어 예기치 못한 축복으로 작용했다. 당시 이미 절정의 과학적 재능을 펼치고 있던 그가 아무 방해도 없이 다양한 과학적 문제들을 내키는 대로 탐구할 수 있었기 때문이다. 뉴턴은 여러 주제들에 대해서 최첨단의 연구를 수행하고 있었다. 역사학자들은 이 시기를 뉴턴의 일생 중 아누스 미라빌리스(annus mirabilis), 즉 '기적의 해'라고 부른다. 이후 발전시키게 될 여러 아이디어들의 기초를 그 몇 년간 닦았기 때문이다. 물리학에서는 만유인력의 개념을(떨어지는 사과를 보다가 만유인력의 발상을 떠올렸다는 일화는 뉴턴의 의붓 조카딸과 볼테르의 기록을 통해 우리에게 알려진 것인데, 실제로 벌어진 일이었다면 이 시기였을 것이다), 천문학에서는 행성 운동의 법칙을, 수학에서는 미적분학을 만들어가고 있었다. 또한 광학 분야에서도 혁명적인 일련의 실험들을 준비하고 있었다.

빛을 연구하는 학문인 광학은 당시 갈수록 과학적 중요성을 더해가는 분야였다. 고대 이래 수많은 학자들이 빛의 반사와 굴절(투명한 물질을 통과할 때 굽는 현상)에 대한 기초 지식을 쌓아왔다. 하지만 17세기에 들어서기 전까지는 거울과 렌즈의 품질이 좋지 못했다. 게다가 과거 학자들은 거울이나 렌즈가 빚어내는 영상은 비자연적인 것이기 때문에 진지하게 탐구할 가치가 없다고 생각했으며 그러한 편견 탓에 연구에 적잖은 지장이 있었다. 그들은 이렇게 생각했다. '왜곡되고 기만적인 영상이 중요해봤자 얼마나 중요하겠는가?' 하지만 망원경과 현미경이 발달하면서 더 나은 품질의 거울과 렌즈에 대한 수요가 폭등했고, 그에 따라 광학 기기의 제조와 연구가 활발해졌다. 신과학으로 인한 개념 변화도 거들었다. 과학자들은 이제 광학적 왜곡과 변화가 (아리스토텔레스 식의 '격렬한' 운동처럼) 비자연적 현상이 아니라 (갈릴레오의 운동처럼) 기계적 원리 및 수학적 법칙의 지배를 받는 또 하나의 자연현상이라 생각하게 되었고, 실험을 통해 그 법칙들을 발견할 수 있다고 믿었다. 하지만 데카르트를 비롯하여 17세기에 광학을 개척해 나간 학자들은 여전히 빛에 대한 전통적 시각을 고수하고 있었다. 백색광은 순수하고 균질한 빛이며, 색상이란 흰빛이 변형되었거나 '물들여진' 것이라는 아리스토텔레스까지 거슬러 올라가는 견해를 가지고 있었다.

역병이 도시를 휩쓰는 동안 어머니의 영지에 갇힌 뉴턴은 어머니의 방들 중 하나를 광학 실험실로 개조했다. 방을 철저한 암실로 만든 후 밖에서 빛이 들어올 수 있는 구멍을 아주 작게 하나만 냈다. 그곳에서 뉴턴은 매일같이 실험에 몰두했다. 한 친구는 이렇게 썼다. "기술을 향상시키고 주의를 흐트러뜨리지 않기 위해 그는 하루 내내 빵 약간에다가 색(sack, 포도주의 일종 / 옮긴이)과 물만 곁들여 먹었다. 식사에 따로 규칙은 없었고 식욕이 느껴지거나 기력이 쇠

했다고 여겨지면 언제든 먹었다." 뉴턴이 주된 도구로 사용한 것은 프리즘이었다. 프리즘은 흰빛을 다양한 색깔로 분화시키는 능력 때문에 널리 각광받던 장난감이었다. 뉴턴은 장난감을 빛 연구에 끌어들여 훌륭한 과학 탐구 도구로 격상시켰다.

학교 교육이 수세대에 걸쳐 우리에게 심어준 고정관념이 하나 있는데, 과학 연구는 로봇처럼 자동적으로 진행되는 일이란 것이다. 가설을 형성하고, 시험하고, 재형성하기만 하면 된다는 편견이다. 과학자들이 실제 하는 일을 보다 정확하게 표현하려면, 좀 모호하게 들리긴 하겠지만, 어떤 현상을 '바라보는 일'이라고 하는 편이 옳다. 그들은 현상을 다양한 각도에서 점검하고, 이런저런 식으로 비틀면 어떻게 되는지 살펴봄으로써 이해하려 한다. 개조한 실험실에서 뉴턴이 한 일도 빛을 '바라보는 일'이었다. 그는 프리즘이나 렌즈들을 다양한 방식으로 설치함으로써 빛을 관찰했고 결국 결론에 도달했다. 흰빛은 단일광이 아니라 여러 가지 색의 빛들이 섞인 혼합광이라는 결론이었다. 뉴턴은 후에 이렇게 썼다. "철학을 하는 가장 안전하고 훌륭한 방법은 첫째, 사물의 속성을 성실하게 탐구하고, 다음엔 실험을 통해 그 속성들을 확인하고, 그러고 나서 서서히 그것들을 설명할 수 있는 가설로 나아가는 것이다."[4]

하지만 뉴턴은 이후 몇 년간 이 작업에 대해 아무에게도 말하지 않았다. 1667년, 트리니티 칼리지가 다시 문을 열자 뉴턴은 학교로 돌아가 케임브리지 역사상 최초의 루카스 수학 석좌교수(매우 유명한 석좌 자리로 이후의 임명자로는 폴 디랙, 스티븐 호킹 등이 있다)인 아이작 배로의 광학 강의를 듣는다. 뉴턴은 배로의 강의 노트를 꼼꼼히 읽었으며 1670년에는 그의 뒤를 이어 루카스좌 교수가 되기까지 한다. 이제 그는 직책에 걸맞게 진홍색 예복을 걸쳐 교수진 중에서도 높은 자리임을 드러내게 되었다. 또한 일주일에 한 번 학생들에게 강의를 하는 직무도 지게 되었다. 수학에 관계된 주제라면 무엇이든 상관없이 라틴어로 진행하는 강의였는데, 뉴턴이 택한 주제는 광학이었다. 그는 광학에서는 수학과 실험을 결합시켜 "학문의 원리들을 좀더 엄밀하게 점검해볼 수 있다"고 했다. 그러나 그의 강의에는 청강생이 많지 않았다. 한 동료에 따르면 "그의 강의를 들으러 오는 사람이 거의 없었고, 개중에서도 강의 내용을 이해하는 학생은 더욱 드물었으며, 뉴턴은 가끔은 듣는 이가 없어 '벽에다 대고 말하는' 것처럼 강의를 진행해야 했다".[5] 문자 그대로 벽에다 대고 말하는 때도 있었다. 뉴턴의 두번째 강의에는 단 한 사람도 참석하지 않았다고 한다.

1671년, 뉴턴은 광학 연구를 바탕으로 제작한 망원경을 왕립학회 회원들에게 선보였다. 왕립학회는 당시 창립된 지 10년이었다. 초기에 '자연 지식의 증진을 위한 런던 왕립학회'라는 이름으로 시작했던 학회는 모토를 하나 갖고 있었는데, 학회 문장에 라틴어로 적힌 그 모토는 '눌리우스 인 베르바(Nullius in verba)', 해석하면 '남의 말을 곧이곧대로 믿지 말라'였다. 왕립학회는 일주일에 한 번 모여 회원들이 제출한 논문을 토론하고 분석했다. 이런 운영 방식은 과학 연구를 촉진하고 전문화하는 데 결정적인 기여를 했다. 과학 정보를 유포하고 반론에 대해 변호하는 과정이 능률적으로 되었기 때문이다. 예컨대 회원은 특정 주제에 집중하여 연구한 뒤 결과를 편지로 제출하면 되었다. 학회는 이 편지들을 모아 출간했는데 현대 과학 잡지의 선구자 격인 그 책의 이름은 처음에는 『서신들』이었다가 후에 『철학 회보』로 바뀌었다. 뉴턴이 학회에 가입할 무렵에는 회원들 사이에 그의 이름이 거의 알려져 있지 않았다. 그렇지만 그의 망원경은 단숨에 사람들의 주목을 끌었다. 길이가 15센티미터에 불과했는데도 어찌나 교묘하게 설계되고 정교하게 만들어졌던지 훨씬 큰 망원경들에 성능이 못지않았다. 몇몇 회원들은 직접 복제품을 만들어보기 시작했고, 곧 뉴턴을 자신들의 수준으로 인정하게 되었다.

뉴턴이 학회에 처음 제출한 공식 논문은 올덴버그에게 보낸 메모에서 했던 대담한 약속, 즉 자연의 작동에 관한 철학 발견들 중 가장 '신기한' 것을 보여주겠노라는 다짐을 지킨 것이었다. 이 논문은 과학 논문의 걸작이자 과학적 글쓰기의 전범으로 불린다. 논문은 결정적 실험 자체에 대해 충실히 묘사했을뿐더러 실험으로 이어지기까지의 사고 과정도 설명했다. 예리한 독자라면 뉴턴이 연구를 하며 느꼈던 순수한 기쁨까지도 행간에서 읽을 수 있을 것이다. 논문은 이렇게 시작한다.[6]

얼마 전에 했던 약속에 충실하기 위해, 더 이상의 허례 없이 곧바로 여러분들에게 알리고자 합니다. 저는 1666년에 잘 알려진 그 **색깔**

현상을 시험하기 위해 도구가 되어줄 삼각기둥 유리 프리즘을 하나 구했습니다. 그리고 저의 방을 어둡게 만든 다음, 창문에 작은 구멍을 하나 뚫어서 햇빛을 원하는 만큼만 들일 수 있도록 했습니다. 저는 빛이 들어오는 입구에 프리즘을 두고 빛이 반대쪽 벽에 굴절되도록 했습니다. 처음에는 그저 매우 보기 좋은 소일거리였습니다. 그곳에 생겨나는 강렬하고 생생한 색깔들을 바라보는 것 말입니다.

다른 사람들이라면 오락거리처럼 펼쳐지는 무지갯빛 색깔에만 정신이 팔리기 쉬웠을 것이다. 하지만 뉴턴은 현상을 가능한 한 다각도로 바라보고자 했다. 그는 색깔을 넘어서 무지개무늬가 취한 모양새에 관심을 쏟았다. "빛이 **길쭉한** 형태인 것을 보고 놀랐습니다. 정설로 인정되고 있는 빛의 굴절 법칙에 따르면 **원형**일 것으로 생각되었기 때문입니다."

뉴턴은 왜 놀랐을까? 데카르트를 비롯한 많은 사람들이 믿고 있는 정설에 의하면, 프리즘은 흰빛을 물들이거나 변형시키거나, 하여간 어떤 식으로든 바꾸어 스펙트럼을 만들어내는 것이었다. 정말 그렇다면 연필만한 굵기로 입사한 빛은 프리즘을 통과해 나온 후에도 들어갔을 때와 마찬가지로 둥근 모양을 유지해야 할 것이다. 하지만 뉴턴이 보았듯, 실제 빛의 상은 경주로 모양으로 생겼다. 위와 아래는 반원형 곡선을 이루고 중간은 일직선이다([그림 4-1]). 색깔들은 가로로 띠를 이루고 있는데 파란색이 한쪽 끝이고 붉은색이 반대쪽 끝이다. 뉴턴은 또 한 가지 기이한 속성을 눈치 챘다. 상의

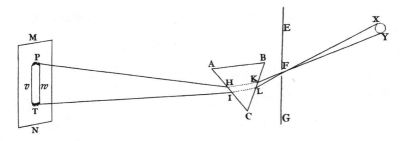

[그림 4-1] 햇빛이 프리즘을 통과한 후 길쭉한 모양으로 퍼지는 것을 묘사한 뉴턴의 그림.

직선 부분은 선명한 반면 양끝 곡선 부분은 붉은 쪽이든 푸른 쪽이든 이미지가 뭉개진 듯 흐렸던 것이다. 여기에 길이와 너비의 '터무니없는' 불균형까지 더해졌다. 길이가 너비보다 약 다섯 배 이상 길었다. 뉴턴은 이런 사실들 덕분에 '단순히 호기심에서 점검하는 수준 이상으로 흥미가 동했고, 이 점에서부터 무언가 진행할 수 있겠다'고 생각했다.

　뉴턴은 논문에서 상이 프리즘을 통과하기만 했을 뿐인데 왜 이런 예상치 못한 모습으로 변했는지 알아보기 위해 여러 시도를 했다고 말한다. 상의 생김새에 영향을 미칠 수 있을까 알아보려고 그는 다양한 두께의 프리즘을 사용했고, 프리즘의 여러 부분으로 빛을 통과시켜보았다. 프리즘을 앞뒤로 굴려보기도 했다. 창에 난 구멍의 크기를 바꾸어보았고, 프리즘을 방 밖에 두어 햇빛이 창의 구멍을 지나기 전에 프리즘을 먼저 지나도록 해보았다. 프리즘의 유리에 난 흠이 문제가 될까 하여 그것도 확인해보았다. 모든 노력에도 불구하고 상의 모양은 바뀌지 않았다. 불가해한 길쭉한 모양은 그대로였고 각각의 색깔은 언제나 똑같은 식으로 굴절되었다. 즉 프리즘을 지날 때 일정한 각도로 구부러졌다.

뉴턴은 '기울어지며 때리는 라켓에 맞은 테니스공'이 하늘을 날 때 아치를 그렸다는 기억을 떠올렸다. 그는 의심하기 시작했다. 어떻게인지는 몰라도 프리즘이 빛을 세로 방향으로 곡선을 그리며 구부러지게 하는 것이라면 맺힌 상의 모양을 설명할 수 있을지도 모른다. 그래서 그는 또 다른 실험을 준비했다.

이런 의혹들을 차례로 제거해 가다보니 결국 저는 **결정적 실험**에 도달했습니다. 이런 것입니다. 두 개의 판자를 가져다가 그중 하나를 창 앞에 있는 프리즘 뒤에 놓았습니다. 판자에는 빛이 지날 수 있도록 작은 구멍을 하나 뚫었고, 빛은 구멍을 지난 뒤 약 12피트(3.65미터 정도/옮긴이) 뒤에 놓인 또 다른 판자에 떨어지게 했습니다. 두번째 판자에도 작은 구멍이 있어서 입사광의 일부가 지날 수 있게 합니다. 그 다음, 또 다른 프리즘을 두번째 판자 뒤에 놓아서 두 개의 판자를 모두 지난 빛이 프리즘까지 한 번 더 지난 뒤 다시금 굴절되어 벽에 닿도록 합니다. 이렇게 설치한 뒤 저는 첫번째 프리즘을 손에 들고 축을 따라 앞뒤로 천천히 굴림으로써 상의 여러 부분이 두번째 판자에 떨어져 그곳에 난 구멍을 통과하고 두번째 프리즘에 굴절되어 벽에 펼쳐져, 제가 관찰할 수 있도록 하였습니다. 그리고 저는 상이 벽 어디에 어떻게 나타나는가를 여러 가지로 봄으로써, 상의 한쪽 끝으로 들어간 빛이 첫번째 프리즘으로 굴절될 때나 두번째 프리즘으로 굴절될 때 상의 다른 편 끝으로 들어간 빛보다 항상 훨씬 더 크게 구부 러진다는 사실을 알 수 있었습니다.

[그림 4-2]는 뉴턴이 첫번째 광학 강의를 할 때 종이에 그려두었 던 **결정적 실험**의 설계도이다. 창의 구멍으로 들어온 가느다란 빛줄 기가 첫번째 프리즘을 지나 3.6미터쯤 떨어진 판자로 펼쳐진다. 판 자에 펼쳐질 때 무지개 같은 다채로운 색깔이 드러나며 모양은 세 로로 길쭉하고 빨강에서 파랑까지 색깔들이 가로로 띠를 이룬다. 프리즘을 갖고 놀아본 사람이라면 누구나 이 모습을 보았겠지만 모 양의 의미까지 생각해본 적은 거의 없을 것이다. 뉴턴은 여기에다 가 새로운 단계를 덧붙였다. 두번째 프리즘과 판자를 더한 것이다. 그는 판자에 다시 구멍을 뚫어 길쭉한 띠처럼 형성된 빛의 상 중 일 부가 뒤편의 프리즘으로 넘어가도록 했다. 그리고 그 빛줄기를 다 시 **또 다른** 판자, 혹은 벽에 쏘아 보냈다. 첫번째 프리즘을 조금씩 조 정함으로써 그는 길쭉한 상을 위아래로 움직이게 할 수 있었고, 다

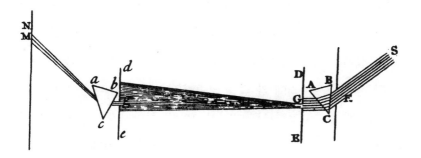

[그림 4-2] 뉴턴이 광학에 관해 강의하며 직접 그린 결정적 실험의 설계도.

양한 색깔의 빛 중 특정한 부분만 구멍을 통과해 두번째 프리즘과 마지막 판자까지 도달하게 만들었다. 그리고는 어떤 일이 벌어지는지 열심히 지켜보았다.

뉴턴은 첫번째 프리즘에서 가장 크게 굴절된 파란빛이 두번째 프리즘에서도 여전히 가장 크게 굴절된다는 사실을 알아챘다. 마찬가지로 첫번째 프리즘에서 가장 작게 굴절된 빨간빛은 두번째에서도 가장 조금 굴절되었다. 그는 빛의 입사각(빛이 프리즘 표면에 부딪칠 때의 각도)이 굴절 **형태**와는 아무 상관이 없다는 것도 알아냈다. 뉴턴의 결론은 빛이 굴절되는 정도, 즉 '꺾이다'는 뜻의 라틴어 단어 레프란제레(refrangere)를 딴 '굴절률'이란 것은 빛 자체의 속성이지 프리즘의 문제가 아니라는 것이다. 빛은 두 개의 프리즘을 지날 때에도 자체의 굴절률을 그대로 유지했다. 프리즘은 빛을 변형시키지 않으며 그저 각자의 굴절률에 따라 뿌려주기만 할 뿐이다.

뉴턴은 이제 최초의 궁금증에 대해서도 답을 얻었다. 무지갯빛의 상이 경주로 모양으로 길쭉하게 생기는 것은 프리즘이 빛을 뿌려줄 때 구성 색깔들 각각마다 다르게 처리하기 때문이다. 프리즘의 축이 수평 방향이라면 프리즘은 빛살의 너비는 유지시키되 수직으로 길게 늘여 뿌려주었다. 길쭉한 모양의 양끝이 흐린 것은 꼭대기와 바닥 끄트머리에 가 닿는 빛줄기의 양이 적기 때문이다. 뉴턴은 이렇게 썼다. "그러므로 (길쭉한 모양의) 이미지가 그렇게 생긴 진짜 원인은 한 가지로밖에 설명할 수 없었습니다. **햇빛**은 서로 다른 굴절률을 가진 빛들의 혼합으로 이루어져 있고, 각각은 입사각에 전혀 무관하게 오로지 각자의 굴절률에만 따라 벽에 다양하게 펼쳐진다는 것입니다."

그런데 뉴턴은 비슷한 효과를 나타내는 실험들을 수백 가지나 수행한 바 있는데, 특별히 이 실험의 어느 면이 그렇게 결정적이었던 것일까? 그가 자신 있게 내린 결론은 사실 이 실험 하나에만 기초한 게 아니라 프리즘과 렌즈를 사용하여 빛을 관찰한 다른 실험들 모두를 바탕으로 한 것이었다. 하지만 뉴턴은 동료들에게 자신이 밟아온 기나긴 탐구의 길을 죄다 밟아오라고 할 이유가 없었다. 동료들을 옳은 방향으로 설득시킬 때는 한 가지 실험만 제대로 제시하면 될 것이다. 그러므로 **결정적 실험**에는 모종의 연극성이 있다고 봐야 한다. 그것은 뉴턴이 충분히 습득한 방법을 시연 혹은 재현하는 것이었다. 시연의 목적은 동료들을 설득하는 것이므로 실험은 단순해야 했고, 손쉽게 구할 수 있는 도구들을 사용해야 했고, 충격을 극대화할 수 있도록 최대한 깔끔하고 생생한 결과를 보여야 했다. 후에 뉴턴은 자신의 실험들을 재현하려 애쓰는 한 동료에게 이렇게 충고한 적이 있다. "이것저것 시도하는 대신 **결정적 실험** 하나만 해보십시오. 실험의 가짓수가 중요한 게 아니라 얼마나 무게 있느냐가 중요한 것이기 때문입니다. 그리고 한 가지로 충분하다면 구태여 여러 가지를 할 필요가 어디 있겠습니까?" [7]

이 실험은 왜 색상 띠의 모양이 길쭉한가 하는 최초의 질문에 답을 주었을뿐더러 다양한 탐구의 가능성을 열어젖히며 새로운 질문들을 쏟아냈다. 뉴턴은 망원경용 렌즈 제조에 시간을 쏟고 있었는데, 이 프리즘 실험 결과를 통해 렌즈로 제작하는 망원경에는 중대한 질적 한계가 있다는 사실을 깨닫게 되었다. 그는 이렇게 썼다. "이 사실을 알게 되자 나는 그때까지 해오던 유리 작업에서 손을 뗐다. 망원경의 완성도에는 어쩔 수 없는 제약이 있음을 깨달았기 때문이다." 유리의 문제가 아니라 "햇빛은 **서로 다른 굴절률을 갖는 여러 빛들이 혼합**된 것"이기 때문이다. 렌즈는 빛을 굴절시키거나 구부려서 초점을 모은다. 하지만 서로 다른 색깔의 빛들은 렌즈에서 굴절하는 정도가 서로 다르기 때문에 아무리 완벽한 렌즈를 만든다 해도 한 점에 모든 빛을 모으는 것은 불가능하다. 뉴턴은 망원경을 위해 빛을 모을 때는 렌즈보다 거울을 활용하는 것이 더 효과적이리라는 사실을 깨달았다. 거울이 빛을 굴절시키거나 반사시킬 때는 모든 종류의 빛들이 언제나 같은 정도로만 굴절하기 때문이다. 뉴턴은 거울을 사용한 망원경 제작에 당장 매달렸다고 썼지만, 마침 흑사병이 돌아서 실제 제작은 좀 늦춰졌다. 그는 1671년에 드디어 자랑스럽게 선보일 수 있는 자신 있는 망원경을 완성했다. 평소라면 편집증적일 정도로 비밀을 지켰겠지만 얼른 왕립학회에 내보일 정도로 자랑스러운 발명품이었다.

뉴턴은 논문의 앞 절반 가량을 할애하여 위의 내용들을 기술했고 나머지 부분에서는 발견이 내포하는 다양한 의미들에 대해 논했다. 그가 제일 먼저 지적한 점은 프리즘이 빛에 모종의 변형을 일으켜 굴절률을 정하는 것이 아니라는 사실이다. 데카르트 및 대부분의 연구자들이 믿고 있던 바와 반대되는 결론이었다. "색상은 자연물에 부딪쳐 굴절되거나 반사될 때 생겨나는 **빛의 한정적 특질**이 아닙니다(일반적으로 이제까지 이렇게 생각되고 있습니다만). 색상은 **고유하고도 선천적인** 빛의 속성이며 다양한 빛이 다양하게 갖는 성격입니다……" 두번째 함의는 "일정한 굴절률의 빛은 항상 한 가지 색상을 가지며, 일정한 색상의 빛은 항상 일정한 굴절률만을 갖는다"는 것이다. 세번째는 빛을 통과시키는 물질이 빛의 굴절률 또는 색상에 어떤 영향도 미치지 못한다는 것이다. 뉴턴은 이 점을 매우 조심스럽게 설명했다.

특정한 빛에 해당하는 색깔의 종류, 그리고 굴절의 정도는 자연물에 의한 굴절이나 반사로 변화시킬 수 없는 것이었습니다. 제가 관찰한 바로는 다른 어떤 요인으로도 변화시킬 수 없었습니다. 여러 종류의 빛에서 떼어낸 한 가지 빛이 있다면 그 빛은 이후 고집스럽게 자신만의 색깔을 유지했습니다. 제가 아무리 그것을 바꾸려고 애써보아도 소용이 없었습니다. 프리즘으로 굴절시켜보고, 자연광으로 볼 때 다른 색깔을 띤 어떤 물체에 반사시켜보기도 했습니다. 공기 중에 색깔 있는 막을 걸고 차단해보기도 하고, 압축 유리 두 장 사이로 넣어보기도 하고, 색깔 띤 매질들 속으로 통과시키기도 하고, 다른 색상의 빛들이 비추고 있는 매질로 통과시키기도 하고, 여러 가지 방법으로 막아보기도 했습니다. 그러나 그 빛에서 어떤 다른 색깔을 끌어내지는 못했습니다.

이리하여 뉴턴은 흰빛이 단일광이 아니라 혼합광이라는 놀라운 결론에 도달한다. 그는 일단 분리시킨 빛들을 프리즘이나 렌즈로 다시 모으는 실험을 함으로써 이 사실을 확증할 수 있었다.

가장 놀랍고 경이로운 것은 흰빛의 속성입니다. 한 가지 종류의 빛은 도저히 흰색을 띨 수가 없습니다. 흰빛은 언제나 혼합된 것이며, 앞서 말한 구성 색상들이 적절한 비율로 섞여야만 얻어지는 것입니다. 저는 종종 프리즘에서 나온 여러 색깔들이 다시 한 곳에 모여 프리즘에 입사되기 전처럼 섞이면서 완벽하고도 온전한 흰색을 내는 것을 찬탄하며 지켜보았습니다…… 그러므로 일상적인 빛이 흰색이라는 것은 여러 색상의 빛들이 한데 뒤섞여 있다는 것을 뜻합니다. 빛을 내는 물체는 여러 부분에서 다양한 색상의 빛들을 마구 내보내고 있는 것입니다.

뉴턴의 '놀랍고 경이로운' 발견은 이제껏 깊은 미스터리로 남아 있던 문제들에 대해 새로운 통찰을 던져주었다. 논문의 나머지 부분에서 그는 이 문제들 중 몇 가지를 하나하나 짚어가며 동료들을 괴롭혀온 의문들을 간단히 해결한다. 프리즘의 원리는 무엇이며 프리즘이 만들어내는 길쭉한 스펙트럼 이미지는 어떻게 생기는 것인가? 프리즘은 빛을 변형시키는 것이 아니라 같은 굴절률을 지닌 것들끼리 하나의 띠로 모아 꺾이게 할 뿐이다. 달리기 주자들이 여럿 모였는데 각각은 코너를 돌 때 특정한 각도로 뛴다고 상상해보자(뉴턴이 든 예는 아니다). 그들은 출발선에 섰을 때는 한데 뭉쳐 있겠지만 첫번째 곡선을 돌고 나면 한 줄로 늘어서게 된다. 무지개는 어떻게 생기는가? 뉴턴은 빗방울들이 작은 프리즘으로 작용하는 덕분에 구름을 지난 햇빛이 굴절되는 것이라 설명했다. 같은 물건을 담아도 다른 색깔로 보이게 하는 채색 유리나 기타 물질들에 관한 '기이한 현상'은 어떻게 풀 것인가? 뉴턴은 이 역시 "더 이상 수수께끼가 아니"라고 말한다. 서로 다른 조건에서 서로 다른 빛들을 굴절시키거나 통과시키는 물질일 뿐이다.

뉴턴은 왕립학회 실험 책임자인 로버트 후크가 묘사했던 '우연한 실험'에 대해서도 풀어냈다. 후크가 붉은 액체가 담긴 병과 푸른 액체가 담긴 병에 각기 햇빛을 비추었는데, 각각에 비추었을 때는 빛이 통과해 나왔지만 두 병을 모두 거치게 했을 때는 빛이 완전히 막혀버렸다. 후크로서는 설명 불가능한 현상이었다. 각각의 병은 빛을 통과시키는데 왜 둘을 합치면 빛이 지나지 못하는가? 뉴턴은 설명했다. 후크는 빛이 단일한 물질이라 가정했기 때문에 혼란스러웠던 것이고, 햇빛이 여러 색상 빛들의 혼합이라고 가정하면 문제가 없다. 푸른 병은 한 가지 종류의 빛만 통과해 보내고 나머지는 모두 막는다. 붉은 병도 또 다른 종류의 빛만을 통과해 보낸다. 두 병이 통과시키는 빛의 종류가 다르기 때문에 "두 병을 모두 지나서 나오는 빛은 있을 수가 없었던 것"이다.

뉴턴은 이제 자연물이 띠는 색에 대해서도 설명할 수 있었다. 물체들은 "한 가지 종류의 빛을 다른 것보다 훨씬 많이" 반사시키는 것이었다. 뉴턴은 암실 실험을 근거로 들었는데, 다양한 물체에다 다양한 색상의 빛을 던졌더니 "모든 물체들이 자유자재로 어떤 색이든 띠는 것처럼 보이게 만들 수 있었다". 색상은 어둠 속에 존재하는 것인가, 아니면 물체 자체에 속한 특성인가? 둘 다 아니다. 색상은 물체를 비추는 빛에 속한 특성이다.

뉴턴은 논문의 말미에 동료들에게 권하는 실험을 몇 가지 소개했다. 하지만 이 실험들은 **결정적 실험**과 마찬가지로 매우 민감하므로 주의가 요구된다고 지적했다. 두번째 프리즘에 가 닿는 빛이 순수하려면 첫번째 프리즘의 질이 아주 좋아야 하고, 빛의 색이 흐려져 혼란스러워지는 것을 막으려면 방이 완벽한 암실이어야 한다는 것 등이다. 사실 완벽한 암실이어야 한다는 조건 때문에 **결정적 실험**을 고등학교 과학 수업 시간에 제대로 수행하기는 참 어렵다. 언뜻 생생한 교훈을 담고 있는 동시에 쉽게 접근할 수 있을 것처럼 보이지만 말이다. 뉴턴은 이렇게 끝맺었다.

이런 종류의 실험을 실제로 준비하기에 충분한 설명을 다했다고 생각합니다. 만약 왕립학회 여러분 중에 직접 조사해보겠다는 호기심을 가진 분이 계시다면, 이후 성공을 거두었는지 아닌지 저에게 알려주신다면 참으로 감사하겠습니다. 조금이라도 결함이 있어 보이거나 이론에 반대되는 현상이 있다면 저는 그 문제에 대해 추가 제안을 할 기회를 가져야 할 것입니다. 또 제가 하나라도 실수를 저지른 것이 있다고 밝혀진다면 오류를 인정할 기회를 가져야 할 것입니다.

뉴턴의 편지는 2월 8일에 올덴버그에게 도착했다. 다행스럽게도 올덴버그는 그날 저녁에 열릴 왕립학회 모임을 준비하던 참이라 당장 이 논문을 의제로 집어넣을 수 있었다. 그날 모임에 참석한 자들은 우선 기압 측정에 달이 미치는 영향, 다음으로 독거미의 가시에 대한 연구를 소개한 편지를 다루고 나서야 뉴턴의 글을 듣게 되었다. 회원들은 대단히 감동을 받았다. 올덴버그는 이렇게 썼다. "빛과 색깔에 관한 당신의 논증을 읽은 것은 이번 모임의 유일한 즐거움이었습니다. 선생께 단언하는 바이지만, 두드러진 관심과 보기 드문 찬사를 동시에 받았습니다." [8] 올덴버그는 또 회원들이 한시 바삐 그 논문을 『철학 회보』에 실으라고 재촉했으며, 그래서 그달에 나올 다음번 회보에 뉴턴의 글이 수록될 것이라고 전했다.

뉴턴의 **결정적 실험**은 자체로 아름다운 실험이었으며, 나아가 그가 『철학 회보』에 실은 실험의 소개 글은 과학 논문의 전형이었다. 그런데 이 논문은 과학자들이 하나의 주제를 놓고 뜨겁게 갑론을박한 최초의 '학술지 논쟁'을 불러일으키기도 했다. 뉴턴의 실험이 프리즘이 백색광을 변형시켜 색깔을 내느냐 아니냐 하는 점에 있어 세간의 정설에 위배되는 결론을 내렸기 때문에, 왕립학회 회원 및 여러 과학자들 사이에 혼란이 일어났다. 특히 프랑스에서 심했다.

로버트 후크는 **결정적 실험**을 재현해보지도 않고서 고작 일주일 만에 뉴턴의 논문에 반대하는 의견을 냈다. 그는 뉴턴이 바탕에 깔고 있다고 보이는 몇 가지 가설들에 대해 경솔하고 옳지 못한 비판을 시도했다. 뉴턴의 대처는 훌륭했다. 그는 이후 오간 편지들에서 전투 실력을 유감없이 발휘하여 자신의 주장을 요약하고 다듬어 나갔다. 그 와중에 역사상 가장 신랄한 비방도 등장한다. 후크는 키가 매우 작고 등이 굽어 있어(실험대에서 까다로운 작업을 해야 하는 연구에 매달렸던 탓도 있을 것이다) 거의 난장이처럼 보일 지경이었는데, 뉴턴이 이 점을 공격한 것이다. 뉴턴은 거짓 아첨으로 가득한 편지를 쓰면서 다음과 같은 말로 후크의 공로를 치하했다. "제가 더 멀리 볼 수 있었던 것은 거인들의 어깨 위에 올랐기 때문입니다."[9] 이 유명한 어구는 흔히 정중하고도 겸손한 말로 여겨지고 있지만 실상은 후크를 치사하게 조롱하는 말이었던 것이다.

프랑스 과학자들은 뉴턴의 이론을 훨씬 늦게 받아들였다. 그중에는 리에지의 영국 예수회 대학 노교수 프랜시스 홀이 있었는데, 서신 교환에서는 리누스라는 필명을 썼다. 1674년 가을, 여든 가까운 나이였던 리누스는 올덴버그에게 편지를 보내 주장하기를 30년 전에 이미 자신이 프리즘을 갖고 실험을 해보았는데 밝은 날에는 길쭉한 이미지를 목격한 적이 없다고 했다. 그러면서 뉴턴이 본 것은 흐린 날의 구름 탓이라고 주장했다. 뉴턴은 대꾸할 가치도 없다고 판단하여 답장도 보내지 않았다. 그러나 올덴버그는 달랐다. 올덴버그는 후크에게 1675년 3월 왕립학회 모임에서 **결정적 실험**을 시연해 보이도록 했다. 그런데 안타깝게도 날씨가 협조해주지 않았고, 리누스의 지적에 따르면 흐린 날 실험을 하는 것은 소용없는 일이었다. 리누스는 그해 가을에 사망했지만 독실한 제자 한 명이 그의 주장을 이어받았고, 그 제자는 맑은 날 왕립학회가 실험을 시도해보면 자기 스승의 결백이 입증될 것이라 계속 고집했다.

그래서 후크는 다시 한번 왕립학회를 위한 시연을 준비했고, 뉴턴이 '논란 속의 실험'이라고 부른 실험의 일정이 1676년 4월 27일로 다시 잡혔다(그날은 결국 날씨가 좋았다). 공공장소에 나가길 꺼렸던 뉴턴은 그 자리에 참석하지 않았지만, 그것은 근대 과학의 여명기를 장식할 획기적 사건이었다. 당면한 논란을 잠재울 확실한 답을 얻기 위해 과학학회가 실험을 계획하고 수행한 최초의 사례이기 때문이다. 왕립학회의 공식 기록은 이렇다.

> 리누스 씨를 비롯한 리에지의 학자들이 반박했던 뉴턴 씨의 실험이 뉴턴 씨의 지시에 따라 학회원들 앞에서 시도되었습니다. 그리고 뉴턴 씨가 줄곧 주장해왔던 대로 성공하였습니다. 결과에 따라 올덴버그 씨는 이 성공을 리에지 사람들에게 알리게 되었습니다. 그들은 전에 스스로 천명하기를 실험이 학회에서 재현되어 뉴턴 씨 주장대로 성공한다면 결과를 받아들이겠다고 했었습니다.[10]

몇몇 프랑스 비판자들은 이후로도 수년간 고집을 꺾지 않았다. 앙토니 루카라는 프랑스 예수회 교도는 **결정적 실험**을 재현해보았지만 붉은빛 중간에 자주색이 나타났다고 주장했다. 또 다른 사람은 보라색 속에 빨강과 노랑이 나타났다고 했다. 뉴턴은 더 이상 답을 하지 않았으며 "이것은 말에 의해 결정될 것이 아니라 새로 실험을 시도해볼 일"[11]이라고만 썼다. 그는 이미 실험 중에 발생할 수 있는 문제점들에 대해서 주의를 주었다. 모든 복잡한 기기가 그렇듯 실험 기구의 배치가 제대로 되지 않을 소지는 얼마든지 있다. 하지만 일단 제대로 설치가 된다면 잘못된 시도에서 무슨 문제가 있었던 것인지 알게 될 것이다. 실험은 성공의 기준이 무엇인지도 스스로 보여주고 있었다.

뉴턴의 **결정적 실험**은 단번에 많은 것들을 제공했다. 과학 지식, 기구, 기술을 주었을뿐더러 교훈까지 보여주었다. 이 실험의 아름다움은 세 가지 점 모두에 있다. 뉴턴의 실험은 압도적인 단순미와 독창성으로 이 세상에 대한 진리의 한 부분을 밝혀냈다. 프리즘을 써서 백색광을 무지개로 퍼뜨린 뒤 그 빛의 일부를 다시 잡아 **또 다른** 프리즘에 집어넣어볼 생각을 다른 누가 할 수 있었겠는가? 햇빛은 서로 다른 굴절률을 가진 서로 다른 색의 빛들이 합쳐진 것이라는 사실을 동료들에 보여주는 데는 그 이상 다른 어떤 장치도 필요하지 않았다.

실험은 또 빛에 관한 여러 기이한 현상들을 이해할 수 있도록 해주었다. 그리고 다양한 색상의 빛으로 분리시키는 기술, 더 나은 망원경을 제작하는 기술을 일러주었다. 뉴턴의 통찰은 폭죽처럼 터져서 사방으로 영향을 미쳤다.

마지막으로, 뉴턴의 **결정적 실험**은 과학자들에게 한 가지 교훈으로 작용했다. 요약하자면 이런 것이다. "이것이야말로 혼란스런 현상을 이해하는 최선의 방법이다. 오래, 그리고 열심히 실험하라. 그후 가장 경제적이고 생생한 시연이 가능한 실험을 하나 골라내고, 그 실험을 해칠 수 있는 문제점들을 지적하고, 그 실험으로 인해 가능해지는 새로운 연결점들을 제시하라."

이 실험의 아름다움은 빛의 예쁜 색깔들과는 관련이 없다. 에라토스테네스가 그림자의 이면을 바라봤던 것처럼 뉴턴은 색깔 너머를 바라보았다. 그는 색깔이 그런 식으로 보이게 되는 원인에 대해 숙고했다. 하지만 갈릴레오의 경사면 실험과 마찬가지로 뉴턴의 **결정적 실험**은 실험한다는 것 자체에 대해서도 생각할 점을 남긴다. **결정적 실험**의 가장 큰 특징은 교훈적 아름다움을 가졌다는 점이다.

1721년경 파리에서 프랑스어판 『광학』이 개정판으로 재출간될 예정이었다(초판은 1704년에 나왔다). 프랑스어판의 출간인인 바리뇽이 뉴턴에게 편지를 썼다. "선생님의 『광학』을 매우 기쁘게 읽었습니다. 새롭게 주장하신 색상에 관한 체계가 최고로 아름다운 실험들로 인해 든든히 입증되었기 때문에 더 기뻤습니다." 바리뇽은 책의 내용을 잘 상징하는 그림 하나를 첫 장 머리에 넣으려 하니, 하나 골라달라고 부탁했다.

뉴턴이 고른 것은 **결정적 실험**의 설계도였다. 다음과 같은 의미심장한 문구가 덧붙여져 있었다. "빛의 색은 굴절이 되어도 변하지 않는다." 그 그림은 뉴턴의 손에 의해 학문으로 탄생한 광학을 잘 요약한 더없이 우아한 상징이었다.

과학은 아름다움을 해치는가?

내가 한 박식한 천문학자의 말을 들었을 때,

증명과 숫자들이 줄지어 내 앞에 나열되었을 때,

그것들을 더하고 나누고 계량할 도표와 도식이 눈앞에 제시되었

을 때,

그 천문학자가 큰 박수를 받으며 강당에서 강의하는 것을 듣고 있

었을 때,

나는 알 수 없게도 갑자기 지루하고 지긋지긋해져서

자리에서 일어나 밖으로 빠져나온 뒤 홀로 거닐었다,

축축하게 젖은 신비로운 밤공기 속에서, 이따금

완벽한 고요 속에서 하늘의 별들을 올려다보았다.

— 월트 휘트먼

미의 찬미자들이 볼 때 뉴턴이 가져온 것은 평화가 아니라 칼
이었다.

초기의 철학자, 시인, 예술가들은 세상 모든 현상 중에서도 빛이

야말로 가장 특별한 지위를 점한다고 믿었다. 플라톤은 태양과 햇살을 최고의 선(善)에 비유했다. 만물을 키울뿐더러 밝혀주기 때문이다. 플라톤의 전통을 이은 사람들, 아우구스티누스, 단테, 그로스테스트, 보나벤투라 등은 빛, 그리고 아름다움 혹은 존재 사이에는 특별한 연관이 있다고 보았다. 빛은 눈에 보이는 모든 감각적 아름다움의 기초였으며 그 자체로도 아름다웠다. 빛은 신이 창조하신 세상을 밝혀주었다. 빛은 그 자체가 신의 현현이었다. 빛이 화가들에게 특별한 존재가 되는 것은 당연했다. 뉴턴이 살던 시기의 화가들은 빛을 '사랑의 작용'이라 여겼다. 이 말은 케네스 클라크의 표현을 빌린 것인데, 빛을 세상으로 퍼져 사위를 밝게 하고 만물을 또렷하게 하는 것으로 보았기 때문이었다.[1]

그런데 근대 과학의 태동, 특히 뉴턴의 연구는 이런 견해에 심각한 도전이 되었다. 빛은 신이 현현하는 원리로서의 지위를 갑자기 잃었다. 인간들의 안녕을 위해 세상이 빛을 통해 스스로 밝아진다는 생각은 더 이상 설 곳이 없었다. 오히려 인간의 마음속에서 빛이 뻗어 나와 세상을 밝히는 것이었다. 빛은 기계적이고 수학적인 법칙들, 인간이 이해할 수 있는 법칙들의 지배를 받는 그저 그런 현상에 지나지 않게 되었다.[2] 시인들은 뉴턴이 색깔의 보석함, 즉 무지개에 입힌 상처를 노래했는데 그것을 보면 새로운 과학에 대한 시인들의 반응을 어느 정도 짐작할 수 있다.

18세기, 나아가 19세기 초의 몇몇 시인과 예술가들에게 뉴턴은 공적(共敵)이었다. 뉴턴은 무지개를, 그리고 기타 아름다운 색상들의 발현 현상을 수학 연습 문제로 바꿔놓은 자로 여겨졌다. 키츠도 그렇게 생각했다. 1817년 키츠는 "무지개는 그 신비로움을 도둑맞 았도다"라고 탄식했다. 또 한 파티에서 작가인 찰스 램과 함께 파티 의 주재자인 영국 화가 B. R. 헤이든을 몰아세웠는데, 헤이든이 작 품 중 하나에 뉴턴의 얼굴을 그려 넣었기 때문이다. 그들은 뉴턴이 "무지개의 시학을 깡그리 파괴하고 프리즘으로 분해된 색깔들로 환 원시켜버렸다"고 비난했다.[3] 그로부터 일 년 반 뒤, 여전히 마음이 가라앉지 않은 키츠는 「라미아(Lamia)」(1820)라는 시에 이 주제를 다시 한번 등장시킨다. 그는 과학을 '자연철학'으로 부르는 당시의 관행을 따랐다.

> 모든 매력이 일순 날아가버리지 않는가
>
> 단지 차가운 철학의 손길이 닿기만 해도?
>
> 한때 하늘에는 경외스런 무지개가 걸려 있었다.
>
> 우리는 그녀의 짜임을, 그녀의 결을 알고 있었다. 그런데 이제 그 녀는
>
> 평범한 것들이라는 지루한 목록에 포함되고 말았다.
>
> 철학은 천사의 날개를 부러뜨리고
>
> 모든 신비를 줄자와 선으로 점령해버리고,
>
> 요정들이 가득했던 공기, 도깨비들이 가득했던 지하를 비우고―
>
> 무지개의 실을 풀어버린다……

같은 해에 토머스 캠벨이 출간한 시집에는 「무지개에 붙여(To the Rainbow)」라는 시가 있다.

광학은 가르칠 수 있는가, 설명할 수 있는가
이토록 나를 매료시키는 그대의 형상을,
그대의 빛나는 활에 숨겨진
보석과 금을 꿈꾸는 때에?

과학이 신의 창조물의 얼굴에서
매혹의 베일을 끌어내릴 때,
사랑스러웠던 광경들은 그들의 자리를
차가운 물질의 법칙에 양보하고 만다!

시인 윌리엄 블레이크는 벌거벗은 뉴턴을 그림으로 그린 적이 있는데 컴퍼스를 들고 온갖 물건들을 정확하게 측정하고 있는 수염 난 사내로 묘사했다. 그리고 이렇게 썼다.

데모크리토스의 원자들
그리고 뉴턴의 빛의 입자들은,
홍해 해변의 모래들에 지나지 않는다.
이스라엘의 장막이 여전히 환하게 빛나고 있는 해안에 놓인.

요한 볼프강 폰 괴테는 『색채론』과 『광학에 대한 기여』라는 책을 통해 한 발 더 나아가려 했다. 괴테는 색이 어떻게 인식되는가에만 기초하여 뉴턴의 설명과는 완전히 다른 식으로 색채의 과학을 수립하려 했다. 괴테는 직접 여러 의미 있는 실험들을 수행했으며, 뉴턴이 알아채지 못했던 색채 인식에 대한 몇몇 현상들을 묘사하고 설명해내는 데 성공했다. 괴테의 작업은 J. M. W. 터너를 비롯한 다른 예술가들에게 큰 영향을 미쳤다.

하지만 뉴턴의 업적을 다르게 평가하는 예술가들도 있었다. 사실 뉴턴은 예술적 감식안이 없는 편이었다. 그는 조각을 일컬어 '돌로 된 인형들'이라고 비하했으며, 아이작 배로의 말을 빌려 시란 '독창적인 헛소리의 일종'이라고 폄훼했다. 그래도 많은 예술가들은 뉴턴이 새로운 아름다움의 영역을 개척했다고 생각했다. 그중에는 영국 시인 제임스 톰슨도 있다. 마조리 니콜슨의 지적에 따르면, 톰슨과 몇몇 동료들은 무지개나 일몰 등의 현상을 '뉴턴 식 시각'으로 바라보는 연습을 했다고 한다.[4]

해가 기울고 구름이 흘러가는 지금 이 정경,

그리니치, 그대 사랑스런 언덕에서 바라보는 풍경도 내게 알려주나니

얼마나 올바르며 얼마나 아름다운가, 굴절의 법칙이란.

M. H. 아브람스의 표현을 빌리면 톰슨은 "오로지 뉴턴만이 아

름다움을 있는 그대로 바라보았다"고 믿은 듯하다.

18세기와 19세기 초 낭만파 시인들 사이에 벌어졌던 분열은 지금 우리에게도 존재한다. 한쪽에는 탐구와 조사가 아름다움을 해친다고 생각하는 이들이 있고, 다른 한쪽에는 오히려 아름다움을 깊게 한다고 믿는 이들이 있다. 한번은 물리학자 리처드 파인먼이 예술가 친구로부터 비난을 들은 일이 있었다. 친구는 예술가는 꽃의 아름다움을 그대로 음미하지만 과학자는 그것을 차갑고 멋기 없는 사물로 조각내버린다고 주장했다. 물론 파인먼이 한 수 위였다. 그는 되받아치기를, 과학자로서 자신은 꽃의 아름다움을 덜 느끼는 게 아니라 더 느낄 수 있다고 했다. 가령 꽃의 세포 속에서 벌어지는 아름답고 복잡한 활동들을 음미할 수 있고, 꽃의 생태, 진화 과정에서의 역할을 이해할 수 있다. 파인먼은 말했다. "과학 지식은 꽃에 대한 찬탄과 신비로움, 경외심을 더욱 크게 만들어준다."[5]

그런 사실들을 안다고 해서 꽃에 대한 감상이 손상되는 건 아니다. 음향학을 배운다고 해서 비발디의 〈사계〉를 감상하는 데 문제가 되지 않듯이 말이다. 세상에 대한 경이감을 잃지 않으려면 과학으로부터 도망칠 게 아니라 과학에 참여해야 한다. 박식한 천문학자에 대한 해결 방법은 좋은 천문학자를 갖는 것이다. 세상에 대한 경이를 함께 나눌 천문학자 말이다.

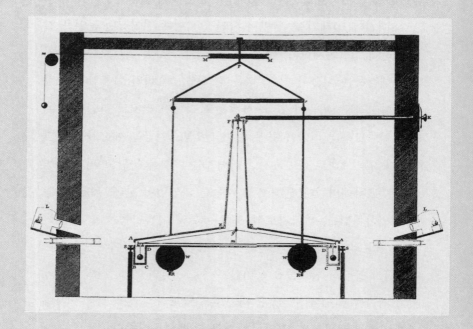

헨리 캐번디시가 지구의 밀도를 재기 위해 고안한 장치.

다섯

캐번디시의 엄격한 실험

18세기의 위대한 화학자이자 물리학자 중 한 사람인 영국의 헨리 캐번디시는 가장 성격이 이상한 과학자이기도 했다. 스스로와 과학을 위해서 다행스러웠던 것은 그가 귀족 집안에서 태어나 상당한 유산을 물려받은 덕에 내키는 대로 관심사를 연구할 여건이 되었다는 점이다. 그 결과 캐번디시는 매우 특별한 실험 하나를 완성할 수 있었는데, 이후 백 년간 다른 이들이 아무리 노력해도 정밀도를 크게 향상시킬 수 없었을 정도로 정교한 실험이었다.

캐번디시(1731~1810)는 날카롭고 신경질적인 목소리를 가졌으며, 거짓말 안 보태고 딱 50년 전에 유행하던 구닥다리 옷가지들을 걸치고 다녔다. 또 어떻게 해서든 사람들을 피해 다녔다. 최초의 캐번디시 전기를 쓴 왕립학회 과학자 조지 윌슨의 기록에 따르면, 캐번디시의 동료들은 그의 옷차림이 자기네들 할아버지와 똑같다고 말했다. 그는 세 개의 귀퉁이가 위로 잡힌 모자를 썼다. 그들은 또 말하기를 캐번디시는 "심각할 정도로 숫기가 없고 수줍음이 많아서 거의 병적이었다".[1] 사람들을 소개받는 시련에 처할 때면 캐번디시는 조용히 그들의 머리 너머를 응시했다. 괴로움을 참지 못해 방을 뛰쳐나갈 때도 있었다. 가끔은 사람이 붐비는 방의 문전에 얼어붙은 듯 가만히 서 있기도 했다. 말 그대로 들어설 엄두를 내지 못했던 것이다. 차를 탈 때는 열린 창 너머로 자신의 모습이 보이는 것이 싫어 서둘러 구석에 숨었다. 매일같이 산책을 했는데 늘 같은 시각에 같은 길을 걸었으며 우연히 아는 사람이라도 마주칠까봐 길 한복판으로만 걸었다. 한번은 이웃들이 그의 규칙적인 산책로를 알아채고는 동네 제일의 괴짜를 구경하려고 모여든 적이 있었다. 캐번디시는 그후로 일정을 바꾸어 한밤중에 산책을 나갔다. 캐번디시의 초상화는 딱 하나가 남아 있을 뿐인데 그마저도 몰래 그려진 것이다. 동료들은 대놓고 청하면 수줍음 많은 캐번디시가 당연히 거절할 것이라 생각하여 왕립학회 저녁 모임에 몰래 화가를 초청했다. 화가는 식탁 끝 쪽에 앉아서 캐번디시의 얼굴을 마음껏 관찰했다. 아무리 캐번디시 가문의 좌우명이 카벤도 투투스(Cavendo tutus, '조심하면 안전하다')였다지만, 헨리 캐번디시의 행동을 보면 그는 이 조언을 병적이라 할 만큼 극단적으로 받아들였던 것 같다.

캐번디시는 두 살 때 어머니를 잃었는데 그래서인지 몰라도 특히 여성을 두려워했다. 그는 여자 가정부에게 직접 지시를 내리는 대신 매일 잠자리에 들기 전에 다음날 할 일과 요리를 적은 쪽지를 탁자에 놓아두었다. 한번은 실수로 계단에서 가정부와 마주치는 일이 있었다. 그는 곧바로 뒤편에 층계를 하나 더 만들어 다시는 그런 일이 벌어지지 않도록 했다. 왕립학회의 한 지인은 이렇게 회상했다.

어느 날 저녁, 우리는 매우 아름다운 한 소녀가 길 건너편 집의 높은 창에서 밖을 내다보는 모습을 보았다. 그녀는 철학자들이 식사하는 광경을 구경하고 있었다. 그녀는 우리의 눈길을 끌었다. 사람들은 하나둘 자리에서 일어나 창가로 몰려들어서는 그 어여쁜 얼굴을 쳐다보았다. 우리가 달을 보고 있다고 생각한 캐번디시는 특유의 기묘한 몸짓으로 바삐 우리 쪽으로 다가왔다. 하지만 우리의 진짜 관심사를 알아차리고 강한 경멸을 표하며 얼른 등을 돌렸다. 그리고 투덜거렸다. 흥![2]

캐번디시는 일상생활에서나 일에서나 늘 극도로 규칙적이었다. 그의 저녁 메뉴는 언제나 양고기 다리 요리였다. 윌슨은 캐번디시의 일정이 "별들의 움직임을 다스리는 법칙마냥 고정적이고 강제적인" 법칙에 따라 이루어졌다고 표현했다.

그는 매년 똑같은 옷을 입었고 유행 따위에는 신경도 쓰지 않았다. 그는 마치 혜성의 출현시기를 계산해내듯이 새옷을 만들 재단사가 도착할 시간을 계산하기도 했다…… 왕립학회 클럽의 모임에 가서는 항상 똑같은 모자걸이에 모자를 걸었다. 지팡이는 부츠에 꽂아 세워뒀는데 언제나 같은 쪽 부츠에만 넣었다…… 그러니까 그의 삶은 훌륭하게 만들어진 지적인 태엽 장치나 마찬가지였다. 그리고 그는 규칙에 맞춰 산 것처럼 죽을 때도 규칙에 맞춰 죽었다. 그는 어떤 특별한 발광 천체의 일식을 예견하는 것처럼 자신의 죽음을 예견했고(실제로 그의 죽음을 그렇게 표현할 수도 있겠다), 저 너머의 세상이 그림자를 드리워 어둠의 장막으로 자신을 덮는 마지막 순간을 계산했다.[3]

조심스럽고 통찰력 있는 작가였던 윌슨은 전기의 대상인 인물에 대해 양면적인 감정을 느꼈다. 한 사람의 인간으로서 캐번디시를 평가하는 대목에 이르러 윌슨은 있는 힘껏 고뇌하고 애쓴 끝에, 이 기묘하면서도 뛰어난 사람에 대해 다음과 같은 주목할 만한 표현을 내놓았다.

도덕적으로 볼 때 [그의 인간성은] 백지나 다름없었고, 다만 일련의 부정문으로서만 묘사될 수 있었다. 그는 사랑하지 않았다. 그는 미워하지 않았다. 그는 바라지 않았다. 그는 두려워하지 않았다. 다른 사람들과 달리 그는 무언가를 섬기지도 않았다. 그는 자발적으로 동료 인간들로부터 고립되었으며 분명 신으로부터도 그러했다. 그의 성품에 성실하거나 열정적이거나 영웅적이거나 기사도적인 요소는 전혀 없었으나 그와 마찬가지로 야비하거나 비굴하거나 고상하지 못한 요소도 없었다. 그에게는 감정이란 것이 거의 없었다. 지성으로 온전히 이해할 수 없는 것, 혹은 공상이나 상상력, 애정, 믿음을 발휘해야만 감상할 수 있는 것들은 캐번디시에게는 불쾌할 뿐이었다. 내가 그의 글을 읽을 때 느끼는 것이라곤 끊임없이 사고하는 지적인 두뇌, 관찰을 위해 존재하는 너무나 예리한 한 쌍의 눈, 실험이나 기록을 맡는 재주 좋은 두 손뿐이다. 그의 뇌는 계산기에 지나지 않았던 것 같다. 그의 눈은 눈물의 샘이 아니라 시각의 통로일 뿐이다. 그의 손은 감정에 휩싸여 떨리는 일이 없으며 경탄, 감사, 절망으로 마주 잡지도 않는 조작 도구일 뿐이다. 그의 심장은 그저 혈액 순환을 위해 존재하는 해부학적 기관이다. 그러나 우리가 "인간사 그 어떤 것도 나와 무관하지 않다"는 격언을 거꾸로 실천하는 듯한 이 존재를 사랑할 수 없다면, 동시에 혐오하거나 경멸할 수도 없는 것이다. 그는 "여러 요소들이 무리 없이 조화되어 있다"고 평가받는 위인들이 지녔던 다양한 재능들을 발전시키지 못했고 그런 면에서는 거의 퇴화 수준이었다. 하지만 그래도 그는 진정한 천재였다. 약간의 지성, 가슴, 대단한 상상력을 지닌 시인이나 화가나 음악가들에 못지않은 천재였다. 세상은 그의 앞에 기꺼이 무릎을 꿇었다.[4]

그의 천재성은 세상을 바라보는 특별한 관점, 그 속에서 맡은 과학자로서의 역할에 있었다. 윌슨은 계속해서 이렇게 말한다. "그가 생각하는 세상은 무게 달고, 헤아리고, 측량할 수 있는 수많은 물체들의 집합으로 구성된 것 같다. 그는 자신에게 허락된 70년의 세월

동안 그 물체들을 최대한 많이 무게 달고, 헤아리고, 측량하는 일이야말로 자신이 부름 받은 소명이라고 여겼다."

캐번디시는 런던 근교 클래펌에 있는 주 거처 중 작은 방 하나를 침실로 쓰고 나머지는 모두 각종 과학 기기들로 가득 채웠다. 온도계, 계기판, 각종 측량 도구, 천문 관측 도구, 기구를 제작하는 도구들도 있었다. 위층들은 천문 관측소로 탈바꿈했고 정원에 선 제일 큰 나무에는 캐번디시가 제작한 기상 관측 도구들이 올려졌다. 집요한 도구 제작자였던 캐번디시는 기존의 시료 저울, 전자 기기, 수은 온도계, 지리 측정 도구, 천문 기기들을 개량하여 중요한 발전을 이루어냈다. 그러나 기구의 겉모양은 전혀 신경 쓰지 않아서 때때로 그가 만든 기구들은 괴상하기 그지없었다. 과학사학자들은 그의 기구들에 대해 '조잡한 외모, 그러나 흠 잡을 데 없는 완벽함'을 갖췄다고 묘사했다(어느 날 그의 가정부는 캐번디시가 요강을 가져다가 증기 발생기를 만들어놓은 것을 보고 깜짝 놀랐다).

과학자의 성격이 작업에 미친 영향에 대해 연구하는 과학사학자들에게 캐번디시의 경우는 좋은 사례라 할 수 있을 텐데, 다만 방향이 거꾸로다. 과학이 그의 성격에 영향을 미쳤던 것이다. 악명 높을 정도로 신경증적인 이 인물은 정밀한 측정에 필요한 갖가지 작업들 덕분에 그나마 기능적인 삶을 유지할 수 있었다. 측정 작업을 통해 에너지를 생산적으로 집중해 배출할 수 있었을뿐더러 왕립학회 동료 회원들에게서 받는 존경으로 인해 최소한의 사회적 대인관계가 유지되는 효과도 있었다. 동료들의 존경은 정당한 것이었다. 캐번디시의 업적은 하나같이 중요하면서 폭넓었기 때문이다. 사실 그의 업적은 동료들의 생각보다 훨씬 더 대단했다. 캐번디시는 과학적 발견을 사유 재산쯤으로 여기는 바람에 발표하지 않고 둔 것이 많았다. 꼭 은둔자적 기질에서만은 아니었고, 모든 실험을 늘 진행형으로 간주하는 탓도 있었다. 그는 언제나 보다 정교하게 만들 수 있다고 믿었던 것이다. 50년에 걸쳐 집요하게 연구를 수행했으면서도 논문을 고작 스무 편도 안 썼으며 책은 한 권도 내지 않았다. 그래서 옴의 법칙(전압, 저항, 전류의 상관관계를 설명한 법칙)과 쿨롱의 법칙 (전하를 띤 두 개의 물체 사이에 작용하는 힘을 묘사한 법칙)은 그것들을 최초로 알아낸 캐번디시의 이름으로 기억되지 않고 있다. 만족을 모르는 화가의 다락방에 아무렇게나 방치된 걸작들처럼, 이 발견들은 캐번디시의 공책에 수십 년이나 꼭꼭 숨어 있었다. 한참 뒤에 이것을 발굴해낸 편집자들과 역사학자들이 얼마나 경악했을지 생각해보라.

윌슨은 또 이렇게 썼다.

아름다운 것, 숭고한 것, 영적인 것들은 모두 그가 바라보는 세상의 지평 너머에 존재하는 것 같다…… 자연철학자들 중에는 뛰어난 미적 감각을 갖춘 교양 있는 이들이 많았으며 한두 가지 예술 분야, 또는 모든 순수 예술 분야를 즐겼던 이들도 많았다. 그러나 캐번디시는 그중 어떤 것에도 관심이 없었던 것 같다.[5]

헨리 캐번디시는 대신 보다 깊고 보다 엄격한 미학에 이끌렸다. 그는 무엇을 측정하면 좋을지, 어떻게 측정해야 가장 간단할지에 대해 거의 본능적이라 할 만한 감각을 지녔다. 그리고 기구의 정밀도를 최고로 끌어올리는 데 쉴 새 없이 몰두했다. 서른다섯 살이던 1766년에 처음으로 논문을 발표했는데 화학적 측정에 관한 연구였다. 마지막 논문은 죽기 1년 전인 1809년에 발표했으며 천문학적 측정에 관한 내용이었다. 그사이 세월에 그는 수많은 것들의 무게를 재고 측량했으며 그것도 매우 정확하게 수행했다.

그가 잰 물체 중에는 지구도 포함된다. 지구의 밀도를 결정하기 위해 수행했던 1797~1798년의 실험은 캐번디시의 역작이다. 그 실험은 광적으로 정밀성을 추구하는 그에게도 최고로 까다로운 과제였다. 그는 아주 많은 중요한 발견들을 해냈지만 '캐번디시 실험'이라는 이름이 붙게 된 실험은 바로 이 실험이다. 과학사학자들은 뉴턴의 **결정적 실험**을 가리켜 발견 실험이라고 부른다. 이론이 빈약한 영역을 파헤침으로써 뜻밖의 새로운 자연 속성을 밝혀냈기 때문이다. 뉴턴은 또 일련의 연속된 실험들 중에서 하나를 추려내어 작업 전체를 대표하는 시연으로 제시했다. 반면 캐번디시 실험은 측정 실험이다. 극단적 정밀도 때문에 가치 있는 실험이고 정밀했기 때문에 성공한 실험이다. 연속된 실험들의 일부가 아니었으며, 상대적으로 잘 정리된 이론의 바탕 위에 구성된 것이었다. 이 실험은 시간이 갈수록 점점 더 높은 평가를 받았다. 처음에 캐번디시는 지구의 밀도, 실질적으로는 '무게'를 재려고 시도했던 것이지만, 뉴턴의 중력 법칙을 간결한 현대 수학 공식으로 정리한 과학자들 입장에서는 캐번디시의 실험이 또 다른 의미를 지니게 되었다. 몰라서는 안 될 값인 'G', 즉 만유인력 상수의 값을 결정하는 실험으로도 완벽하기 때문이다.

캐번디시는 처음에 정확도에 관한 문제를 생각하다가 이 실험에 도달했는데 그로서는 전형적인 과정이었다. 1763년, 영국의 천문학자 찰스 메이슨과 측량기사 제레미아 딕슨이 몇 년 동안 해결되지 않고 있는 펜실베이니아와 메릴랜드의 경계선 분쟁을 풀기 위해 식민지 대륙으로 파견되었다. 그들의 작업 결과가 유명한 메이슨-딕슨 선으로, 이후 남북전쟁을 겪게 되는 미국 역사에서 중요한 의미를 지니는 경계선이다. 캐번디시는 그들의 작업이 얼마나 정확했는지 궁금했다. 왜냐하면 경계선의 북서쪽에는 앨러게니 산맥이 있어서 산의 육중한 질량이 메이슨과 딕슨의 측량 기기에 작으나마 분명한 인력을 미쳤을 것이기 때문이다. 경계선 남동쪽에는 산의 인력을 상쇄할 만한 질량을 가진 지형이 없었다. 바로 대서양에 면했는데 물은 암석보다 밀도가 훨씬 작다.

산맥과 바다의 밀도 차에 대해 생각하다보니 캐번디시의 머릿속에 지구의 평균 밀도가 얼마나 될까 하는 궁금증이 떠올랐다. 이 주제는 측량가들뿐 아니라 물리학자, 천문학자, 지질학자 등 여러 과학자들의 관심을 끄는 문제였다.

뉴턴에 따르면 두 개의 물체 사이에 존재하는 인력은 그들의 밀도에 비례한다. 천체들이 서로 미치는 상대적 인력을 알면 그들의 상대 밀도를 알아낼 수 있다. 가령 뉴턴은 계산을 통해 목성의 밀도가 지구 밀도의 4분의 1이라는 것을 알아냈다. 또 지표면 토양물질과 광산 속 물질의 상대 밀도를 근거로 하여 지구의 밀도에 대해서도 추측했는데, 결과는 놀랍도록 정확했다. 뉴턴은 "지구를 구성하는 물질 전체의 밀도는 지구가 물로 이루어졌다고 가정할 때보다 대여섯 배 정도 크다"고 했다.[6] 하지만 누구도 실제 그런지 재어볼 방법을 생각해내지 못하고 있었다. 일단은 밀도가 알려진 두 물체 사이의 인력을 측정해야 한다. 그 인력의 크기와 물체들의 밀도 사이의 비를 계산한 뒤 이들과 지구 사이의 인력을 측정하면 비율에 의해 지구 전체의 밀도를 계산할 수 있다. 그러나 실험실에서 측정 대상으로 삼을 만한 물체들이 일으키는 인력은 너무 미미할 것이라서 뉴턴을 비롯한 과학자들은 측정이 아예 불가능하리라 짐작했다. 대안이라면 밀도가 알려진 커다란 지형 물질(기하학적 모양으로 생겼고 지질학적으로 균질한 산 같은 물질)이 어떤 작은 물체, 가령 늘어진 추를 끌어당기는 힘, 즉 추가 움직이는 정도를 정확하게 측정하는 것이다. 하지만 계산을 시도해본 뉴턴은 낙담에 빠져 이렇게 썼다. "산맥 전체라 해도 감지할 만한 영향을 보이기에는 충분하지 않을 것이다."[7]

어쨌든 지구 밀도 문제는 천문학자, 물리학자, 지질학자, 측량가들에게 여전히 급박한 과제였다. 그래서 왕립학회는 1772년에 지구 밀도 측정을 위한 '인력 위원회'를 구성하기에 이른다. 천문학자

네빌 매스켈린의 표현에 따르면 '물질의 만유인력을 감지하기 위한' 노력이었다. 캐번디시도 속했던 이 위원회는 추 방법을 시도하기로 결정했고 1775년, 학회는 실험을 수행하기 위한 원정대를 조직하고 후원했다. 실험의 설계는 캐번디시가 거의 다 했지만 실제 수행은 매스켈린이 했다. 실험은 쉬햘리언(Schiehallion, '끝없는 폭풍')이라는 이름을 가진 스코틀랜드의 한 산에서 진행될 것인데, 거대하지만 균형 잡힌 산이었다. 궂은 날씨 때문에 몇 차례 연기되곤 한 끝에 마침내 실험을 마쳤을 때, 매스켈린은 인근의 스코틀랜드 농부들을 모아놓고 아주 성대한 잔치를 벌였다. 그런데 위스키가 한 통이나 축난 잔치 중에 누군가의 실수로 불이 났고, 잔치가 열리고 있던 오두막이 몽땅 타버렸다. 이 성대한 잔치 이야기는 지역 사람들의 입으로 전해져 게일 민요에까지 녹아들었다.[8]

원정대가 런던으로 돌아온 후 한 수학자가 관찰 결과를 놓고 계산을 수행했다. 지구 밀도와 산의 밀도 비가 $\frac{9}{5}$ 이며 산의 밀도가 물의 밀도보다 2.5배 크다고 가정했을 때, 지구의 밀도는 물의 밀도보다 4.5배 크다는 결론이 나왔다. 매스켈린은 측정의 공로로 훈장을 받았고, 왕립협회 회장은 실험 결과를 공표하던 중 환성을 지르며 뉴턴의 체계가 드디어 '완성되었다'고 선언했다.

캐번디시가 음주 연회에 참석하지 않았다는 것은 말할 필요도 없다. 그는 실험의 무대인 쉬햘리언 산에 가보지도 않았다. 매스켈린이나 여타 왕립학회 회원들과는 달리 캐번디시는 결론에 따라붙은 여러 가정들 때문에 마음이 편하지 않았다. 지구 밀도와 산의 밀도 비가 $\frac{9}{5}$ 라거나 산의 밀도가 물의 밀도보다 2.5배 크다는 사실을 어떻게 확신할 수 있는가? 산의 물질 구성과 정확한 부피를 확인하기 전에는 지금 측정되었다고 하는 지구 밀도는 영원히 근삿값일 수밖에 없다. 캐번디시의 결론은, 지구의 밀도를 정말 정확히 측정하기 위해서는 조성과 모양이 잘 알려진 물체들을 동원해 실험실에서 실험하는 수밖에 없다는 것이었다. 난점에 대해서는 그도 잘 알고 있었다. 측정해야 할 힘의 크기가 너무나 작다는 문제였다. 위대한 뉴턴도 커다란 산이라도 측정 가능할 정도의 영향을 보이지 못할 것이라고 했는데 어떻게 실험실에서 수행할 수 있을까?

캐번디시는 자기 특유의 해결 방식을 따랐다. 다른 일들을 연구하면서 몇 년간 이 문제에 대해 깊이, 조용히 생각을 거듭했고, 마침내 몇 안 되는 친구 중 하나인 존 미첼 목사와 의논을 했다. 미첼은 목사이자 지질학자로 지구의 내부 구조를 연구하고 있었다. 그와 캐번디시는 1760년에 왕립학회에 함께 입회한 사이이기도 했다. 1783년, 미첼은 거대한 망원경을 제작하는 야심찬 작업을 수행하던 중 건강이 나빠져 어려움을 겪고 있었다. 그 사실을 안 캐번디시는 친구에게 편지를 써서 "건강 때문에 그 주제를 파고들기 어렵다면 차라리 보다 쉽고 덜 고생스런 업무, 즉 지구의 무게를 재는 일을 해보는 것이 낫지 않겠습니까"라고 권했다.[9]

미첼도 캐번디시와 마찬가지로 여러 가지 실험들을 수행하고 있었기에 실제로 지구의 무게를 재는 기구를 만드는 데는 무려 10년이 걸렸다. 하지만 그는 실험에 착수하기도 전에 죽었고 캐번디시가 남은 기기를 이어받았다. 캐번디시는 몇 년 동안 기기를 다듬어 정밀도를 높인 뒤 1797년 가을에 실험을 시작했다. 그는 벌써 67살이었지만 믿기지 않을 정도의 정력을 실험에 쏟았고, 한번 관찰을 시작하면 한 시간씩 꼼짝하지 않았으며, 끈질기게 오류 원인을 찾아냈다. 그리고 끝없이 개량을 거듭했다. 그 결과를 담은 57쪽짜리 논문은 1798년 6월에 왕립학회의 『철학 회보』에 실린다.[10] 논문에서 캐번디시가 오류 원인을 추적하는 작업에 대해 어찌나 꼼꼼하고 길게 설명했던지, 어떤 이는 "마치 오류에 관한 논문인 것 같다"고 불평하기도 했다. 논문은 이처럼 거두절미하고 간단하게 시작한다.

수년 전, 지금은 고인이 된 학회 회원 존 미첼 목사가 지구의 밀도를 결정하는 방법을 고안했다. 부피가 작은 물질의 인력을 감지하는 방법이었다. 하지만 그는 다른 연구들에도 매달려 있었기 때문에 사망하기 불과 얼마 전에야 비로소 기구의 제작을 끝마쳤다. 그 기구로 실험을 해보지도 못하고 그는 사망했다……

기구는 매우 단순하다. 우선 1.8미터 길이의 나무 팔이 있어야 하는데 무게는 가볍지만 상당한 힘을 지탱할 수 있는 것이어야 한다. 이 막대기에 1미터 길이의 얇은 줄을 묶어 바닥과 수평으로 매단다. 막대기의 양끝에는 구리로 된 지름이 5센티미터 정도인 공을 붙인다. 다음엔 전체 구조물을 길쭉한 나무 상자에 넣어 가둔다. 바람으로부터 보호하기 위해서다.

· · ·

    미첼은 천장에 매달아둔 막대기의 양끝에 역기처럼 5센티미터 지름의 금속 구 두 개를 단 다음, 20센티미터 지름의 구 두 개를 5센티미터 공 가까이 움직임으로써 두 공 사이에 작용하는 인력을 재려 했다. 막대기에 매달린 작은 공 옆으로 무게가 큰 공을 천천히 갖다붙인다는 계획이었다. 천장에서 막대기를 내려다본다고 상상하면, 가령 작은 공들이 12시와 6시 방향에 있을 것이고 큰 공들은 1시와 7시 방향에 있을 것이다. 각 쌍의 공들(큰 공 하나, 작은 공 하나) 사이에 작용하는 인력 때문에 막대기가 끌어당겨지고, 움직일 것이다. 막대기를 매달고 있는 줄은 매우 유연하므로 막대기는 조금이나마 앞뒤로 흔들린다. 이 진동의 크기를 측정하면 공 사이에 작용하는 인력의 크기를 계산할 수 있다. 공과 지구 사이 인력의 크기는 알고 있으니 실험에서 얻은 정보와 합치면 지구의 평균 밀도를 결정하기에 충분할 것이다.

    하지만 캐번디시의 논문은 두번째 장부터 바로 미첼의 방법에 존재하는 주요한 문제점들을 지적하기 시작한다. 우선 공 사이의 인력은 말도 못하게 작은 크기일 것이다. 공 무게의 5천만 분의 1 정도일 것이다. 캐번디시는 이렇게 썼다. "아주 사소한 방해 요소라도 실험의 성공을 파괴하기에 충분할 것임이 분명하다." 기류, 자기력, 기타 외부의 영향력이 약간만 존재해도 실험은 불가능할 것이다. 따라서 미첼의 기구를 물려받은 캐번디시는 "상당 부분을 새롭게 개조하기로 결정했다". 캐번디시에 따르면 "바라는 만큼 충분히 편리하지 않았기 때문"이었다.

'편리'라는 것은 대단히 완곡한 표현이다. 캐번디시는 기기의 정밀도를 높이기 위해 정말 끈질기게 작업했다. 처음 취한 조치는 더 큰 공으로 교체하는 것이다. 30센티미터 지름에 각 158킬로그램씩 나가는 공들이 사용되었다. 그래도 방해 요소들로부터 보호하는 것은 변함없이 중요한 일이었는데, 다행스럽게도 캐번디시는 그런 작업에 기꺼이 온몸을 던질 준비가 되어 있는 사람이 아닌가. 외부 요소들의 영향을 줄이고 통제하는 일은 그의 강박적 성격에 잘 들어맞는 완벽한 도전이었다.

가장 분명하고도 해결하기 어려운 문제는 방 안의 온도 문제였다. 기기의 한쪽 부분이 주변보다 조금이라도 따뜻하다면 그 주변의 공기가 상승할 것이고, 방 안에 기류가 형성되어 막대기를 흔들 것이다. 방에 있는 사람의 체온조차도 용납할 수 없었으며 전등의 열기도 마찬가지였다.

이 오류 원인을 차단할 필요를 강하게 느꼈기 때문에, 나는 기구 전체를 방에다 가두고 방은 처음부터 끝까지 닫은 채로 두며 막대기의 움직임은 방 밖에서 망원경을 써서 관찰하기로 결정했다. 납으로 된 공들도 적절히 매달아서 방에 들어가지 않고도 움직일 수 있도록 했다.

그래서 캐번디시는 클래펌의 집 정원에 있는 작은 건물의 한 방을 폐쇄하고 그 안에 미첼의 설계를 개량하여 만든 상자와 공 기구를 설치했다. 하지만 방에 들어가지 않고 실험을 수행하기 위해서는 몇몇 요소들을 추가로 재설계해야 했다. 캐번디시는 무거운 공들을 도르래에 설치함으로써 방 밖에서 천천히 조금씩 움직일 수 있게 했다([그림 5-1]). 역기처럼 막대기 끝에 달린 두 작은 공에는 소위 버니어 측정기 같은 역할을 하도록 상아로 된 지침을 부착했는데, 덕택에 작은 공의 위치를 백분의 1센티미터보다 정밀하게 잴 수 있었다. 벽에는 망원경을 달아서 방 밖에서 지침을 관찰할 수 있게 했다. 대체로 어두운 가운데 진행하길 원했으므로 망원경 위마다 전등을 달았고 망원경 렌즈에서 나온 빛이 작은 유리창을 넘어 지침에 가 닿도록 했다.

  실험이 시작되면 그는 무거운 공을 움직여서 막대기에 달린 채 상자에 갇혀 있는 가벼운 공 근처로 천천히 옮겼다. 두 공 사이의 인력이 막대기를 끌어당길 테고 막대기는 움직일 것이다. 그 미세한 진동을 측정하려면 두 시간에서 두 시간 반 가량 주의 깊게, 눈을 떼지 말고 지켜봐야 할 때도 있었다.

  최고 수준의 정밀도를 추구하며 기구를 개량하는 과정에서 캐번디시는 소위 '실험가의 타협'이라 불리는 상황에 직면했다. 실험의 각 요소들은 최적의 수준으로 견고하고 정확할 필요가 있지만 어떤 선을 넘어서는 안 된다. 하나를 개선하려다가 다른 부분에 바람직하지 못한 영향을 미칠 우려가 있기 때문이다. 가령 막대기에 달린 공을 더 크게 하면 어떨까? 인력의 크기를 키워주므로 좋을 수도 있

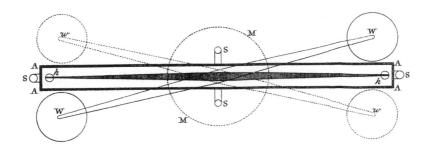

[그림 5-1] 캐번디시의 그림. 상자에 갇힌 막대기 양 끝에 작은 공이 붙어 있다. 바깥에는 더 무거운 공들이 서서히 움직여 상자 가까이로 간다.

지만 공을 지탱하는 막대기와 줄에 무게를 더함으로써 정교하지 못하게 할 수 있다. 그것을 상쇄하려고 막대기를 강한 것으로 바꾸면 줄에 압력이 가해질 것이다. 줄을 더 강한 것으로 바꾸면 이번엔 더 큰 힘으로 당겨야만 줄이 움직이는 상황이 될 것이므로 실험의 민감도가 떨어지고, 무거운 공으로 인한 현상을 방해하는 셈이 된다. 캐번디시의 천재성은 이 문제를 잘 다루는 데서 유감없이 드러났다. 그는 현상을 극대화하면서도 실험의 전반적인 정밀도를 높이려면 각 요소들에 대해 어느 정도의 타협을 해야 하는지 아주 잘 알았다.

캐번디시가 제일 걱정한 부분은 기류의 문제였지만, 무거운 공을 지탱하여 가벼운 공 근처로 움직이게 해주는 철선들이 인력에 영향을 미칠까 하는 점에도 신경이 쓰였다. 그래서 그는 공을 치운 뒤 선 자체가 발휘하는 인력만 따로 쟀으며, 다음에는 아예 구리선으로 교체해 혹시라도 자기력을 미치지나 않는지 확인했다. 또 막대기를 매단 줄이 충분히 탄력적인지도 고민했다. 그는 줄을 갖고도 이런저런 시험을 했고, 그 결과 탄력에 문제가 없다는 것이 밝혀졌는데도 기어코 더 나아 보이는 것으로 바꿨다. 5센티미터 지름의 금속 공이 지구의 자기장 속에 일정한 방향으로 오래 놓인 탓에 약간이라도 자성을 띠게 되었을까봐 주기적으로 두 공의 위치를 교대해주었고, 정말 자성이 연관된다면 어떤 결과가 나올까 알기 위해 공을 자석으로 교체해 실험해보기도 했다. 이것이야말로 우리가 '실험가의 조심성'이라고 부르는 것이다. 실험 중에 신경 쓰이는 요소가 있다면 그것을 측정 가능한 수준까지 되레 확대시킨 뒤 상쇄시킬 방도를 조심스럽게 찾아보는 것이다. 캐번디시는 막대기 및 작은 공을 감싼 마호가니 상자 그리고 큰 공 사이에 작용하는 인력이 문제가 될까봐 걱정했고 측정 결과 그로 인한 영향은 미미한 것으로 드러났는데도 논문에 부록을 붙여 이 문제를 따로 논하기까지 했다. 이런 일들을 해내는 데는 그저 근면한 것 갖고는 부족했다. 캐번디시는 각각의 경우에 어떤 일이 벌어지는지 제대로 분석하며, 영향을 미치는 힘이 존재하는지 추적하고, 측정하고, 보완하기 위해서 자신이 쌓은 방대한 당대 최고의 과학 지식, 전자기학에서부터 열전도, 수학, 중력 이론에 이르는 지식들을 총동원해야 했다.

캐번디시는 두 쌍의 공의 밀도를 알고 있었고, 공들과 지구 사이의 인력 크기도 알았다. 이제 두 공 사이 인력의 크기만 재면 물체들 사이의 인력 비에 따라서 물체들 사이의 밀도 비를 알게 되고, 그러면 바로 지구의 평균 밀도를 계산할 수 있었다. 캐번디시는 이렇게 결론 내렸다. "실험을 통해 지구의 밀도는 물의 밀도보다 5.84배 크다는 것을 알게 되었다." 그는 만족감을 숨기지 않은 채 "상당한 정확도가 있는" 결과라고 자부했다. 또 25년 전에 뭇사람들의 찬사를 받았던 쉬헬리온 산의 측정 결과와 자신의 결과에 차이가 있다는 사실을 회심의 미소와 함께 지적하며 이렇게 적었다. "내가 예상했던 것보다도 논문에서 말한 결론과의 차이가 훨씬 컸다." 하지만 특유의 조심스러움과 절제를 잊지 않았다. 그는 "내가 미처 측정하지 못한 어떤 불규칙성 때문에 앞서 말한 결론이 영향을 받았을 수도 있으므로, 그 점을 좀더 면밀히 검토해보기 전까지" 단언은 삼가겠다고 말했다.

논문의 앞부분에서 캐번디시는 기류를 일으킬 만한 한 가지 요인이 있는데 "그로 인한 결함은 앞으로의 실험에서 바로잡으려 한다"고 썼다. 분명 그는 실험이 여전히 진행 중인 작업이라고 보았으며 보다 정교한 결과를 추구하기 위해 잠시 쉬어가는 것이라 생각했다. 그에게는 개선하고자 하는 아이디어가 넘쳐났다.

그러나 이후 수많은 사람들이 그의 실험을 반복하게 되었으나 정작 자신은 실험을 다시 하지 못했다. 이후 백 년 동안 과학자들은 새로운 기술을 적용해가면서 보다 정밀한 결과를 얻어보려 노력했지만 누구도 이렇다 할 성과를 이루지 못했다. 캐번디시의 실험에 존재했던 가장 큰 실수는 매우 그답지 않게도 수학 계산의 오류였던 것으로 드러났는데, 한 후대 과학자가 발견해냈다.

그런데 그 백 년 동안, 실험을 둘러싸고 이상한 변화가 일어났다. 실험의 목적이 진화한 것이다. 지구 전체의 밀도 값이 과학적으로 별로 중요하지 않은 수치가 된 반면 뉴턴의 만유인력 법칙을 현대적으로 표현한 방정식에 들어 있는 한 가지 값이 훨씬 중요하게 여겨지게 되었다. 뉴턴의 발견을 현대적 용어로 말하면, 질량이 각 M_1과 M_2이며 거리 r만큼 떨어진 두 개의 구형 물질 사이에 존재하는 중력으로 인한 인력 F의 크기는 질량의 곱을 거리의 제곱으로 나눈 후 중력의 세기를 뜻하는 'G'라는 상수를 곱한 것과 같다. 즉 $F = \dfrac{GM_1M_2}{r^2}$ 이다. 캐번디시는 뉴턴의 법칙을 이런 형태로 이해하지 못했으며 매우 중요한 상수인 G 역시 그의 논문에는 전혀 등장하지 않는다. 하지만 후대의 과학자들은 캐번디시의 감탄스러우리만치 정교한 실험을 통해서 G값을 쉽게 측정할 수 있다는 것을 깨달았다. 곧 실험은 원래의 목적인 지구 밀도 측정을 위해서가 아니라 G값을 알기 위한 용도로 수행되게 되었다. 1892년에 실험을 시도했던 한 과학자는 이렇게 썼다. "상수 G의 보편성 있는 성질에 대해 생각하다보면 이 실험의 목적을 지구의 질량을 알아내는 것이라거나 지구의 평균 밀도를 알아내는 것, 또는 더욱 부정확하게도 지구의 무게를 재는 것 따위로 설명하는 일이 숭고한 것을 우스꽝스럽게 끌어내리는 것처럼 여겨진다."[11]

캐번디시 사후 50년쯤 지난 무렵인 1870년대에 케임브리지 대학에 그의 이름을 딴 연구소가 지어졌다. 지금은 유명해진 이 캐번디시 연구소는 당시 대학 총장의 기부로 설립된 것인데 총장은 캐번디시의 먼 친척이었다.

요즘 학생들도 캐번디시의 실험을 수행한다. 물론 실험의 기본 요소들은 유지하지만 보다 발전된 측정 기법, 이를테면 막대 끝 공에 부착된 거울에 레이저를 반사시켜 편향 각을 잰다거나 하는 방식을 쓴다. 올바르게 수행한다면 이 실험을 통해 모든 물질, 온 우주를 한데 묶는 힘의 크기를 구할 수 있다. 그 수치를 통해 우리는 지구를 공전하는 물체들의 운동, 태양계 내 행성들의 운동, 빅뱅 이후 현재까지 은하들의 운동을 이해할 수 있는 것이다.

늘 양면적인 입장을 취했던 윌슨은 자신의 전기 주인공에 대해 이런 글을 남겼다.

그는 인류로부터 정당한 감사를 받지 못한 은인들 중 하나였다. 그는 참을성 있게 사람들을 가르치고 섬겨왔으나, 그들은 그의 차가움을 탓하며 그를 꺼리고, 그의 괴상한 면을 놀려댔다. 그는 사람들에게 달콤한 노래를 불러주지 못했고, '영원한 기쁨'의 원천이 될 '아름다운 것'을 창조해주지도 못했으며, 사람들의 기운을 북돋아주지도, 신실함이나 열정을 깊게 해주지도 못했다. 그는 시인도, 사제도, 예언자도 아니었고, 다만 차갑고 명료한 지성의 존재일 뿐이었다. 순수한 하얀 빛, 손길 닿는 모든 것을 밝혀주지만 따뜻하게 해주지는 않는 빛과 같았다. 지적인 자들의 천계에서 그는 일등성은 아니었다. 그러나 그의 빛은 최소한 이등성에 값하는 것이었다.[12]

헨리 캐번디시가 창조한 아름다움은 색다르다. 그가 사용한 도구는 꼴사나웠고 과정은 지루했으며 수학은 복잡했다. 그러나 혹독하리만큼 엄격한 방법론, 사냥감이 시야에 들어올 때까지 끈질기게 오류 원인을 추적하고 사소한 요소들까지 점검하는 태도 덕분에 캐번디시의 실험은 타의 추종을 불허할 정도로 질서정연하고, 간명하고, 엄격한 아름다움을 갖추게 된 것이다.

대중문화 속의 과학

사실 매스켈린이 등장한다는 게일 민요 〈금빛 머리 아름다운 런던 소녀(A Bhan Lunnainneach Bhuidhe)〉는 과학과 아무 상관이 없는 노래이며 지구 밀도 측정을 위해 벌어졌던 쉬핼리온 산의 실험과도, 이후 벌어졌던 연회와도 상관이 없다. 당시 잔치에 참석했던 악사가 만든 노래는 그저 악사의 바이올린에 관한 것인데 ("나의 재산 나의 연인"), 그 바이올린 또한 취객들이 낸 불길에 타버렸던 것이다. 매스켈린이 등장하는 까닭은 그가 새 바이올린을 사주겠다는 약속을 지켰기 때문이다.

한마디로 말해 그 민요는 대중문화에서 유리된 과학의 모습을 보여주는 예에 지나지 않는다. 보통 영화에서 과학은 뭔가 다른 것을 위한 구실로 등장한다. 추격전, 추리, 그도 아니면 선악의 갈등 구도를 위해서이며 과학 그 자체는 배경으로 물러나 있다. 과학자로 나오는 배역들은 좁은 범위 내의 피상적인 역할에 머무는데, 이를테면 똑똑하지만 악한 악당이거나 기술에 대해선 모르는 것이 없지만 그 밖의 면에 있어서는 무능력하고 사교적이지 못하고 사회성에 문제가 있는 샌님이기 쉽다. 〈E. T.〉나 〈스플래시〉 같은 영화에서 차갑고 감정 없는 과학자들은 활기차지만 어딘가 모르게 무방비 상태인 주인공들을 거의 죽음으로까지 몰고 간다.

예술이나 대중문화는 사회가 지닌 야망과 불안을 그대로 나타내는 긴요한 장이기 때문에 이들이 과학 및 과학적 주제들을 어떻게 녹여내느냐 하는 것은 대단히 중요한 문제다. 그래서 예술이나 대중문화가 과학 및 과학적 주제들을 성공적으로 통합해 보여준 사례가 거의 없다는 것은 매우 심란한 사실이다. 갈릴레오의 시대 이래 과학은 점점 더 우리 일상과 떼려야 뗄 수 없는 근원적 관계를 엮어오고 있기 때문이다. 과학은 차갑고 멀다는 전형적 이미지가 반복적으로 유포되면 과학은 갈수록 이해하기 힘들고 비인간적인 것으로 여겨지고, 나아가 위협적이고 잠재적으로 위험한 것으로까지 인식된다. 또 과학 속의 아름다움을 음미하고자 하는 노력에 훼방이 되는데, 과학이 이 세상과 세상의 온갖 경이로움에 얼마나 깊이 침투해 있는지 보지 못하게 눈을 가리기 때문이다.

좋은 의도를 가진 예술가라 해도 과학을 작품 속에 녹여내기란 여간 어려운 일이 아니다. 과학 실험의 아름다움을 감상하는 데 준비가 필요하다는 기분이 든다면 과학에서 영감을 얻은 예술작품들을 직접 만나보는 것도 좋겠다. DNA 구조 발견 50주년을 맞았던 2003년에는 그런 작품들이 대중에게 여럿 소개되었다. 많은 미술관들이 그 주제의 전시회를 기획했었다. 『뉴욕 타임스』에 기고하는 비평가 사라 박서는 이때 다음과 같이 꼬집기도 했다. "DNA와 마찬가지로, DNA 예술은 해독을 필요로 한다." 그녀는 몇몇 전시장에서의 경험을 설명하면서 마치 음악 공연을 즐기고 있는데 옆에서 누군가 귀에 대고 끝없이 각 악절의 의미를 해설해주는 것과 비슷하더라고 말했다. "DNA와의 연관을 이해하려면 산더미 같은 읽을거리를 보아야만 했다."[1]

복잡한 인간사의 상황들을 묘사할 수 있다는 점에서 연극 또한 과학을 통합해내기에 좋은 무대다. 하지만 연극에서도 어떤 인간적 상황을 보다 그럴싸하게, 혹은 보여주기 적합한 식으로 포장하기 위해 역사적 진실이나 과학적 진실을 훼손하는 일이 적잖이 있었다. 한 예로 하이나르 키프하르트의 연극 〈오펜하이머 사건〉을 들 수 있다. 그 유명한 1954년 오펜하이머 청문회 원고를 바탕으로 한 연극이다. 맨해튼 프로젝트의 성공에 가장 큰 기여를 한 오펜하이머는 수소폭탄의 개발 초기에 반대 입장을 취한 것 때문에 적대자들의 반감을 샀다. 여기에 과거의 좌익 정치활동까지 문제가 되어 결국 보안정보 취급 불가 조치를 받는데, 청문회 당시 그는 그 조치를 되돌리려 노력하고 있었다. 그런데 키프하르트는 실제와 달리 연극에서 오펜하이머에게 최후 변론을 시켜야겠다고 생각했고, 그 밖에도 몇 가지 점들을 사실과 달리 조정했다. 오펜하이머는 단호히 반대했다(오펜하이머는 키프하르트의 작품을 수정하기 위해 프랑스 출신 배우이자 연출가와 작업을 하기도 했는데, 안타깝게도 역사적 사실에 있어서 보다 엄밀해진 결과는 생기가 없어진 작품으로 나왔다).

과학적 감수성을 가진 작품을 쓰는 극작가로는 〈햅굿〉이나 〈아르카디아〉의 작가 톰 스토파드가 있다. 그는 과학 용어, 심상, 발상들을 효과적으로 활용하여 연극적 효과를 얻는 작가이다. 반면 연극적 감수성을 가진 작품을 쓰는 과학자로는 『무원죄 잉태』를 쓴 칼 제라시, 제라시와 함께 『산소』라는 연극을 쓴 로알드 호프먼이 있다. 그들은 연극을 효과적으로 끌어들여 과학적 주제들을 극화할 줄 아는 작가들이다.

과학과 연극을 성공적으로 완전히 통합해낸 몇 안 되는 작품 중 하나로 마이클 프레인의 〈코펜하겐〉이 있다. 주인공은 셋으로 과학자인 베르너 하이젠베르크와 닐스 보어, 보어의 아내인 마가레테다. 연극은 관중 몇몇을 무대 안쪽에 앉힘으로써 마치 법관석에 앉은 것처럼 나머지 관중들과 얼굴을 마주보게 하는데, 사람들은 그로써 모든 관찰자가 관찰을 당하고 어떤 관찰자도 스스로를 볼 수는 없게 된다는 점을 칭찬하며 불확정성 원리를 연극적으로 표현한 것이라고 평한다. 그러나 내 생각에는 이 연극의 독창성을 가장 잘 집어낸 평은 아니다. 연극적 행위가 하나의 계산된 인공물이라는 자의식을 갖는 일은 연극 그 자체만큼이나 오래된 관념이기 때문이다. 그보다 훨씬 가치 있고, 과학을 성공적으로 통합하는 데 핵심적인 역할을 한 요소는 오히려 마가레테라는 배역의 존재다. 그녀는 어떻게 보면 고대 연극의 코러스 같은 역할을 수행한다. 그녀는 우리의 대리인이다. 하지만 단순한 관찰자는 아니며, 사건에 이해관계가 있고 감정 이입도 할 수 있는 일반인으로서 일상의 언어로 사건을 설명받길 원하는 입장에 있다. 그녀는 지금 휘말린 그 사건들에 깊이 발을 담근 상태다. 심지어 문자 그대로 사건들 중 몇몇을 써

내려가는 데 도움을 주기도 한다. 닐스 보어는 글쓰기를 너무나 어려워한 나머지 난독증이라는 의심을 받을 정도였기에 대부분의 논문과 편지를 다른 이들에게 구술시켰으며 마가레테에게도 도움을 구했던 것이다. 그러므로 마가레테는 최소한 공모자의 처지다. 그녀는 자신이 궁금해 하는 사건들로부터 멀찌감치 떨어져 있는 존재라고 착각하지 않는다.

마가레테를 통해 우리는 우리 역시 이미 과학에 깊이 발을 담그고 있다는 사실을 깨우친다. 과학이란 이 사회에 둥지를 튼 거대한 하나의 조직에 지나지 않는다고 생각하는 이들도 있다. 하지만 과학은 현대 사회에 너무나 속속들이 녹아 있다. 스스로를 이해하고 세상과의 관계를 이해하려 할 때 결코 빼놓을 수 없는 요소가 되어 버렸다. 과학으로부터 멀찌감치 떨어져 있겠다고 하는 것은 이제 불가능하다. 과학은 동떨어진 조직이라기보다 차라리 경제계 같은 체계에 가깝다. 여기서 벌어지는 변화는 무수한 방식으로, 가끔은 예측 불가능한 방식으로 사회 전반에 널리 파급될 것이다. 과학과 인간 사회, 그리고 인간의 자기 이해가 뗄 수 없이 밀접한 관계를 맺고 있다는 점을 생각한다면 〈코펜하겐〉이 그저 예외적인 작품으로만 남아서는 안 될 것이다. 〈코펜하겐〉 같은 작품들이 훨씬 더 많이 씌어져야 하고, 씌어질 수 있어야 한다. 그것은 또 우리가 이미 갖고 있는 전통적인 아름다움의 장 안에서 과학의 자리가 더욱 넓어지리라는 것을 뜻한다.

가까이 난 두 개의 슬릿을 통해 들어온 빛(위쪽)이 간섭 패턴을
드러내는(아래쪽) 모습을 그린 토머스 영의 그림.

여섯

파동으로서의 빛

영의 빛나는 비유

영국 신사 토머스 영(1773~1829)은 친우회(퀘이커 교도)의 일원으로서 엄격한 교육을 받았다. 영은 스물한 살이 되던 무렵부터는 종교 활동에 활발하게 나서는 대신 음악이나 예술, 승마, 춤 등에서 재미를 찾게 되었지만, 이미 성격의 큰 부분은 퀘이커 교도로서의 배경에 의해 형성된 터였다. 그것은 강점이기도, 약점이기도 했다. 이상적인 퀘이커 교도답게 그는 정직하고, 예의 바르고, 솔직했으며, 독립적이고 끈기 있는 성품의 소유자였다. 이런 기질들이 그가 빛의 파동적(당시의 용어로는 '파상적') 속성을 발견하는 데 도움이 된 것은 틀림없다. 그것은 뉴턴이 지지하던 기존의 빛 입자(혹은 '미소체') 이론을 정면으로 거스르는 발견이었다. 하지만 영은 역시 전형적인 퀘이커 교도답게 차가워 보일 정도로 말수가 적다는 문제가 있었다. 그는 결론으로 이어지는 추론 과정을 일일이 밝히지 않은 채 간결한 요점만 자신 있게 내놓음으로써 다른 사람들을 괴로움에 빠뜨리곤 했다. 때로는 경력에 방해가 될 지경이었고, 남들이 그의 작업을 받아들이게 하는 데도 걸림돌이 되었다.

그러나 한편, 직접적이고 경제적인 것을 좋아하는 취향이 실험가로서의 그의 능력, 즉 요점이 명료하고 반박의 여지가 없는 시연을 고안하는 재주에 반영되었다고 볼 수도 있다. 그의 실험들 중 가장 유명한 것은 소위 이중 슬릿 실험으로서 요즘은 간단하게 '영의 실험'이라고 불린다. 뉴턴의 믿음과는 달리 빛이 작은 입자들의 흐름이 아니라 파동처럼 행동한다는 사실을 눈부시게 명료한 방식으로 증명한 실험이었다. 영의 실험은 과학에서 비유를 성공적으로 활용한 고전적 사례이기도 하다. 빛이 파동처럼 행동한다는 사실을 또렷이 보여줌으로써 이 실험은 우리에게 '존재론적 섬광'의 순간을 제공했다. 단번에 사물들을 이전에 인식하던 모습과는 뿌리부터 다르게 바라보게 되며, 그로써 새로운 의미를 발견하게 되는 순간 말이다.[1]

17 73년에 태어난 영은 출생 직후부터 신동 소리를 들었다. 두 살에 글 읽기를 배웠고 여섯 살에는 성경을 처음부터 끝까지 두 번이나 완독한데다 독학으로 라틴어 공부를 시작할 정도였다. 그는 곧 십여 가지 언어에 숙달했다. 이집트 상형문자를 해독한 최초의 학자들 중 한 사람이었으며 로제타석*을 해석하는 데도 중

요한 기여를 했다.[2]

영은 1792년부터 1799년까지 의학 공부를 했는데 개업의로서는 성공을 거두지 못했다. 성격상 환자를 잘 위로하지 못하는 것도 실패의 한 가지 원인이었다. 이 시기에 영은 시각의 문제, 특히 놀랄만치 적응력이 강하고 복잡한 렌즈인 인간의 눈 구조에 관심을 갖게 되었다. 그는 여러 분야의 의학을 공부하면서 소리 및 인간의 목소리에도 관심을 가졌고, 나아가 소리와 빛이 근본적으로 비슷한 것이 아닌지 의심하기 시작했다. 소리는 공기의 파동에 의해 만들어지는 것이라고 알려져 있었다. 영은 점차 빛 역시 파동으로 구성된 것이라 확신하게 되었다. 그런데 이것은 기존 이론에 배치되는 생각이었다. 당시 사람들은 뉴턴이 '미소체'라고 부른 자그만 모종의 입자들이 빛을 이루고 있으며, 발광체로부터 우리 눈까지 그 입자들이 일직선으로 전달되어 오는 것이라고 믿었다.

빛이 파동적 속성을 보일 때가 있다는 사실은 1660년대부터 여러 과학자들이 지적한 바였다. 회절 문제도 그런 경우였다. 이탈리아 과학자 프란체스코 그리말디가 확인한 내용에 따르면, 빛이 벽에 난 좁은 틈을 지나면 환한 띠 모양 빛살의 가장자리가 약간 뭉개져 보였다. 빛이 슬릿 모서리를 지나며 회절하거나 구부러진다는 증거였다. 또 다른 예로 굴절, 즉 빛이 다른 매질로 진입하면서 구부

---

* Rosetta Stone, 1799년 나일 강 하구 로제타 마을에서 발견된 비석 조각으로, 이집트 상형문자 해독의 실마리가 되었다.

러지는 현상도 있다. 뉴턴의 숙적인 로버트 후크는 빛이 입자가 아닌 파동으로 이루어졌다고 가정하면 굴절 현상을 더 쉽게 설명할 수 있다고 주장했다. 덴마크 과학자 에라스무스 바르톨린이 다루었던 복굴절이란 기묘한 현상도 있었다. 1668년에 아이슬란드를 탐사하던 원정대가 특이한 결정석을 발견한 뒤 알려진 현상인데, 그 아이슬란드 빙주석에 들어간 빛은 두 갈래로 갈라진 후 서로 다른 방향으로 진행했다. 이 현상은 당대 과학자들을 혼란스럽게 했으며 입자 이론으로는 어떻게도 설명하기 어려워 보였다.

하지만 위의 현상들은 작은 것에 불과했으므로 과학자들은 그냥 넘겨버리고 싶어 했다. 어차피 그것들이 서로 연관된 현상인지 아닌지, 연관되었다면 어떻게 이어져 있는지 확실히 알 도리도 없었다. 뉴턴은 파동설에 대항하는 반대 논지를 설득력 있게 펼쳤다. 그는 수많은 관찰 결과들이 파동설과 모순된다고 지적하고 회절이나 굴절 같은 작은 이상 현상들에 대해서는 다른 설명 방식이 존재할 수 있을 것이라고 기대했다. 1704년에 뉴턴이 『광학』에 썼듯, 파동은 일직선으로만 진행하지 않고 진행 경로를 가로막은 방해물 주변을 에둘러 갈 수 있다. 하지만 빛은 그렇지 않은 듯 보였다.

고인 물 표면에 일어난 파동은 나아가던 중 너른 물체를 만나 가로막히면 옆으로 비껴간다. 장애물 뒤로 구부러져 점차 넓어지면서 뒤편의 고요한 물로 퍼져간다. 파동, 고동 또는 소리의 근원인 공기의 진동 등은 수면파만큼은 아니지만 그래도 분명히 구부러진다. 소리를 내는 물체가 언덕에 가로막혀 눈에 보이지 않는다 해도 그 종소리나 대포 소리를 들을 수 있다. 소리는 울퉁불퉁 구부러진 파이프를 통해서도 쉽게 전달된다. 하지만 빛이 구부러진 경로를 통해서 전달된 예는 여태껏 없다…… 고정되어 있는 별은 가운데에 행성이 끼어들면 대번 보이지 않게 된다……[3]

영은 뉴턴의 권위에도 불구하고 소리와 빛이 유사한 현상일지 모른다는 생각에 빠져들었다. 의학 일이 그의 시간을 많이 뺏거나 관심사에 제약을 주는 바가 거의 없었으므로 그는 얼마든지 이 문제에 매달려 과학 탐구를 수행할 수 있었다. 그는 '실용적인 기계학적 개선 지식'을 널리 알리고 '과학을 실용적인 용도로 일상에 폭넓게 적용하는 법을 가르친다'는 목표로 막 설립된 왕립 과학연구소의 모임에 정기적으로 참석했으며 급기야 1801년에는 의사 일을 그만두고 연구소에 정식 교수진으로 합류했다. 그의 주된 임무 중 하나는 학회 회원들을 대상으로 '자연철학과 기계 기술'에 관한 연속 강의를 준비하고 행하는 것이었다. 전업 과학자로서 영의 강점이 생생히 드러난 이 강의들은 요즘의 역사학자들이 금광처럼 소중히 여기는 것인데, 당대의 과학지식 전 영역을 정확하고도 간결하게 요약한 탁월한 강의들이기 때문이다. 영이 전문가 수준의 지식을 갖추지 못한 과학 분야란 찾아보기 힘들 정도다. 영은 강의를 통해 몇 가지 과학의 기초 개념들을 도입하기도 했다. 청중들은 '에너지'라는 단어가 현대적인 의미로 최초로 쓰이는 것을 목격했다. 그러나 사실 듣기에 고역인 강의들이기도 했다. 영이 워낙 함축적이고 생략이 많은 방식으로 강의한데다 다루는 주제가 어마어마하게 넓기도 해서 정신없이 사람의 진을 빼는 지적 묘기나 다름없었기 때문이다. 영은 왕립 연구소의 교수로는 단 2년간 재직했을 뿐이다. 왕립학회는 그의 재능에 더 어울리는 보직이 있음을 깨닫고 1802년, 그를 학회 외무 간사로 임명했다. 여러 언어에 통달한 그에게 적격이었다. 그는 죽을 때까지 그 자리를 지켰다.

왕립 연구소에 합류하기 일 년 전인 1800년, 영은 소리와 빛의 유사성을 탐구한 「소리와 빛에 관한 실험과 탐구 개요」라는 논문을 발표했다. 이것은 그의 첫번째 주요 업적이었다.[4] 그가 이 비유를 확장해 완성함으로써 자신의 이름을 딴 실험을 소개하게 되는 것은 그후로도 수년이 지나서다. 하지만 1800년의 논문은 중요한 첫걸음이었고, 과학 저술의 역사에서 중대한 업적이었다. 유명한 실험의 기반이 될 개념, 즉 간섭이라는 개념을 최초로 묘사한 논문이기 때문이다. 한마디로 두 개의 파동이 교차할 때 나타나는 결과는 파동들의 개별적 운동 효과를 결합한 것과 같다는 개념이다. '간섭'이라는 용어는 그다지 적절하지 않은데, 뭔가 불법적이고, 타락하고, 질 나쁜 것을 가리키는 듯 들리기 때문이다. 실제로는 두 개의 사물이 결합하여 새로운 것을 창조해내는 현상인데 말이다. 아마도 이 점을 염두에 두었던지 영 자신은 보다 우아한 용어인 '융합'이란 말을 쓰기도 했다.

사실 뉴턴은 영에 앞서 간섭이라는 발상을 불완전하게나마 개념화한 적이 있다. 오늘날 베트남의 하이퐁 근처에 있는 항구로서 당시 통킹 왕국에 속했던 밧샤라는 곳의 조수 현상을 설명할 때였다. 17세기 영국 상인들은 통킹과 교역을 하러 드나들다가 항구의 해수가 뭔가 이상하다는 점을 알아챘다. 1684년, 밧샤를 방문했던 영국인 여행가가 이상한 조수 패턴에 대해 묘사한 편지를 『철학 회보』에 기고했다. 내용은 이랬다. 14일마다 조수가 잠잠한 날이 왔는데 그날은 물이 들지도 나지도 않았다. 그사이에는 물이 단 한 번 들었는데 7일 동안 서서히 차올라 최고가 되었다가는 나머지 7일 동안 서서히 가라앉았다. 많은 과학자들이 이 기묘한 현상에 관심을 보였고 뉴턴 역시 역작 『프린키피아』(1688)에서 이에 대한 해석을 시도했다. 뉴턴은 말하기를, 항구에 도달하는 해수는 중국해와 인도양이라는 서로 다른 두 바다에서 각기 오는데, 서로 길이가 다른 해협을 거쳐 오므로 한쪽은 6시간마다 도착하는 반면 다른 쪽은 12시간마다 도착한다고 했다. 한쪽에서 만조일 때 다른 쪽에서 간조이면 둘이 결합한 결과 조수가 사라진 듯한 효과가 나서, 음력으로 세었을 때 매월 두 차례씩 모든 고저가 잦아들고 수위가 고정되는 시점이 생긴다는 것이다.[5] 요즘의 시각으로 보면 이것이야말로 파동 간섭의 한 예겠지만 뉴턴은 통찰을 일반화하지 못했다. 그는 이것을 파동의 속성으로 인식하지 못했으며 그저 어떤 특정 장소에서 벌어지는 특이한 중첩 현상이라고만 보았다.

영은 1800년 논문에서 음파의 간섭에 대해 다루었다. 알고 보면 논문의 많은 장들이 빛에 관한 이야기였지만 간섭 현상을 빛에까지 직접적으로 일반화하여 주장하지는 않았다. 영의 통찰은 간섭이라는 개념을 파악해낸 것, 그것이 파동 운동의 기본 속성임을 깨달은 것, 파동이 교차하는 곳에서는 언제나 벌어지는 현상임을 이해한 것에 있다. 그런데 안타깝게도 그는 개념의 독창성과 자신이 발견에 기여한 바를 모호하게 기술했다. 영은 개념 자체를 내세우지 않았다. 그는 그저 음파가 서로 교차할 때 매질(가령 물 분자나 공기 분자)의 각 입자는 두 파장의 운동성을 종합하여 가진다는 사실만 서술했을 뿐이다. 그는 자신이 최초의 발견자라고 주장하지 않았다. 발견 내용을 쉽고 분명하게 설명했으며, 겸손하게도 다른 과학자의 작업을 다소 수정한 것인 양 소개했을 뿐이다.[6]

다음해가 되어서야 영은 간섭 개념을 물과 빛에까지 확장했다. 그는 후에 이렇게 썼다.

내가 법칙을 발견한 것은 1801년 5월의 일로서, 뉴턴의 아름다운 실험들에 대해 숙고하던 차였다. 내가 보기에 그 법칙은 이제까지 알려진 어떤 광학 원리보다도 훨씬 훌륭하게 다양한 흥미로운 현상들을 설명해내는 것 같았다.

나는 이 법칙을 비교법을 통해 설명하고자 한다. 호수 표면에 일정한 높이의 물결파가 지속적으로 일고 있다고 가정하자. 속도도 일정한 물결은 좁은 통로를 통해 호수를 빠져나간다. 이제 비슷한 원인에 의해 또 하나의 일정한 물결파가 발생하여 첫번째 물결파와 같은 속도로 진행한 뒤 바로 그 통로에 동시에 도달한다고 생각하자. 두 연속 파동은 서로를 파괴하지 않을 것이며, 다만 둘의 효과가 중첩되어 나타날 것이다. 만약 양쪽 모두 파동의 마루인 상태일 때 통로에서 만난다면 그로 인해 더 높은 물 높이를 보일 것이다. 반대로 한쪽은 마루인데 다른 쪽은 골인 상태일 때 만난다면 정확히 그만큼이 메워져 버려서 수면의 높이는 높낮이 없이 유지될 것이다. 이론을 통해서건 실험을 통해서건 적어도 나는 이보다 나은 설명을 알아내지 못했다.

이제 나는 두 줄기의 빛이 이처럼 섞였을 때도 비슷한 효과가 벌어진다고 주장하고자 한다. 이것을 빛의 간섭에 관한 일반 법칙이라 부르겠다.[7]

물결파의 간섭에서 두 개의 파동이 고점끼리, 즉 기술적 용어로는 최대 '진폭'일 때 만나면 서로 보강을 일으켜 그 지점에서 훨씬 높은 물 높이를 보인다. 반면 '상쇄 간섭'에서는 두 파동이 고점과 저점으로 만나 수면의 높이에 변화가 없다. 빛의 간섭에서도 비슷한 현상이 벌어진다. 빛 파동의 진폭은 빛의 세기와 연관되며 따라서 간섭하는 빛의 진폭이 서로 보강하는 경우에는 그 지점의 명도가 높아 밝게 보이고, 상쇄하는 진폭으로 만난 경우에는 서로의 빛을 차단하여 어둡게 보인다.

영은 간섭이란 개념을 활용함으로써 그때까지 혼란스럽게만 여겨졌던 많은 현상들의 해석에 빛을 던졌다. 가장 극적인 일은 '뉴턴 링' 현상을 설명한 것이었다. 뉴턴 링이란 볼록 렌즈를 유리판에 밀착시켰을 때 일련의 동심원이 띠로 형성되는 현상인데, 영은 뉴턴의 묘사를 기초로 살펴보았을 때 띠 중에서 어두운 부분이 상쇄 간섭이 일어난 영역이라고 해석했다.

영의 해설에는 때로 모호한 부분이 있었지만 그가 제시한 실험들은 그렇지 않았다. 그가 소개한 실험들은 하나같이 명료하고도 단순했으며 주제에 대한 철저한 이해를 바탕으로 한 것들이었다. 일례로 1803년에 영은 「물리 광학에 관한 실험과 계산」이라는 논문을 왕립학회에 제출했는데 글은 다음과 같이 시작한다.

> 그림자에 동반하는 색깔 줄무늬들에 대해 실험하던 중, 나는 두 줄기 빛의 간섭 법칙을 증명해줄 너무나 명료한 한 가지 현상을 발견했다…… 이에 내게는 너무나 결정적으로 보이는 그 사실들에 대해 간단히 왕립학회에 알리는 것이 바람직하다고 생각한다…… 내가 서술하고자 하는 실험은 햇빛이 비치는 때라면 언제든 매우 쉽게 반복할 수 있는 것으로서 누구나 손쉽게 구할 수 있는 도구 이상의 복잡한 것을 요하지도 않는다.[8]

제시한 실험들 중 첫번째 실험은 이랬다. 영은 바늘로 작은 구멍을 낸 두꺼운 종이로 창을 가린 다음 구멍을 통해 가는 빛이 한줄기 새어들어 반대편 벽에 떨어지게 했다. 그 뒤에 '폭이 13분의 1인치 정도 되는 얇은 종잇조각'을 빛살 가운데 끼어 넣자, 종이 때문에 생긴 작은 그림자 양끝에 무지갯빛 줄무늬가 생겼을뿐더러 그림자 내부에도 회절로 인한 무늬가 나타났다. 영은 그림자 속에 흑백 띠가

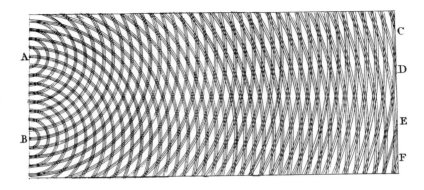

[그림 6-1] 두 개의 파원에서 발생한 일련의 파동들이 간섭하는 모양을 그린 영의 그림.

교차된 줄무늬가 생긴 것을 보았는데 그것이 오늘날 간섭 패턴의 전형적 흔적으로 불리는 무늬다.

영이 왕립 연구소에서 했던 강의들을 모아 1807년에 출판한 자료를 보면 그의 도해와 시연들이 얼마나 굉장한지 알 수 있다. 23번째 강의였던 〈수리학의 이론에 관하여〉에서는 물결파의 간섭 개념을 다루었다. 그는 강의를 위해 물결파를 두 곳에서 일으킬 수 있는 얕은 수조를 하나 제작했다. 두 개의 파동이 이루는 마루와 골 때문에 정상파 형태의 굴곡이 생기고, 간섭 패턴을 눈으로 똑똑히 볼 수 있는 기구였다. 오늘날 고등학생들이 물리 수업에서 흔히 보는 물결 수조의 전신인 셈이다([그림 6-1]).

39번째 강의인 〈빛의 속성에 대하여〉에서는 빛의 간섭 개념을 다루었다. 강의를 위해서 영은 한 가지 시연을 고안했는데, 빛의 간섭 현상을 가장 직접적으로 보여주는 실험일 뿐 아니라 빛이 파동으로 행동한다는 사실 자체를 잘 보여주는 고전적 실험이다. 영의 설명은 다음과 같다.

매우 작은 구멍 또는 슬릿이 두 개 난 막에다가 단색광을 쏘아 보낸다. 그러면 두 개의 슬릿은 빛이 발산하는 중심점으로 작용한다. 빛은 그로부터 온 방향으로 회절되어 나간다.

두 개의 구멍 내지는 슬릿은 말하자면 물결 수조에 설치된 두 개의 파원에 해당한다. 물결 수조에서 간섭 패턴을 볼 때는 위에서 내려다보면서 두 개의 파원을 중심으로 퍼져나온 동심원들끼리 겹치는 모양을 관찰하지만, 이 실험에서는 막에 떨어진 빛의 무늬를 관찰하게 된다.

이 경우, 가까이 생성된 두 개의 빛줄기가 퍼져가는 중간에 그것을 막는 벽을 세운다면, 빛은 거의 일정한 간격마다 어두운 띠가 늘어선 줄무늬로 갈라진다. 벽을 구멍에서 먼 곳에 세울수록 띠의 간격은 넓어지는데, 그때도 구멍으로부터 온 방향으로 거의 일정한 각도를 이루는 것은 변함없다. 또 구멍끼리의 거리를 가깝게 할수록 띠 사이 간격은 마찬가지 비율로 넓어진다.[9]

간섭 패턴이란 빛이 평행하게 늘어선 줄무늬를 보이는 것인데, 밝은 띠 부분은 빛 파동이 보강 간섭한 곳이고 어두운 띠 부분은 상쇄 간섭한 곳이다.

나는 이 실험을 집에서도 쉽게 할 수 있다고 말하는 과학책들을 여럿 보았다. 손전등, 바늘, 마분지 약간, 암실만 갖추면 된다는 것이다. 하지만 믿지 마시라. 직접 시도하려 나섰던 나는 오후 내내 허탕만 쳤다. 물론 할 수야 있겠지만 제대로 수행하려면 대단한 주의가 필요하다. 줄무늬를 아예 보지 못하거나 기껏해야 회절로 인한 그림자를 보게 될 뿐이다. 마분지 가장자리에서 빛이 회절한 것, 혹은 손재주 없는 사람이 낸 구멍의 불규칙한 부분에 의해 산란된 것만 보게 되기 십상이다. 종이, 마분지, 면도칼로도 할 수야 있지만 문제는 모서리가 매끈한가 하는 점이다. 그래서 교육용 과학도구 제작 회사들이 사각형 플라스틱에 슬릿을 낸 물건을 판매한다. 이 실험을 제대로 수행하기란 정말 어렵다. 과학사학자 나훔 킵니스는 숨김없이 간결한 퀘이커 교도식 문장을 구사한 영의 글들을 꼼꼼하게 점검한 후 결론을 내렸는데, 영조차도 최소한 한 번은 회절로 인한 무늬를 간섭 패턴으로 착각했다고 한다.[10]

영의 실험을 두고 빛의 입자설에 대한 파동설의 승리를 가져온 기념비적 작품이었다고, 눈이 있는 사람이라면 누구나 설득되지 않을 수 없는 사건이었다고 평할 수 있다면 참 좋겠지만, 사실 그렇지는 못했다. 거기에는 몇 가지 이유가 있다.

첫째는 예의 그 영의 태도 때문이었다. 그는 정교하게 측정하고 철저하게 계산했지만 자신의 추론 과정을 설명하거나, 실제 측정 결과를 기록하거나, 심지어 실험에 대한 꼼꼼한 묘사를 남기는 데는 너무나 무심했다. 이 때문에 동료들은 영을 이해하는 데 어려움을 겪었으며, 설령 이해한 이들이라도 쉽게 설득당하지 않았다. 게다가 천성이 겸손했던 영은 빛의 파동설 및 간섭 개념에 대해 발견의 권리를 주장하고 나서는 일이 거의 없었다. 심지어 1801년에는 뉴턴의 저작들을 감명 깊게 읽었다고 얘기하면서 선배 뉴턴이야말로 "내가 열심히 주장하는 그 이론을 사실상 처음으로 제안한 사람이었다"고까지 말했다. 이런 태도 역시 발상의 독창성을 무디어 보이게 하는 요인이었다.

두번째는 불운 탓이다. 영은 하필이면 당시 인기 있던 신생 문예지 『에든버러 리뷰』에 기고하는 영향력 있는 작가, 헨리 브룸의 표적이 되었던 것이다. 뉴턴을 숭앙하는 브룸은 세 부분으로 구성된 통렬한 비난문을 익명으로 게재하여 영을 공격했다. 감히 대가에 반기를 들다니, 하는 내용이었다. 이런 식이다.

우리는 묻는다. 한때 뉴턴이 환하게 밝혔던 과학의 세계가 마치 패션의 세계처럼 유행에 따라 이리저리 바뀔 수 있는 것이던가? 멍청한 여인네들이나 유행만 좇는 철없는 자들의 의견에 따라 방향이 결정되는 세계처럼? 왕립학회의 출판물들은 왕립 연구소에 드나드는 숙녀들을 위해 새롭게 유행하는 이론들을 싣는 장으로 변질된 것인가? 이 무슨 수치인가! 교수는 무해하지만 하찮기 그지없는 무수한 흥밋거리들로 청중을 계속 현혹시키도록 하라. 다만, 유서 깊은 지식의 보고, 뉴턴, 보일, 캐번디시, 매스켈린, 허셜의 업적들을 간직하고 있는 소중한 보고에는 절대 발을 들이지 말도록 하라![11]

어지간해서는 동요하지 않는 영도 이때는 무척 화가 났다. 영은 답신을 준비했는데 19세기의 관례에 따라 소책자로 출간했다. 하지만 과학자들이란 대개 이런 식의 공공연한 싸움에 능란한 자들이 못 된다. 그들은 대중이 아니라 동료 과학자들을 설득시키도록 단련된 사람들이다. 영은 무미건조하고 짜증난 듯한 문투로 답신을 작성했기에 공격자보다 훨씬 재미없는 글을 낳고 말았다. 사실에 충실하되 단조롭고 방어적인 글로서, "직접 실험을 해본 다음에도 그런 말을 할 수 있다면 그때 결과를 부정하도록 하라"는 식의 주장이었다. 영의 소책자는 딱 한 부 팔렸다고 한다.

이처럼 영이 자신의 발상을 적절히 홍보하지 못한 탓에 빛의 파동 이론은 매우 느리게 전파되었다. 영의 시연으로부터 15년이 지난 후, 프랑스 과학자 오귀스탱 프레넬이 간섭 현상을 재발견한다. 그는 오늘날 '프레넬 겹프리즘'이라 불리는 납작한 프리즘을 써서 빛을 두 줄기로 나누는 방법으로 이중 슬릿 실험의 변형판 실험을 구성했다(10장에서 살펴보겠지만 그후로 영의 실험은 크게 두 가지 방법으로 수행되게 된다. 영의 이중 슬릿 방법과 프레넬의 겹프리즘 방법이다). 프랑스 과학자들은 이 발견에 열렬한 지지를 보냈고, 덕분에 주류 과학 사회는 마침내 빛의 파동론을 수용한다. 뒤늦게나마 영의 공로도 인정받게 되었다.

간섭 현상은 빛의 파동론을 확증했을 뿐 아니라 과학 탐구에 유용한 새로운 도구로까지 기능하였다. 간섭 패턴은 단순한 무늬로 드러나므로 쉽게 알아볼 수 있다. 어떤 현상이 간섭 패턴을 보인다면, 그 물체는 파동의 속성을 지녔다고 할 수 있다.

대부분의 과학자들은 파동 이론에 여전히 문제가 많다고 생각했다. 특히 골치 아픈 점은 빛 파동이 지나는 매질의 문제였다. 음파는 공기의 파동이고, 물결파는 물의 파동이다. 그렇다면 그에 상응하는 빛의 매질은 무엇일까? 빛은 **무엇의** 파동일까? 전통적인 대답은 '에테르'라는 눈에 보이지 않는 물질이 우주 공간을 가득 메우고 있다는 것이었다. 사람이 별을 바라보면 별에서 시작된 파동이 우주 공간의 에테르를 통해 전달되어 와서 망막으로 밀려든다고 했다. 그런데 19세기 후반, 앨버트 마이컬슨과 에드워드 몰리가 한 가지 실험을 했다. 서로 다른 방향으로 이동한 광선의 간섭무늬를 확인함으로써 그것들의 상대 속도를 재는 실험이었다. 놀랍게도 그들은 광행로차로 인한 시간차를 전혀 감지할 수 없었고, 그것은 곧 에테르가 존재하지 않는다는 것이었다.* 빛의 파동은 어떻게인지는 몰라도 아무튼 매질을 통해 이동할 필요가 없는 것이다. 그들의 실험으로 빛에 대한 이해가 바뀐 것은 아니다. 사람들은 여전히 빛은 파동 같은 것이라고 이해했다. 그보다는 파동에 대한 이해가 바뀌었다는 편이 옳다. 마이컬슨-몰리 실험은 곧 아인슈타인의 상대성 이

---

* 그들은 빛을 양분하여 하나는 지구의 운동 방향으로, 다른 하나는 수직 방향으로 보냈다. 매질이 이동하면 파동에 영향을 줄 것이므로, 에테르가 있다면 두 광선의 속도에 차이가 있어야 했다.

론에 대한 중요한 증거가 된다.

19세기, 파동이라는 비유를 음향학의 영역에서 빛의 영역으로 확대시킨 영의 이중 슬릿 실험은 빛의 입자론을 파동론으로 바꾸는 패러다임 전환의 사도 역할을 맡았다. 그리고 20세기가 되면 영의 실험은 더욱 극적으로 확장 재현된다. 물결파나 빛이 아닌 소립자들을 가지고 세번째 이중 슬릿 실험이 시행된 것이다. 파동 비유를 한층 밀어붙인 그 실험은 양자역학의 신비를 똑똑히 보여주는 최고로 극적인 순간이었다. 이 책의 마지막 실험이 바로 그것이다. 그리고 가장 많은 과학자들이 세상에서 가장 아름다운 실험이라고 답한 실험이다.

과학과 은유

영의 실험은 과학에서 비유를 성공적으로 활용한 좋은 사례이다. 영의 실험은 빛이라는 하나의 현상이 파동이라는 다른 현상처럼 행동한다는 것을 분명히 보여준다는 점에서 아름답다. 하지만 비유('비율에 따라'를 의미하는 그리스어에서 온 말이다)와 은유(한 사물을 다른 사물인 양 표현하는 수사법인데 '멀리 나아간다'는 뜻의 그리스어에서 온 말이다)는 때로 사상을 그릇 인도하거나 방해하기도 한다. 그런 까닭에 과학자들은 그 가치에 대해 상반된 평가를 내려왔다.[1]

어떤 과학자들은 비유와 은유가 잘 봐주어야 정신 사나운 것, 최악의 경우에는 혼란스러운 것이라고 생각한다. 생물학자 리처드 르원틴은 이렇게 썼다. "자연에 대해 생각할 때는 은유하지 않도록 유의하라." 물리학자 에른스트 마흐는 "지금 살펴보는 사실 A는 잘 알려진 오래된 사실 B처럼 행동한다"는 식으로 묘사하면 확실히 이점이 있다고 생각했지만 그런 표현이 과학에서 구조적 역할을 수행하지는 못한다고 믿었다. 물리학자이자 과학사학인 피에르 뒤엠도 마흐와 비슷한 입장이었다. 그는 은유와 비유가 심리학적, 설명적,

교육적으로 중요한 도구임에는 틀림없지만 진정한 과학은 결국 그것들을 버리고 이루어진다고 주장했다.

이들의 시각에서 보면 은유 활용자들이나 유추론자들은 모세를 대변한 아론의 처지인 셈이다. 예언자 모세가 하느님으로부터 지식을 구해오면 그의 형이자 대변인이며 모세보다 사람들과 친밀하게 지냈던 아론이 그 내용을 대중에게 전달했다. 마찬가지로 과학자들이 자연에 대한 진실을 발견하고 나면 교육자, 대중 활동가, 언론인들이 갖가지 이미지와 일상의 언어들을 동원하여 대중 및 초보 과학자들에게 그 내용을 해설해준다는 것이다. 은유와 비유를 반대하는 자들이 보기에 이런 사람들은 정보를 확산시키고 전파하는 이차적 과정에 종사할 뿐, 정보 자체를 발견하는 일차적 과정에는 참여하지 못한다. 그들은 과학, 진정한 과학은 그것이 무엇이냐 하는 문제지, 그것이 무엇과 비슷하냐의 문제가 아니라고 생각한다.

반면, 은유와 비유가 과학적 사고 활동에 너무나 깊숙이 얽혀 있어 사실상 둘을 떼어내기란 불가능하다고 판단하는 이들도 있다. 물리학자 제러미 번스타인은 이렇게 말했다. "모든 이론 물리학은 비유를 통해 나아간다고 말해도 과장이 아니다." 물리학자 존 지만은 "우리는 비유와 은유를 통하지 않고서는 **어떤 것**에 대해서도 생각할 수 없다"고 했다. 은유와 비유에 찬성하는 이들의 주장은, 과학자들이 무언가의 속성을 설명하는 것은 거의 언제나 그것이 무엇과 비슷한지, 또 다른 무엇이 그것과 비슷한지 함께 말하는 일이나 다름없다는 것이다.

이런 갈등 상황, 양 진영이 분명한 경계를 사이에 두고 대립한 상황을 풀 수 있는 것이 바로 철학이다. 철학의 역할은 우선 왜 그 경계가 해소하기 어려워 보이는지, 어떤 혼란스럽고 모호한 요소들 때문에 그런지 가려내고 밝히는 것이다. 철학자라면 과학에서 사용하는 은유들이 모두 동일한 방식으로 혹은 동일한 이유로 활동되는 게 아니라는 것을 직관적으로 지적해낼 것이다. 실제로 과학자들은 은유를 최소한 세 가지의 서로 다른 방식으로 활용하고 있다.

은유의 첫번째 활용법은 여과장치로 쓰는 것이다. '남자는 늑대'라거나 '사랑은 장미' 같은 고전적 사례를 생각해보자. 여기서 늑대나 장미 같은 '보조관념'은 이런 물체들에 관습적으로 부여되는 어떤 속성들을 끌어다가 독자의 주의를 환기시킬 요량으로 등장한다(늑대의 경우에는 고독하고 호전적이라는 속성, 장미의 경우는 예쁘지만 가시가 있다는 속성). 두 사례의 목적은 남자나 사랑이라는 '원관념'에 그런 속성들이 잠재해 있음을 일깨워주고, 그 나머지는 말하자면 걸러내는 것이다. 여과적 은유는 원관념에 대한 특정한 인상을 재빨리 심어준다. 하지만 무릇 모든 여과장치에 누수가 있듯 이런 은유를 너무 문자 그대로 받아들이면 잘못 현혹될 수가 있다. 예를 들어 앞서 은유에 반대했던 르원틴은 한 동료가 DNA를 설명하면서, 요청 상황에 닥쳐 그것을 바탕으로 유기체를 '작성'해낼 수 있는 유전적 '프로그램'이라고 표현하자 화를 냈다. 유기체는 컴퓨터가 **아니다**. 그 점에서는 르원틴의 주장이 정당하다. 그러나 여과적 은유가 모든 각도에서 전적으로 참이냐 하는 것은 문제의 핵심이 아니다. 그보다는 물체의 어떤 측면을 직관적으로 한 번에 이해할 수 있도록 충분한 힌트를 제공했느냐 하는 점이 중요하다. 은유를 통해 한 발짝 진전하는 것이 중요하다. 은유를 지나치게 문자 그대로 받아들이는 데서 오는 위험은 늘 어쩔 수 없다.

은유의 두번째 활용 방식은 창조적 사용법이다. 이때는 두 관념의 순서가 바뀐다. 이미 잘 정리된 일련의 방정식들을 원관념에 얹기 위해 보조관념이 동원되는데, 그 과정에서 보조관념 자신의 의미가 확장되면서 점차 기술적으로 정확한 용어로 발전해간다. 이럴 때 원관념은 보조관념의 한 가지 변형에 불과하다. 영을 비롯한 과학자들이 빛(원관념)을 파동(보조관념)이라 부르기 시작했을 때 그들은 이런 식의 비유법을 쓴 셈이다. 파동은 원래 매질 중의 한 입자 꾸러미가 지닌 동요 상태가 바로 옆 입자 꾸러미로 전달되는 현상을 가리키는 것이었다. 음파나 물결파가 그렇듯 말이다. 그러므로 영과 다른 이들이 빛을 파동이라 부르기 시작했을 때 그들은 빛 역시 어떤 매질을 거쳐 움직일 거라고 생각했다. 다만 매질(기본적으로는 '에테르'라 불리던 물질)이 정확히 어떤 것일지에 대해서는 감이 없었다. 그러나 19세기 후반 무렵, 과학자들은 빛이 매질의 도움 없이 나아간다고 생각하기 시작한다. 그래도 빛에 파동 방정식들이 적용된다는 사실에는 변함이 없었기에 빛은 여전히 파동으로 묘사되었다. 즉 '파동'이라는 용어가 도리어 변화를 겪으면서 기술적으로 보다 정확한 의미를 띠게 된 셈이었는데, 과학자들이 매질 없이 진행하는 특이한 무엇에다가 '파동'이라는 개념을 붙이게 되면서 개념에 대한 이해가 새로이 정립되었기 때문이다(후에 양자역학에서 파동이 나타나면서 또 한번 개념의 변화가 벌어진다). 번스타인이 이론 물리학 발전의 기초 도구로 꼽았던 비유는 이런 식의 비유적 확장 작업이었다. 친숙하지 않은 것을 이미 잘 아는 것에 비교함으로써 이해의 폭을 넓히고, 그 과정에서 잘 알려진 것들에 대해서도 생각을 달리하게 되는 작업이다. 우리는 종종 어떤 물체의 닮은꼴을 찾아보는 과정을 통해 그 물체를 **이해**하게 된다. 그럴 때 오래된 용어들은 새로운 것과 '비슷한' 속성을 포함하는 방향으로 진화한다. 한 과학사학자가 언젠가 내게 말한 적이 있다. "문자 그대로라는 것도 실은 은유를 위한 은유라는 뜻이라네." 혹은 오래된 속담을 응용해 이렇게 말할 수도 있겠다. "비유하는 자가 발명한다." 철학자 유진 젠들린은 이런 비유를 가리켜 '진행형 같은 것'이라 이름 붙이고, 오래된 것을 새로운 것에 그냥 덮어씌우는 과정이 아니라 오래된 것의 변형을 통해 새로운 것이 등장하는 살아 있는 과정이라고 설명했다.

과학에서 비유를 창조적으로 활용한 또 다른 예로 에너지 개념의 진화를 들 수 있다. 처음에는 개인들이 스스로를 행동의 근원이라고 여기게 되는 주관적 경험을 일컬어 에너지라 불렀다.[2] 그런데 영은 왕립 연구소에서의 여덟번째 강연인 〈충돌에 관하여〉에서 이렇게 말했다. "에너지라는 용어는 물체의 질량 혹은 무게에 속도 값의 제곱을 곱한 것과 같다고 보는 게 매우 타당할 것이다." 오늘날의 표현대로라면 mv^2을 말하는 셈이다. 아마도 영은 현대적 의미의

'에너지'라는 단어를 최초로 쓴 사람일 것이다. 하지만 영이 말한 '에너지'는 우리가 아는 것과 완벽히 일치하지 않는다. 수많은 에너지 중 오직 '운동 에너지'를 가리킬 따름인데다가 공식 자체도 다르다(우리는 mv^2이 아니라 $\frac{1}{2}mv^2$이라고 계산한다). 이러한 개념의 진화는 19세기 내내 꾸준히 일어났다.

은유의 세번째 활용 방식은 무언가에 대한 시각을 완전히 바꾸기 위한 사용이다.[3] 가령 물리학자 루이스 토머스의 잘 알려진 비유를 들 수 있는데, 그는 지구가 하나의 유기체 같다기보다는 "필시 하나의 세포에 **더 가까울 것**"이라고 말했다. 의미 전복적 은유의 또 다른 예로 생물학자 고(故) 스티븐 제이 굴드가 제안했던 '생명의 테이프를 되감는' 사고실험이 있다. 그는 이 발상을 통해 진화란 기존의 인식처럼 진보의 사다리, 또는 다양성이 증대되는 확장형 원뿔이 아니라는 점, 우연성을 보다 중시해야 한다는 점을 이해시키고자 했다. "되감기 버튼을 눌러서 실제로 벌어졌던 모든 사건들을 철저히 지운 다음 과거 어느 한 시점, 한 공간으로 돌아가보자…… 그리고 다시 테이프를 원래 방향으로 돌린다. 이때 새롭게 펼쳐지는 진화의 역사가 원래의 것과 완전히 일치하는지 살펴보는 것이다."[4]

위의 세 가지 은유 활용 방식은 엄격하게 고정된 것이 아니다. 두 가지 혹은 세 가지를 혼합한 형태의 활용도 얼마든지 찾을 수 있다. 그래도 이들을 구별해봄으로써 왜 과학자들이 이 주제에 대해 스스로도 헷갈리는 입장들을 갖는지 이해할 수 있다. 겉으로 말하는 내용과 실제로 취하는 행동이 상반되는 것처럼 보이는 이유를 조금이나마 밝힐 수 있다.

은유가 어떻게 활용되는지 명확히 밝히는 일은 과학과 그 아름다움을 이해하는 데도 중요하다. 은유에 동원되는 보조관념들은 우리 문화와 역사에 깊이 뿌리내린 것들이다. 과학자들은 문화적, 역사적으로 전수된 개념과 관습의 틀을 벗어나 일할 수 없다. 과학은 문화 및 역사가 부여한 것을 초월하는 게 아니라 변형시켜가는 작업이다.[5]

은유와 비유는 인간이 미래로 나아가기 위해서 과거로부터 물려받아 발전시킨 모든 개념들을 끄집어내 집중적으로 활용하는 방법이다. 연습을 거듭하고 경험을 쌓으면 마음속에는 점점 더 많은 은유가 차오른다. 우리는 그것을 새로운 것에 적용하고, 그 과정에서 기존에 알던 것을 변화시켜 나가는 일을 도저히 그만둘 수 없다. 그러므로 지만이 말했던 은유 없이 생각할 수 없다는 주장에도 일리가 있고, 이론과 실험과 도구 사이의 관계를 제대로 이해하려는 목적에서 은유의 문제를 지적했던 1997년 작 『이미지와 논리』에서 피터 갤리슨이 말했던 "모든 은유는 결국엔 종료되게 마련이다"라는 주장에도 일리가 있다.

그렇기 때문에, 은유를 사용하는 자를 가리켜 예언자이자 발견자인 모세에 대하여 청취자이자 전파자인 아론의 역할을 수행하는 이라고 말하는 것은 잘못이다. 굳이 주장하겠다면 그전에 예언과 청취의 차이, 일차적 발견과 이차적 전파의 차이, "이것은 **이렇다**"고 말하는 것과 "이것은 저것과 **비슷하다**"고 말하는 것의 차이가 사실상 그다지 뚜렷하지 않다는 점을 명심해야 할 것이다. 모든 연구 행위는 이미 은유적 사고를 담고 있다. 모세 역시 신에 대해서는 아론의 역할을 한 자일 뿐이라고 말할 수 있지 않겠는가.

판테온에 설치된 푸코의 진자.

일곱

지구의 자전을 목격하다
푸코의 숭고한 진자

내가 푸코의 진자를 최초로 본 곳은 고향 필라델피아에 있는 프랭클린 박물관이다. 진자는 중앙 층계 가운데 공간에 걸려 있었고, 물론 지금도 여전히 거기 있다. 철로 된 가는 줄이 4층 높이 천장으로부터 드리워져 있고 은색 추는 바닥에 새겨진 눈금 위를 조용히 미끄러지며 앞뒤로 움직였다(최근에는 불이 들어오는 세계지도 모양으로 바닥이 바뀌었다). 나는 지금도 1층 안내판에 적혀 있던 문구를 기억한다. 추를 단 철선의 길이는 25.9미터, 겉은 철로 되어 있고 속에 납이 들어 있는 구는 지름이 58센티미터에 무게가 816킬로그램이라는 내용이었다. 추는 조용하고 육중하게 10초마다 한 번씩 앞뒤로 곧게 흔들렸다. 진동면은 서서히 왼쪽(시계 방향)으로 돌아갔는데 하루 중 언제든 변함없이 시간당 9.6도씩 움직였다. 안내판은 내게 알려주기를, 진자가 방향을 바꾸는 것처럼 보일지 몰라도 실제는 그렇지 않다고 했다. 진자는 별들의 좌표를 기준으로 할 때 늘 똑같은 방향으로 정확하게 흔들리고 있다. 박물관의 관람객들이 목격하는 것은 사실 지구가 도는 모습이다. 지구와 함께 박물관 건물이 돌고, 바닥에 그려진 눈금이 도는 것이다. 진자 아래에서 말이다.

진자는 1934년, 박물관이 현재의 건물로 이사할 때 설치되었다. 진자를 설치하기 위해 사람들은 특이한 행진을 벌여야 했다. 부품 중 하나인 철선은 무게가 4킬로그램밖에 나가지 않지만 반드시 죽 펴서 옮겨야 했기 때문이다. 둘둘 말았다가 꼬이거나 손상되는 부분이라도 생기면 나중에 진자 운동에 방해를 일으킬 것이다. 그래서 사람들은 줄을 죽 펴서 짊어지고는 제작소에서 새 박물관 건물까지, 필라델피아 거리를 가로질러 옮겼다. 열한 명의 사내들이 기다란 쇠줄을 지고 천천히 나아가는 기묘한 행진을 경찰이 호위했고, 황당한 표정의 구경꾼과 기자들이 뒤를 따랐다.[1]

프랭클린 박물관의 진자는 바닥의 눈금 끝을 따라 반원형으로 설치되어 있는 10센티미터 높이의 철제 막대를 약 20분마다 하나씩 넘어뜨림으로써 방향이 바뀐 것을 알렸다. 나는 박물관에 갈 때마다 구경 도중 전시장을 빠져나와 중앙 계단으로 달려갔다. 구경꾼들에 섞여 은색 추가 흔들리는 것을 보면서 막대에 시선을 고정시키고 그것이 넘어지는 순간을 기다렸다. 처음엔 추가 막대를 살짝 스쳐 떨리게 했다. 몇 번 더 추가 왔다 갔다 하고 나면 막대는 눈에 띄게 흔들거리기 시작했다. 좀더 지나 마침내 추의 끝이 제대로 막대를 때리면 막대는 앞뒤로 크게 까닥거렸다. 이제 금방이다! 진자가 한두 번만 더 흔들리면 막대는 퉁! 하고 뒤로 넘어진다. 그러면 추는 다음번 막대를 향해 또다시 느릿느릿 나아가기 시작하는 것이다. 가끔 나는 추를 뚫어져라 응시하면서 안내판의 설명대로 추가 아니라 **나 자신**과 내 발 밑의 단단한 바닥이 움직인다는 사실을 느껴보려고 했다. 이유는 모르겠지만 좌우간 한 번도 성공한 적은 없다. 그래도 어쨌든 나는 진자를 볼 때마다 늘 신비와 경외의 감정을 느꼈다.

진자의 운동은 전적으로 내 통제력 밖의 일이었다. 마치 세상에서 가장 가차 없는 현상인 것 같았는데, 지금도 여전히 그렇게 느낀다. 진자에 영향을 미칠 수 있는 사람은 딱 한 명, 아침 10시에 박물관을 열기 전에 남북 방향으로 진자 운동을 시작시키는 직원뿐이었다. 나는 아침 일찍 박물관에 도착해서 문을 열기를 기다린 적도 있다. 얼른 계단으로 달려가 진자가 흔들리기 시작하는 광경을 보고 싶었던 것이다. 하지만 나는 언제나 늦었다. 한번은 박물관의 한 후원자가 자기 아들의 생일 선물로 그날 하루는 소년이 진자 운동을 시작하게 해주었다는 얘기를 들었다. 그 아이를 얼마나 부러워했던지! 다른 아이들이 야구 시합에 선발 투수로 나가 첫 공을 던지는 꿈을 꿀 때, 나는 푸코의 진자를 움직이는 꿈을 꾸었다.

프랑스 과학자 장-베르나르-레옹 푸코(1819~1868)는 파리에서 태어났다. 어려서 과학적이거나 기계적인 장난감을 만들기 좋아했던 그는 외과 의사가 되어 그 실용적 손재주를 추구할 작정으로 의학 공부를 시작했지만, 자신이 피와 고통을 잘 견디지 못한다는 사실을 알고는 그만두었다. 그는 기계도구 제작 및 발명 분야로 관심을 돌렸으며 동시대 프랑스인 루이 다게르가 발명해낸 최신식 사진 처리법에 매료되었다. 역시 의대생 출신인 이폴리트 피조와 합심한 푸코는 자신의 기계 제작 능력을 성공적으로 발휘함으로써 오늘날 사진의 전신인 은판 사진법(다게레오타입)을 상당히 개선해냈다. 두 사람은 1845년에 세계 최초로 깔끔한 태양 사진을 찍어내기도 했다. 1850년에는 빛의 속도가 물속에서보다 공기 중에서 더 빠르다는 것을 알아냈는데, 이 작업은 처음엔 함께 시작했지만 중간에 개인적 문제로 다툰 후 결별하고 각기 진행했다. 그리고 곧 공기 중에서 빛의 절대속도를 측정해냈다. 푸코는 더 나중에 망원경에 사용하는 거울 제작에도 지대한 기여를 했다.

푸코는 별의 사진을 처음 찍은 사진가이기도 했는데, 이 일은 당대의 첨단 기술들을 총동원해야 하는 힘든 과제였다. 흐릿한 물체를 찍고자 할 때 보통의 해결책은 카메라 셔터를 몇 분씩 오래 열어두는 것이다. 하지만 지구의 자전 때문에 별들은 하늘에서 천천히 움직이므로 그저 셔터를 오래 열어두기만 해서는 또렷한 상을 찍을 수 없다. 그래서 푸코는 과거 누군가가 제안했지만 잊혀진 장치를 도입해보았다. 진자 운동으로 움직이는 태엽 같은 기기를 카메라에 달아서 충분한 노출 시간이 확보될 때까지 카메라가 줄곧 별을 똑바로 향하도록 만든 것이다. 그가 사용한 것은 줄에 단 구형의 추는 아니었다. 금속 막대를 튕겨 진자처럼 까닥거리게 한 장치였다(내가 진자에 대한 논문을 수십 편 읽으며 여러 과학자들과 이야기를 나눠본 결과 단언하건대, 금속 막대기 형태의 진자를 시작시킬 때 '튕긴다'고 표현하는 것은 전적으로 올바른 기술적 용어다).

푸코는 파리 아사스 거리에 있는 자신의 집에 실험실을 만들고 그곳에서 대부분의 작업을 했다. 어느 날 그는 선반에다 막대를 하나 달아보았다. 굴대에 끼워진 스케이트보드 바퀴가 자유롭게 돌아가듯, 막대를 물림쇠 또는 비트(송곳의 끝, 끝날)에 끼워 자유롭게 회전할 수 있도록 했다. 그는 막대를 튕긴 후 선반을 천천히 돌려보았다. 그러자 깜짝 놀랄 만한 일이 벌어졌다. 막대는 늘 고정된 면으로만 앞뒤로 움직였던 것이다! 호기심이 생긴 그는 구형의 추를 피아노 줄에 수직으로 매달아 자유롭게 흔들리게 하는 전통적 형태의 진자로 다시 실험해보았다. 그는 진자를 보르반 선반에 매단 후 비트를 조금 돌려 선반을 움직였다. 이번에도 진자는 일정한 면으로만 진동했다.

아무 생각 없이 보면 별달리 놀라운 광경도 아니다. 뉴턴의 법칙에 따르면 진자의 추처럼 자유롭게 운동하는 물체는 외부의 힘이 가해지지 않는 한 기존 운동 방향을 고수하게 마련이다. 선반에 고정한 비트는 자유롭게 돌아가게 되어 있기 때문에 그것을 움직여도 막대기나 추에는 아무런 힘이 가해지지 않는다. 그래서 그들은 계속 같은 방향으로 진동한 것뿐이다. 그러나 때로는 당연한 현상이라도 전혀 예상하지 못한 터라 놀랍게 느껴질 수가 있다. 푸코는 이 현상을 확대하여 제시하면 지구가 가상의 축을 기준으로 하루에 한 번 회전한다는 사실을 보여주는 예가 될 것임을 직감했다.

후에 푸코는 추론 과정을 보다 우아하게 다음과 같이 요약해 들려주었다. 탁자에 부드럽고 자유롭게 회전하는 판('게으른 수잔'이라고 부를 것이다)을 설치하고, 거기에 작은 추를 하나 매달았다고 상상해보자. 푸코가 '작은 무대(petit théâtre)'라 불렀던 이 공간에서 이제 공연이 펼쳐질 것이다. 이때 게으른 수잔은 지구와 같고 그를 둘러싼 방은 우주 공간과 같다. 진자가 한 방향으로, 가령 문을 가리키며 흔들리도록 한 뒤, 천천히 판을 돌려보자. 어떻게 되겠는가? 처음에는 진자의 진동면이 판을 따라 함께 돌아가지 않을까 싶다. 큰 착각이다! 진동면이란 물질적인 실체가 아니며 판에 딸린 것도 아니다. 진자의 관성 때문에 진동면은 판과는 무관하게 움직인다. 말하자면 이제는 판이 아니라 주변의 공간에 속한 어떤 것이 된 셈이다. 판을 어느 방향으로 돌리든 진자는 계속 문을 가리키며 흔들릴 것이다.

작은 무대에서 펼쳐진 가상실험을 통해 우리는 게으른 수잔이 움직여도 진자의 진동면은 변하지 않는다는 사실을 알게 되었다. 푸코는 또 제안한다. 이제 무대를 훨씬 크게 만든다고 상상하자. 우리 자신과 주변에 있는 온갖 물건들 및 방 전체가 움직이는 판 위에 탄다고 상상하자. 태양, 행성, 별들만이 판 위에 있지 않을 것이다.

자, 우리 입장에서는 우리가 가만히 있고 진자의 진동 방향이 바뀌는 것처럼 보일 것이다. 그러나 이 또한 큰 착각이다! 실제로 돌아가는 것은 우리 자신이기 때문이다. 푸코는 복잡한 점을 한 가지 더 지적했다. 우리 상상 속에서 작은 추는 평면 판의 중앙에 매달려 있었기 때문에 판을 완전히 한 바퀴 돌리면 진동면도 원을 그리며 360도 회전할 것이다. 하지만 실제 지구에 있는 진자들은 평면이 아닌 구의 표면에 매달려 있다. 지구라는 구가 한 바퀴 완전히 돌 때 진자의 진동면이 움직이는 정도는 진자가 적도와 양극 사이 어디에 놓였느냐에 따라 달라진다. 달리 말하면 진자의 진동면이 360도 움직이기 위해 구가 돌아야 하는 회전수는 진자의 위치에 따라 다르다. 푸코는 계산 결과 진자의 진동면이 24시간 동안 이동하는 각도는 위도의 사인값에 360도를 곱한 것과 같음을 알게 되었다. 이로써 우리는 지구의 남북 사이 어느 위도에 내가 서 있는지 알아내는 방법을 갖게 되었다. 하지만 자세한 계산 방법이 중요한 게 아니다. 지구의 자전 현상을 시각적으로 나타내게 되었다는 점이 중요하다.

푸코는 정말로 진자를 써서 지구의 자전 현상을 확인할 수 있는지 궁금해졌다. 그는 지하실의 둥근 천장에다 길이 2미터의 가는 줄을 묶고 5킬로그램짜리 추를 달아 진자를 늘어뜨렸다. 1851년 1월 3일 금요일, 푸코는 처음으로 진자를 움직였다. 진자가 규칙적으로 바르게 흔들리게 하기 위해서 그는 추에다 실을 감은 뒤 한쪽 끝을 벽에 묶고, 동작이 완전히 멈출 때까지 기다린 뒤, 양초로 실을 태워 끊었다. 실험은 예상대로 진행되는 듯했으나 곧 줄이 끊어지고 말

왔다. 5일 뒤인 1851년 1월 8일 수요일 새벽 2시, 그는 실험을 재개
했다. 그리고 한 시간 삼십 분의 관찰을 거쳐 '진동면의 자리바꿈이
눈에 똑똑히 보일 정도'이며 '진자는 천구의 일주 운동 방향으로 회
전한다'는 사실을 확인했다.[2] 늘 철저했던 푸코는 현상을 큰 규모로
보는 것 자체가 재미있다기보다는 '현상을 보다 꼼꼼히 따라가며
관찰하여 연속성을 확인하는 것'이 더 흥미롭다고 생각했다.[3] 그는
바닥에 지침을 하나 두어 추가 움직이기 시작한 시점을 표시한 뒤
관찰을 계속했다. 일 분도 못 되어 추는 관찰자의 왼쪽으로 돌아가
있었다. 분명 진자의 진동면이 천구의 움직임 때문에 달라 보이고
있었다.

몇 주 후에 푸코는 이렇게 썼다.

  이 현상은 침착하게 모습을 드러낸다. 이것은 필연적이고, 불가항
  력적인 현상이다…… 이 현상이 생겨나 펼쳐지는 것을 볼 때, 우리는
  실험자라 할지라도 그 속도를 빠르게 하거나 늦출 수 없다는 사실을
  절감한다…… 그 앞에 선 사람은 누구나 상념에 빠져 몇 초간 침묵하
  게 된다. 그리고는 인간이 우주 속에서 끊임없이 움직이는 존재라는,
  강렬하면서도 압도적인 깨달음을 서서히 얻게 되는 것이다.[4]

얼마 지나지 않아 파리 천문대 관장이 푸코에게 시연을 요청해
왔다. 정확히 자오선 위에 있어서 '살레 메리디엔(Salle méridienne)'
이라는 이름이 붙은 천문대 중앙 홀에 무대를 설치하자는 것이었

다. 푸코는 이전과 같은 추를 사용했지만 줄의 길이는 11미터로 늘였다. 진자의 진동 주기가 긴 편이 여러모로 좋기 때문이다. 이를테면 천장에 줄이 달린 부분과의 마찰이나 공기와의 마찰로 인한 영향이 적어지고, 진동면의 방향이 바뀌는 모습도 더 확실히 볼 수 있다.

1851년 2월 3일, 즉 최초로 실험을 한 지 정확히 한 달 후에 푸코는 결과를 프랑스 과학 학술원에 공식 제출했다. 학술원은 극적인 표현으로 사람들을 불러 모았다. "파리 천문대 중앙 홀로 오셔서 지구가 회전하는 광경을 목격하시기 바랍니다." 모임이 열렸고, 푸코가 관중들 앞에서 설명했다. 이제껏 과학자들은 진자 운동을 연구할 때 진동 주기에 초점을 맞추었는데 자신은 대신 진동의 **면**에 관해 연구했다고 말했다. 그리고 진자가 움직이기 시작하자, 그는 관중들에게 앞서의 사고실험을 해보도록 제안했다. 북극에 '대단히 단순한' 진자를 하나 설치하고 추를 흔든 다음 나머지는 '중력의 손에 맡기는' 광경을 상상하라고 했다. 지구는 '언제라도 서쪽에서 동쪽으로 회전을 멈추지 않기 때문에' 진자의 진동면은 관찰자의 관점에서 볼 때 왼쪽으로 돌아가는 듯할 것이다. 진동면이 우주 공간에 고정되어 있는 것처럼 말이다.

푸코의 진자처럼 즉각적인 명성을 얻은 과학 실험은 또 없다. 1851년의 유럽 지식인이라면 누구나 지구의 자전 현상을 알고 있었지만 그 증거들이 아무리 확고하다 해도 죄다 천문학적 관찰 결과에 기초를 둔 추론들이었다. 망원경이 없거나, 있더라도 적절한 관찰법을 모르는 사람은 지구의 운동을 제 눈으로 직접 볼 도리가 없었다. 그런데 이제 푸코의 진자 덕분에 지구의 자전 현상이 눈앞에 드러난 것이다. 적절한 지식이 있는 사람이라면 밀폐된 방에 갇혀서도 방이 회전하고 있음을 증명할 수 있으며, 좀더 세심하게 측정하면 방의 위도까지 알아낼 수 있다.[5] 진자는 '눈앞에서 직접' 말한다. 푸코는 이 표현을 좋아했다.

그 표현이 정말일까? 푸코의 진자가 지닌 매력 중 하나는 그로 인해 우리의 인식이 얼마나 모호한 것인지 깨닫게 된다는 점이다. 푸코의 표현은 철학적으로 따질 때 부적절한 것이었다. 눈앞에서 직접 말하는 것이란 있을 수 없다. 그것은 지나치게 데카르트적인 단언이다. 푸코는 시각이 순전히 기하학적이라고 잘못 가정했다. 이론에 의거해 기하학적으로 상상한 것일 뿐인데 마치 눈으로 직접 알아낸 것인 양 믿었다. 즉 진자가 태양계라는 배경을 뒤에 두고 흔들리는 모습을 하나의 기하학적 광경으로 상상할 수 있다면 그것이 지구의 자전을 '보는' 것이나 마찬가지라고 주장한 것이다. 하지만 인식이란 그렇게 단순한 게 아니다. 움직이는 것과 정지한 것을 가려내는 일만 해도 우선 무엇이 전경이고 무엇이 배경 또는 지평인지 결정한 후에야 가능한 법이다. 우리는 푸코의 진자가 회전하는 것을 보며 진자가 지구 중력장 속에서 회전한다고 보든지, 아니면 지구가 우리 발밑에서 회전한다고 생각할 수 있다. 이 '둘 중 하나'라는 상황은 프랑스 철학자 모리스 메를로-퐁티가 말했던 기차역 상황과 비슷하다. 흔히 경험하듯이, 우리가 역에 정차한 기차에 타고 있는데 옆에 또 다른 기차가 서 있다고 하자. 옆의 차가 움직이기 시작하면 우리는 우리 차가 움직이는 것이거나, 옆의 차가 반대 방향으로 움직이는 것 중 하나라고 생각한다. 메를로-퐁티에 따르면 둘 중 어느 쪽으로 생각하느냐는 우리의 인식이 어디에 바탕을 두고 있느냐(이 기차인가 다른 기차인가), 즉 어느 쪽이 배경 혹은 지평으로 보이는가에 달려 있다.[6] 진동면이 움직인다고 생각할 때 우리는 일상에서 습관적으로 취하는 전형적인 인식 태도를 취한 셈이다. 문제의 물체, 즉 진자를 전경으로 여기고 그를 둘러싼 방을 배경으로 여긴 것이다. 무릇 모든 실험도구들이 그렇듯 푸코의 진자도 적절한 환경에 놓였을 때 비로소 그 역할을 완수한다. 그러므로 지구가 회전하는 것을 '보려면' 우리는 전혀 다른, 훨씬 거대한 배경을 설치할 필요가 있다. 그 환경에서라야 지구가 회전하고, 진자의 진동면이 고정된 듯 보이는 것이다. 진자가 지구 바깥 어딘가에 설치돼 있다고 상상하면 어떨까? 별이 빛나는 캄캄한 밤에 지구가 회전하는 모습을 볼 수 있겠는가?

시연 소식이 파리에 나돌았고 곧 푸코에게 평범한 시민들, 동료 과학자들, 흥미를 느낀 정부 관료들 등이 보낸 편지가 쏟아졌다. 미래에 프랑스 황제 나폴레옹 3세가 될 당시 공화국 대통령 루이-나폴레옹 보나파르트 왕자는 푸코를 불러 파리의 판테온에 대중을 위한 시연 장치를 설치하라고 했다. 이전에 성당이었던 판테온은 프랑스의 국가 영웅들이 묻힌 안식처로 바뀌어 있었다. 푸코는 이곳이 '화려한 위엄'을 갖춘 자신의 실험이 자리 잡기에 안성맞춤인 훌륭한 장소라고 생각했다.[7] 큰 진자일수록 느리고 장엄하게 움직이며, 더욱 효과적으로 운동 모습을 보여준다. 푸코는 판테온의 거대한 돔 중앙에 진자를 매다는 거창한 설치 작업에 나섰다. 67미터나 되는 쇠줄에 포탄만한 추를 달았고, 추 바닥에는 바늘처럼 자그만 침을 붙였다. 푸코와 조수들은 진자가 가로지르게 될 바닥 원의 가장자리를 따라 모래로 된 반원형의 둑을 두 개 만들었다. 끝까지 진동해온 추의 쇠침이 모래에 자국을 남기면 진자의 위치가 확실히 표시될 것이다. 줄이 끊어져 추가 떨어질 가능성도 있었기에 푸코는 판테온의 돔 바닥 모자이크 위에 나무로 된 보호대를 덮고 몇 센티미터 깊이로 모래를 단단히 채워 넣었다. 매우 현명한 판단이었다. 처음 설치된 추가 실제로 천장 바로 아래서 뚝 떨어졌기 때문이다. 60미터도 넘는 쇠줄이 진자의 에너지를 실은 채 홀 바닥으로 철썩 내려치는 바람에 푸코와 조수들은 기겁을 했다. 그들은 다시 줄 위쪽이 끊어지는 사고가 날까봐 두번째 시도에서는 돔 천장 바로 아래에 낙하산 기구를 달아두었다.

3월 26일, 푸코의 조수 한 명이 추를 감은 실을 벽에 묶고 안정이 될 때까지 기다렸다. 이번에는 양초 대신 성냥으로 실을 태웠다(바로 그해에 발명된 안전성냥이었다). 진자는 육중하고 장엄하게, 그리고 엄숙하게 흔들렸다. 한 번 흔들릴 때마다 바닥을 6미터씩 가로질렀고 한 번 앞뒤를 오가는 데는 16초가 걸렸다. 직경이 1.5밀리미터밖에 되지 않는 가느다란 줄은 장대한 배경에 묻혀 거의 보이지

[그림 7-1] 판테온에 만들어진 푸코의 진자. 추의 위치를 표시하기 위해 진동 끝에
흔적을 남기도록 설치된 모래 둑이 보인다.

도 않았다. 덕분에 번쩍이는 추는 허공에 매달린 듯 보였다. 추가 끝
까지 흔들려 모래 둑에 닿으면 쇠침이 젖은 모래 위로 작은 골을 팠
다. 다음번 골은 앞서의 것보다 2밀리미터 가량 왼편에 생겼다. 약
북위 49도인 파리에서는 진자가 1도 회전하는 데 약 5분이 걸렸다.
한 시간에 11도 남짓이므로 진자가 완전히 한 바퀴 도는 데는 대략
32시간이 걸렸다. 중간에 멈추지 않고 계속 돌게 둔다면 말이다.

판테온 시연 기구는 완벽하지는 않았다. 쇠침이 내는 골 자국의

폭이 서서히 넓어져 좁으나마 분명한 8자 모양을 그렸다. 줄이나 지탱 부분이 완벽하지 않은 것이 분명했다. 공기 저항 때문에 진동이 거듭될수록 추가 가로지르는 거리가 짧아졌다. 하지만 각 진동에 걸리는 시간에 변함이 없었던 것은 물론이다(갈릴레오가 발견한 등시성의 원리 때문이다. 진폭이 작은 진동을 하는 모든 진자에 늘 적용되는 법칙이다). 그래도 진자는 진동면을 왼쪽으로 바꾸며 시계 방향으로 회전했고(남반구에서는 시계 반대 방향이다) 대여섯 시간 정도 움직여 60~70도 가량 회전하는 모습을 보였다. 그 모습에 매료된 루이-나폴레옹은 푸코를 천문대 물리학자로 임명함으로써 후사했다. 선망의 자리에 앉게 된 푸코는 자신의 집 지하 연구실을 떠나 천문대로 옮겼다.

1851년은 실로 경이의 해였다. 런던에서는 크리스털 팰리스 박람회가 열렸는데, 가시성을 고려한 전시 기법에 새 장을 연 행사이자 시간과 공간을 관리한다는 개념을 처음으로 도입한 행사였다. 가령 관람객 통행량을 관리하기 위해 시간이 찍힌 관람 티켓을 나눠준 것도 이 전시회가 처음이다. 실제로 많은 역사학자들은 이 박람회로부터 비로소 근대적 의미의 대중 사회가 시작되었다고 평가한다.

1851년은 진자의 해이기도 했다. 푸코의 진자는 옥스퍼드, 더블린, 뉴욕, 리우데자네이루, 실론, 로마 등 전 세계에 복제되었다. 진자 설치에 최적인 장소는 높은 천장과 안정된 공기를 가진 권위 있는 대성당이었다. 1851년 5월에는 프랑스에서 가장 아름다운 고딕

성당이면서 역대 왕들의 대관식 장소로 사용되어온 랭스의 노트르담 대성당에 진자가 설치되었다(40미터 길이의 줄, 19.8킬로그램의 추, 진동간 차이가 1밀리미터 남짓 되는 진자이다). 1868년 6월에는 또 다른 걸작 고딕 건물인 아미앵의 노트르담 대성당에도 푸코의 진자가 걸렸다. 크리스털 팰리스 박람회는 푸코의 진자를 전시하기에 일정이 너무 촉박했지만 대신 1855년의 파리 만국박람회에서는 가능했다. 푸코는 박람회를 위해서 독창적인 기구를 하나 더 발명했다. 전자기를 활용해 살짝살짝 진자를 추진함으로써 진동을 반복해도 속도가 떨어지지 않도록 하는 기기였다. 같은 해, 푸코가 자기 집에서 처음으로 만들었던 진자는 '새롭고 유용한 발명의 저장소'로서 설립된 파리 기술 공예 박물관에 설치되었다. 최초의 그 진자는 아직도 그곳에 있다.

하지만 푸코의 진자는 그저 흥미로운 대중 시연 장치 이상이었다. 모든 과학 발견들이 그렇듯 과거의 전통에 뿌리를 두었지만 동시에 미래로 뻗어나간 사건이었다. 앞선 과학자들의 저작을 살펴본 연구자들에 따르면 진자가 서서히 왼쪽으로 돌아간다는 사실을 눈치 챈 사람들이 푸코 이전에도 있었다. 진자를 본격적으로 연구했던 최초의 과학자 갈릴레오의 헌신적인 조수, 비비아니도 그중 하나였다. 하지만 진자의 왼쪽 편향성을 지구의 회전과 연결하여 생각한 것은 푸코가 처음이었다. 한편 푸코는 전 세대 수학자이자 물리학자였던 시메옹-드니 푸아송 남작(1781~1840)이 기초 개념을 앞서 발전시킨 바 있다고 말했다. 푸아송은 포탄 아래에서 지구가 움직이기 때문에 하늘로 발사된 포탄의 진로는 살짝 옆으로 기우는 듯 보일 것이라고 계산한 적이 있다. 하지만 그는 편향의 크기가 너무 작아서 실제 관찰하기는 어려울 것이라 생각했다. 푸아송은 지구의 회전이 진자에 영향을 주리라는 사실도 깨달았으나 진자에 순간순간 가해지는 영향은 너무 작기 때문에 진동이 거듭된다고 크게 축적되기야 하겠느냐고 생각했다. 푸코의 표현을 빌리면 "이론의 영역에서 관찰의 영역으로 옮겨질 수 있다"고는 생각지 않았던 것이다. 그러나 이후 대포의 사정거리가 늘어나면서 포병들은 푸아송이 지적했던 편향 현상을 반드시 교정해야 하는 형편이 된다. 물리학자 H. R. 크레인은 이렇게 썼다.

제1차 세계대전 초반에 포클랜드 군도에서 벌어졌던 해전 당시 영국 포병들은 포탄이 자꾸만 독일 함대 왼쪽에 떨어지는 것을 보고 매우 놀랐다. 그들은 [정확한 조준을 위해서] 푸아송의 공식에 따라 계산된 환산표에 맞춰 방향을 잡았으나 남반구이기 때문에 보정식의 부호를 바꿔야 한다는 것까지는 미처 생각지 못했던 것이다.[8]

푸코는 진자에 적용되는 원리를 그대로 활용하여 자이로스코프도 발명했다. 이름 역시 푸코가 직접 고안했다. 자이로스코프에서 중요한 것은 회전반인데, 회전반은 지지대가 놓인 방향과는 무관하게 자유롭게 돌아갈 수 있으며, 그 축은 언제나 일정한 방향을 가리킨다. 푸코는 이 기기가 방향 지시 도구로 적합하므로 앞으로 그렇게 쓰이게 되리라고 예견했다. 정확한 예상이었지만 수십 년이나 앞선 발명이었다. 사실 자이로스코프의 원리는 자연계에서 널리 찾아볼 수 있다. 이를테면 평범한 집파리들은 딱딱한 줄기처럼 생긴 자그만 막대기 같은 것(퇴화한 뒷날개이다)의 도움을 받아 방향을 잡는다. '평균곤'이라 불리는 이것도 일종의 자이로스코프다.[9]

오늘날 푸코의 진자는 전 세계의 박물관, 대학, 각종 기관 건물들에 걸려 있다. 지난 50년간 설치된 진자들 중에는 캘리포니아 과학원의 기기 제작소에서 생산된 것들이 많다. 나름대로 진자 제작 전문 시설을 갖추었다고도 할 수 있는 이곳에서 만들어낸 백여 개의 진자들은 터키, 파키스탄, 쿠웨이트, 스코틀랜드, 일본, 이스라엘 등 그야말로 전 세계에 수출되었다. 핵심 부품만 구입한 뒤 자신의 기호에 맞는 스타일로 치장하는 고객도 있다.[10] 보스턴 과학박물관의 진자 아래에는 밝게 채색된 아스텍 역석(曆石)이 깔려 있어서 추가 태양신 토나티우의 얼굴 위를 흔들거리며 지난다. 켄터키 주 렉싱턴 시에 있는 렉싱턴 공공 도서관의 진자는 2000년을 맞는 신년 전야에 개막식과 함께 개시되었는데 특이하게도 바닥에 지침 대신 전자 센서가 있어서 진자의 운동을 감지하고 있다. 뉴욕 시의 몬테피오리 어린이 병원은 뉴욕 미술가 톰 오터니스에게 진자와 주변 공간을 디자인하게 했다. 추는 웃는 얼굴을 뒤집어놓은 모양으로 생겼고, 끝에는 뾰족한 원뿔형의 모자가 달려 있어 지침을 넘어뜨린다. 바닥에는 은과 청동으로 부조한 세계 지도가 깔려 있는데 지도의 중심은 병원이 있는 곳, 브롱크스다. 또 재료의 기하학적 모양을 살려 만든 작은 청동 조각상들이 추, 철선, 난간, 그 밖의 주변 공간 곳곳에 익살스런 자세로 붙어 있다. 병원을 찾는 방문객이라면 누구나 발길을 멈추고 관심을 보인다. 몬테피오리 말고도 진자가 설치된 건물 위치를 중앙에 놓은 지도 위에서 흔들리는 진자들은 많을 것이다. 어쨌든 몬테피오리 병원의 진자 디자인은 빠르게 자전하는 지구 위에서는 모든 지역이 쉴 새 없이 움직이며, 늘 움직인다는 면에서 모든 지역이 동등하다는 점을 잘 느끼게 해준다. 뉴욕 UN 본부 현관의 거대한 의례용 계단에도 진자가 있다. 꽤 그럴싸한 풍경이다. 지름이 30센티미터, 무게가 90킬로그램인 도금된 추가 22미터 위의 천장에 매달려 있다. 미국 국립 박물관인 스미스소니언 박물관에도 푸코의 진자가 전시돼 있었는데 지금은 미국의 상징인 성조기 원본 복원 작업 때문에 잠시 철수되어 박물관 창고에 보관돼 있다.[11]

생각보다 훨씬 조심해야 성공한다는 점에서 푸코의 진자는 영의 실험과 비슷하다. 공공장소에 설치된 진자가 당면하는 가장 큰 골칫거리는 관람객들이다. 모두들 손을 뻗어 진자를 만져보고 싶다는 욕망을 억누르지 못하는 것 같다. 진자는 과학에서 사용되는 기구들 중 가장 단순한 축에 속할 게 틀림없지만 현실에서의 진자는 수많은 것들의 영향을 받는다. 공기의 기류, 철선의 내부 구조, 줄을 설치한 방식, 추를 시작시키는 방법 등이 다 문제가 된다. 이런 요인들 때문에 진자는 제 궤도를 벗어나거나 쉽게 8자 모양으로 움직인다(추에 맞은 지침이 안쪽으로 넘어지면 진자가 8자 모양으로 뒤틀리기 시작했다는 뜻이다). 내가 몸담고 있는 스토니 브룩 대학의 한 물리학 교수는 일반 물리 수업을 듣는 학생들에게 푸코의 원리를 직접 보여주기로 했다. 그는 기술자를 불러서 볼링공을 강의실 천장에 달았다. 교수는 학생들에게 원리를 설명한 뒤, 수업 시간 45분이 지나면 진자가 몇 도나 돌아가 있을지 측정해보자고 했다. 시간이 흘러 마침내 변이 각도를 측정하자 만족스럽게도 처음 계산했던 것과 정확히 일치하는 수치가 나왔다. 그런데 문제는 방향이 반대였다는 것이다! 매다는 데 문제가 있었던데다가 강의실의 외풍 기류까지 더해져 그런 말도 안 되는 결과가 나온 것이 분명했다.

푸코의 진자는 여타 박물관 전시물들과는 차원이 다르다. 우선 크기가 압도적이다. 플라스틱 박스나 액자에 가둘 수 없고 계단이나 천장이 높은 강당 같은 널찍한 공간을 필요로 한다. 불꽃을 일으키지 않고 윙윙 소리를 내지도 않으며 그저 엄숙한 위엄을 뽐내며 움직일 뿐이다. 더 중요한 것은, 관람객의 실천이 개입되지 않는 일방향적 전시일뿐더러 심지어는 인간들을 깡그리 무시하는 것처럼 보인다는 점이다. 그러면서도 인간의 경험적 직관에 정면으로 위배되는 진리를 보여준다. 이 점, 그리고 거대한 물리력과 연루되어 있는 운동이란 점 때문에 우리들은 저마다 푸코의 진자를 처음 본 순간을 오래 기억하는 것인지 모르겠다.

요즘도 프랭클린 박물관에 들러보면 나의 첫 푸코의 진자는 그 모습 그대로다. 나는 변함없는 모습을 볼 때마다 여전히 머물지 않는 그 간결미에 깊이 매료당한다. 진자는 움직이지만 사실 움직이지 않는 것이기도 하다. 진자는 회전을 하지만 사실 회전하는 것은 인간인 나라는 진실을 말해준다. 내가 진자를 바라보면 진자는 나를 비롯한 주변의 모든 것들이 끝없이 움직이고 있다는 사실을 얘기해준다. 인간의 인식과 경험이란 얼마나 기만적이고 한계가 분명한지 또렷하게, 그리고 극적으로 깨닫게 한다. 그리고 나는 불현듯 느낀다. 그 진정한 의미를 우리가 완전히 헤아린다는 것은 어쩌면 불가능하리라는 사실을.

Interlude 간주
과학과 숭고함

아름다움이란 다른 것이 아니고 공포의 시작이다. 다만 우리가 견
딜 수 있는 정도의 공포다. 조용하게 마치 경멸하듯 우리를 깔보기 때
문에 우리는 도리어 그토록 경외하게 된다.

— 릴케

푸 코의 진자는 말하자면 숭고한 아름다움을 갖추었다. 아름다
움에는 여러 종류가 있을 텐데, 탁 트인 전망을 통해 인간을
자연과 하나로 묶어주고 그럼으로써 세상에 대해 편안함을 느끼게
하는 아름다움이 있다. 그런가 하면 숭고한 아름다움은 무시무시할
정도의 힘을 내보이기 때문에 오히려 우리를 당황케 한다. 숭고한
것 앞에서 우리는 스스로 하찮고 보잘것없는 존재라 여기며 자연이
란 참으로 불가해하고 압도적인 것이라고 탄복한다. 자연은 인간의
것이 아닌 힘을 가진 존재로 보인다.

18세기의 철학자들, 특히 에드먼드 버크와 임마누엘 칸트 등은
숭고함의 본질에 대해 깊게 파고들었는데 다만 숭고함을 미의 한
양식으로 파악하기보다는 대비시키는 경향이 있었다. 버크는 공포

에 자극받을 때 숭고함을 경험하게 된다고 했다. 공포야말로 '숭고의 원천'이라는 것이다. 버크에 따르면 자연적인 공포뿐 아니라 인공적인 공포, 가령 정치적 공포 같은 것도 해당된다. 공포 앞에서는 바깥세상에 대처할 때 쓰던 우리의 전략들이 일거에 무용지물이 되며, 우리는 '인간의 마음이 느낄 수 있는 가장 강한 정서'를 품는다. 반면 숭고한 경험(가령 예술작품이 선사하는 경험)을 할 때 우리는 어느 정도 떨어진 안전한 곳에서 공포를 감상하는 것이므로 당장에 위협을 느끼지는 않는다. 역시 버크에 따르면, 숭고한 경험을 할 때 즐거운 까닭은 비록 무섭긴 해도 우리가 충분히 살아남을 수 있고 존재의 안식처도 계속 유지할 수 있다고 생각하기 때문이다. 그로써 특별한 쾌락을 맛보고 보다 활기차고 역동적인 기분을 갖게 된다.[1]

버크 다음으로 숭고를 연구했던 칸트는 숭고함을 두 가지로 구분했다. 하나는 칸트가 '수학적 숭고함'이라 불렀던 것으로서 상상이 불가능할 정도로 무한한 규모를 가진 것들이 일으키는 정서다. 이를테면 피라미드나 로마의 성 베드로 성당을 감상할 때의 정서인데, 그 거대한 전체를 파악하기에는 우리의 상상력이 너무나 협소하다는 느낌을 갖는 것이다. 다른 하나는 '역학적 숭고함'으로 압도적인 물리력에 관한 것이다. "가파르게 돌출한, 실제 위험천만인 바윗덩어리들, 하늘을 잔뜩 메우며 벼락과 천둥을 동반하고 다니는 먹구름, 어마어마한 파괴력을 지닌 화산들, 지나간 자리를 초토화시키는 폭풍들, 높이 출렁이는 망망대해의 파도, 거대한 강이 떨어지는 높은 폭포."[2] 칸트에 따르면 인간의 이성은 이들을 포함해 세상의 모든 것들에 적절한 범주를 부여함으로써 측정하고, 통제하고자 한다. 하지만 숭고함 앞에서 우리는 이런 노력이 허사로 돌아간다는 느낌을 받는다. 이런 것들을 통제하려는 시도는 영원히 성공하지 **못하리라는** 깨달음을 얻는 것이다. 그 점을 경험함으로써 우리는 탈출구 없는 수렁에 빠진다. 이런 경험은 물론 불쾌하다. 하지만 한편으로는 우리를 괴멸시킬 만한 물리력을 지닌 것들도 결코 침범할 수 없는 어떤 힘(자신의 주관성)이 우리 안에 존재한다는 사실을 일깨워주기도 한다. 그런 깨달음은 해방된 기분을 준다. 참으로 얄궂게도 불쾌를 느끼는 일에도 나름의 쾌가 있다는 것인데, 인간이 자연을 초월할 능력과 자유를 갖추었다는 사실을 생각이 아닌 정서를 통해 깨닫게 되기 때문에 우리는 즐거움을 느낀다. 이런 감정을 주는 것들이 숭배할 가치가 있는 것들이다.

푸코의 진자는 숭고미를 드러내는 과학이라는 점에서 다른 실험들과 다르다. 특정한 수치를 가질 것이 분명한 어떤 길이(지구의 둘레)를 재었던 에라토스테네스의 실험과 다르고, 수학 법칙 정립에 도움이 된 갈릴레오의 경사면 실험과 다르며, 자연의 새로운 속성을 드러낸 뉴턴의 프리즘 실험과도 다르다. 사실 모든 과학 실험들은 다 숭고한 데가 있다. 인간은 개념이나 실험 같은 것을 동원해 자연에 다가가지만 결국 그런 것들로는 다 이해될 수 없는 자연의 무한한 풍부함을 맛보게 된다는 점에서 그렇다. 하지만 푸코의 진자는 숭고미를 최고로 극적인 형태로 드러냈다. 그럼으로써 자연을 탐구하는 데 인간의 인식이 얼마나 무능력한 도구인지, 혹은 얼마나 어울리지 않는 도구인지 확실히 보여주었다.

푸코의 진자가 숭고함과 관계를 맺고 있다는 사실은 버크나 칸트, 심지어 움베르토 에코를 통해서도 확인할 수 있다. 푸코의 진자가 당대에 명성을 날렸을뿐더러 지금까지도 우리를 사로잡는 이유가 바로 그것이다. 지구의 자전을 가르쳐주었기 때문에, 혹은 자이로스코프라는 유용한 방향 지시 도구로 가는 발판이었기 때문에 매력적인 게 아니다. 전혀 예기치 못했던 문제, 즉 우리의 인식이라는 것을 더 깊게 이해하도록 요구하기에 매력적인 것이다. 그것은 어쩌면 완벽한 이해가 불가능한 문제인지도 모른다. 우리는 진자가 움직이는 것을 실제로 '보고' 있으면서도 사실은 지구가 움직이는 거라고 '이해하는' 것일까? 아니면 진자의 모습과 계단 앞 안내판의 설명 덕택에 실제로 지구가 움직이는 것을 '보는' 것일까? 어느 쪽이 되었든 과학이 인식을 지배하기는 마찬가지다. 전자라면 과학이 인식을 압도해버린 경우일 테고, 후자라면 교정해준 경우일 것이다.

그도 아니면, 푸코의 진자를 경험할 때 우리의 인식은 지시에 따라 재교육을 받는 셈일까? 눈앞에서 왔다 갔다 하는 추의 적나라한 활약 덕분이 아니라 추의 운동을 설명하기 위해 동원된 이론들, 이론을 제시한 사람들이 지닌 권위, 가설들의 포괄성, 가설을 통해 우리의 다른 지식들까지 멋지게 통합되는 모습 등등 때문에 말이다. 그리고 인간의 인식이라는 것이 그처럼 혁명적으로 재교육될 수 있는 것이라면 세상에는 이밖에도 얼마나 많은 신비가 숨어 있을 것인가? 우리가 특정한 방향으로 인식하도록 교육받은 탓에 미처 보지 못하는 것들이 얼마나 많이 있을까? 인식이 감추고 있는 비밀에는 또 어떤 것들이 있을까? 이런 깨달음을 얻고 동요되는 일, 그것이 바로 숭고함을 경험하는 일이다.

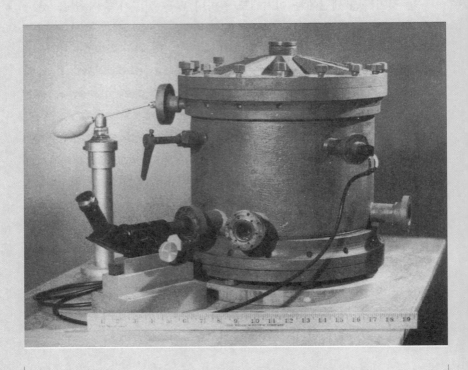

로버트 밀리컨의 기름방울 실험 기기.

여덟

전자를 목격하다
밀리컨의 기름방울 실험

19 23년, 미국 물리학자 로버트 밀리컨(1868~1953)은 노벨상을 받는 자리에서 관례에 따라 연설을 하던 중, 청중들에게 노벨상을 안겨준 실험에 대해 언급하며, 자신이 개별 전자를 눈으로 **목격**한 데는 의심의 여지가 없다고 말했다. "그 실험을 해본 사람은 문자 그대로 전자를 **목격**한 것입니다."[1]

밀리컨이 실험을 통해 실제로 소립자를 볼 수 있다고 딱 부러지게 주장한 데는 방어심도 한몫 했다. 그는 자신의 작업에 도전장을 던진 한 과학자와 논쟁에 휘말려 매우 감정이 상한 상태였다. 그야 어쨌든, 눈으로 전자를 볼 수 있다는 그의 주장은 진자를 통해 지구가 자전하는 것을 볼 수 있다는 푸코의 주장과는 궤를 달리한다. 밀리컨은 실험실에 특별한 기기를 설치함으로써 정말 매우 특수한 환경을 탄생시켰기 때문이다.

밀리컨이 전자에 대한 기나긴 실험의 세월로 접어든 것은 1907
년의 일이었다. 당시 그는 시카고 대학에 십 년 이상 재직해
오다가 막 종신 교수직을 얻은 참이었으며, 결혼하여 아이를 셋 둔
아버지로서 마흔을 바라보는 나이였다. 교과서를 여러 권 집필하며
좋은 평판을 얻긴 했지만 연구 면에서는 이렇다 할 성과를 낸 게 없
었다. 그는 물리학에 뭔가 독창적인 기여를 하고 싶어 안달이 난 상
태였고, 그때 마침 개별 전자의 전하량을 측정하는 문제에 관심을
쏟게 되었다.

그는 자서전에 이렇게 썼다. "모두들 전자의 전하 크기에 대해
관심이 대단했다. 아마 우주에서 제일 기초적이면서도 불변인 물리
량일 테지만 그때까지는 심지어 백 퍼센트 오차의 정확도 수준[불확
실한 범위가 측정값 자체만큼이나 크다는 뜻]으로도 측정된 적이 없었
기 때문이다."[2] 18세기 과학의 주된 도전 과제 중 하나가 지구의 밀
도, 즉 중력상수를 재는 것이었다면 20세기 초반 물리학의 주된 과
제 중 하나는 바로 전자의 전하 세기를 측정하는 것이었다. 이유도
다르지 않았다. 그 정보를 알게 된다면 우주의 구조에 대해 많은 것
을 이해할 수 있게 되기 때문이다.

노벨상 수락 연설에서 밀리컨은 청중들에게 전기가 무엇인지 간
략히 소개했다. 그는 우선 '간단하면서도 친숙한 몇 가지 실험들'을
떠올려보자고 했다. 가령 유리 막대를 고양이털에 문지른 뒤 도체

구에 갖다대면 금속박으로 싸인 공은 갑자기 '새롭고 놀라운 속성'을 얻게 되어 유리 막대로부터 멀리 펄쩍 뛰어오른다. 밀리컨은 이 것이 전기의 기초 현상이라고 설명했다. '전하'라는 이름의 뭔가가 막대에서 공으로 전해져서 공과 막대가 서로 반발하게 된 것이다. 벤저민 프랭클린은 전하의 실체가 수많은 초소형 입자들, 혹은 전기의 원자들이라고 주장했다. 전기 현상은 작은 낱알 또는 꾸러미 단위로 벌어진다는 것이다. 19세기 말엽, 과학자들은 프랭클린이 옳았음을 밝혀내고 만족했다. 전하는 정말 '전자'라는 이름의 자그만 물체들을 통해 전해지고 있었다. 자세한 것은 모르겠지만 전자는 분명 원자의 일부를 이루는 핵심 부품이었다. 과학자들이 알지 못하는 부분은 개별 전자의 전하가 특정 크기의 종류로 나뉘어져 있는가, 아니면 아무 크기나 다 가질 수 있는가 하는 점이었다. 그 정보는 원자의 구조에 관심을 둔 물리학자들뿐 아니라 화학 결합에 관심을 둔 화학자들에게도 결정적인 것이었다. 그런데 가장 작은 전기의 낱알을 대체 무슨 수로 발견하여 측정할 수 있을까?

밀리컨은 단독 전자 전하량 측정에 투신하는 게 모험이라는 것을 잘 알았다. 교과서 집필자로서의 안정된 경력을 버리고 험난한 실험 물리학의 세계로 뛰어드는 것이었기 때문이다. 그는 과거의 여러 경험들을 통해서 "물리학에 매진하면서도 풍부한 금맥을 캐내지 못한 채 세월을 보내는 이들이 얼마나 많은지" 알고 있었다. 단독 전자의 전하량을 측정하겠다는 그의 목표는 특히나 고난이도였다. 상상할 수 없을 정도로 작은 입자들 중 하나를 분리하여 작업한다는 것은 어떤 조건이라 할지라도 도전적인 과제였다. 게다가 당시에는 어떤 방식으로 실험을 해야 좋을지조차 알려져 있지 않았다. 말하자면 밀리컨은 높은 산을 오르려는 참인데, 어느 면으로 올라야 가장 쉬운지, 아니 최소한 등반이 가능하기라도 한지조차 알지 못하는 처지였던 셈이다. 그뿐 아니었다. 온 과학계가 전하량에 주목하고 있다는 것은 그만큼 많은 이들이 측정에 매달리고 있다는 뜻이었다. 밀리컨은 경쟁자가 많고 치열한 전장에 뛰어드는 것이었으며 그보다 노련하고 좋은 장비를 갖춘 이들이 한발 앞서 정확하게 성공해낼 우려가 있었다. 밀리컨에게는 창의성만 아니라 운도 필요했다.

가장 유력한 경쟁자는 케임브리지 대학 캐번디시 연구소의 소장 J. J. 톰슨이었다. 그는 1897년에 전자를 처음 발견한 이로(보다 정확하게 말하면 전자의 전하량 대비 질량 비율이 늘 일정하다는 사실을 발견했다), 정확한 전하량을 측정하는 게 얼마나 중요한 문제인지 잘 알았다. 톰슨은 뛰어난 학생들을 팀으로 조직하여 이 문제에 매달리고 있었다. 그들은 다양한 전략을 시도했는데, 그중에서도 가장 가망성 높았던 방안은 놀랍게도 실험실 내에 수증기 구름을 만들어내는 방법이었다.

몇 년 전, 톰슨의 동료 중 한 사람이 구름상자라는 기구를 발명했다. 상자 안의 공기를 과포화시켜(습도를 높인다는 뜻이다) 먼지 입자, 또는 전하를 띤 자유 입자인 이온(음으로 하전된 이온은 한 단위 이상의 전하를 지닌다) 등에 물방울이 뭉치게 함으로써 구름을 만들어내는 기구다. 과포화 공기가 이온 주변에서 응집된다는 사실 때문에 이 기구는 빠르게 움직이는 대전 입자의 궤적을 살펴보는 훌륭한 도구가 되었다. 가령 방사성 물질에서 방출된 입자 등을 추적할 수 있는데, 그런 입자들이 움직인 자취에는 늘 이온이 남아 있기 때문이다. 전자를 발견하고 일 년이 지난 1898년, 톰슨은 이 원리를 이용해서 전자 전하량을 대략적으로 계산했다. 그는 방사성 물질에서 음이온(이를테면 전자)을 방출시켜 구름상자 속 공기에 집어넣은 뒤 과포화 공기가 이온 주변에 뭉치도록 두었다. 비유하자면 전하를 띤 금속 공들이 가득한 구름을 형성시킨 셈이다. 그러고 나서 그는 구름의 전체 전하량을 쟀다. 언뜻 보기에도 어려운 이 작업을 해내려면, 이상하게 들리겠지만, 상자 속의 구름 최상층이 아래로 떨어지는 속도를 재야 했다. 유체 속에서 작은 액체 방울이 움직이는 운동을 묘사한 스토크스 방정식이란 게 있기 때문에, 구름이 떨어지는 속도만 측정하면 구름 속 물방울들의 평균 크기를 계산할 수 있었던 것이다(스토크스의 공식을 활용하려면 액체 방울의 밀도를 알아야 했는데 간단했다. 물방울이기 때문이다. 매질의 점성도도 필요한데 역시 간단했다. 공기이기 때문이다). 구름 속 수증기의 총 부피와 물방울들의 평균 크기를 알면 구름 속에 물방울들이 얼마나 들어 있는지 계산할 수 있다. 이때 수증기 방울들이 늘 하나씩의 전자를 둘러싸고 생긴다고 가정하자. 톰슨은 구름 전체의 전하량을 물방울의 수로 나눔으로써 개별 전자의 전하량을 추산할 수 있었다.

톰슨의 학생인 해롤드 윌슨은 방법을 더욱 개선시켰다. 윌슨은 구름상자 안에 수평으로 금속판을 장착하여 기구 내부에 전기장을 걸 수 있게 했다. 아래위 금속판을 대전시키면 가운데 있는 전하는 전기장의 영향을 받아 아래로 끌려갔다. 윌슨은 스톱워치를 써서 증기 구름이 떨어지며 눈금을 지나는 속도를 측정했다. 처음에는 중력의 영향만으로 떨어지게 한 뒤 다음에는 전기장의 영향을 더해 좀더 빨리 떨어지게 했고, 두 결과를 비교했다. 이것은 대단한 진전이었다. 측정 대상인 구름층이 정말 전자를 품은 물방울로 이루어져 있음을 확인할 수 있었기 때문이다. 물방울이 전자를 포함하고 있어야 중력만 작용할 때보다 전기장이 함께 걸릴 때 더 빨리 떨어질 것이다. 윌슨은 가장 작은 전하량을 가진 물방울을 골라낼 수도 있었다. 하나 이상의 전자를 품은 물방울은 전하량도 그만큼 커서 훨씬 빨리 떨어지기 때문이다. 하지만 윌슨의 계산도 근사치에 불과하기는 마찬가지였다. 일단 구름이 너무 빨리 증발했고, 뒤를 이어 형성된 다음번 구름은 이전 것과 양태가 달라서 비교하기 어려울 때가 많았다.

밀리컨은 1906년에 대학원생 루이스 베거먼과 함께 실험에 덤벼들었다. 처음에 그들은 윌슨의 방법을 시도해보았으나 제대로 되지 않았다. 구름의 상층 표면이 워낙 불안정하고 불확실해서 그걸 기준으로 정확한 측정을 한다는 건 불가능에 가까웠다. 밀리컨은 시카고에서 열린 학회에 나가 작업을 발표한 뒤 저명한 과학자 어니스트 러더퍼드의 조언을 들었다. 물방울이 너무 빨리 증발하는 점이 주된 문제이리라는 지적이었다. 밀리컨은 증발 문제뿐 아니라 기타 여러 가지 난점들을 해소하기 위해서라도 방식을 완전히 바꿔볼 필요가 있음을 깨달았다.

낙담한 밀리컨은 증발 속도에 대해 알아보기로 했다. 어떻게든 보완할 요량이었다. 캐번디시의 실험에서 언급했던 '실험가의 조심성'이 여기서도 드러난다. 밀리컨은 보다 강한 전기장을 걸고 전류의 방향도 바꾸기로 결정했다. 그러면 하전된 입자들이 위로 끌어올려질 것이므로 구름이 가만히 멈춰 있는 동안 증발률을 점검할 수 있을 것이다. 그러나 첫 시도에서 그는 충격을 받는다. 어찌나 암담했던지 처음에는 아예 불가능한 목표가 아닐까, 가망 없는 실험이 아닐까 생각할 정도였다.

모든 준비가 끝나고 마침내 구름이 만들어졌을 때, 나는 스위치를 올려 전기장을 걸었다. **눈앞에 펼쳐진 일은 구름이 순식간에 낱낱이 흩어져버리는 현상이었다. 다른 말로 하면 구름의 '최상층 표면'이 사라져버린 것이다.** 그래서야 윌슨이 작업했던 대로 눈금을 지나게 해서 측정을 할 수가 없었다. 내가 예상한 바와 달랐다.[3]

구름은 하나 이상의 전자를 품은 물방울들로 이루어진 것이 분명했는데, 그 전체가 강한 전기장에 휩쓸려 사라져버린 것이다. 밀리컨은 이렇게 썼다. **"처음에는 내 실험이 엉망이 된 것처럼 보였다.** 이 온화한 구름의 낙하 속도를 측정하는 실험은 더 이상 불가능한 게 아닌가 싶었다."

여러 차례 시도해보아도 같은 결과가 날 뿐이었다. 그런데 그때, 밀리컨은 발상을 극적으로 전환시킬 만한 무언가를 목격하게 된다. 한줌의 물방울들이 가만히 정지해 있는 걸 보게 된 것이다. "이 물방울들이 취한 질량 아니면 무게 대비 전하 비가 어떤 특정 값이 된 덕택에, 중력에 의해 아래로 끌어내려지는 힘과 전기장이 물방울의 전하를 잡아당겨 위로 끌어올리는 힘이 서로 상쇄되었던 것이다…… 덕분에 내가 이름 붙인바, **e[전자의 전하량]를 결정하기 위한 '균형 잡힌 방울 기법'**이라는 것이 시작되었다."[4]

밀리컨은 금속 공들이 잔뜩 모인 구름 대신 각각의 금속 공을 갖고 작업하는 방법을 찾아낸 것이다. 상자에 걸리는 전기장의 세기를 조정함으로써 작은 물방울들을 위아래로 움직이고, 가만히 서 있게 할 수도 있었다. 실험을 여러 번 반복한 끝에 그는 균형을 이루는 물방울들의 전하량이 모든 관찰들 중 가장 작았던 전하량의 배수로만 존재한다는 것을 알게 되었다. 전하가 일정 단위로 존재한다는 사실을 모호하게나마 최초로 증명한 것이다.

밀리컨은 구름 대신 개별 방울들을 탐구하는 데 알맞도록 기기를 손보았다. 수평 금속판에 난 작은 구멍을 통해서 대전된 물방울들이 상자 속으로 떨어지면, 전기장으로 들어온 그것들이 눈금 사이로 오르락내리락 하는 모습을 현미경으로 관찰하는 식이었다.[5]

밀리컨은 경이로울 정도로 운이 좋았다. 자신도 알고 있었다. 애초 실험이 성립하려면 많은 변수들이 좁은 범위 내의 특정 값을 가져야 했다. 물방울이 훨씬 작았다면 브라운 운동(액체 속을 맴도는 미립자가 액체 분자들과의 충돌 때문에 마구잡이로 움직이게 되는 것) 때문에 관찰 자체가 불가능했을 것이고, 반대로 훨씬 컸다면 그들을 고정시키기에 충분한 전압을 만들어낼 수 없었을 것이다. 밀리컨은 후에 이렇게 썼다. "이때 자연은 매우 관대했다. 크기, 전기장의 세기, 재료 등이 조금이라도 다르게 결합되어 있었다면 이와 같은 결과를 얻기란 매우 어려웠을 것이다."

1909년 가을, 밀리컨은 '균형 잡힌 방울' 기법에 대한 첫 정식 논문을 완성했고 이것은 다음해 2월에 출간되었다. 논문은 모든 내용을 정직하게 공개했다는 점에서 특기할 만했다. 과학사학자 제럴드 홀턴은 "과학 문헌의 세계에서 쉽사리 찾아볼 수 없는 발전"이라고 표현했다. 밀리컨은 38개 물방울의 관측 값에 등급을 매긴 후 그 신뢰도에 대해서 일일이 직접 평가했던 것이다. 그는 '최고'의 관측치 2개에 대해서는 별 셋을 매겼다. '완벽한 듯한 조건' 하에 이루어진 관찰들이라고 했는데, 이는 물방울이 진짜 정지했다고 확신할 수 있을 정도로 오래 관찰했고, 눈금을 지나는 시각을 정확히 잴 수 있었으며, 운동 모습에서 어떤 이상도 발견되지 않았다는 뜻이다. '매우 좋은' 관측치 7개에는 별 둘을, '좋은' 관측치 10개에는 별 하나를 매겼다. 그리고 '괜찮은' 관측치 13개에는 별을 주지 않았다. 더욱 눈길을 끄는 점은, 솔직하게도 세 개의 '좋은' 관측치를 폐기한 사실을 밝힌 것이다. 그것들을 포함해도 최종 결과가 달라지지는 않았겠지만 그 물방울들의 위치나 전기장의 값 같은 부분에 뭔가 석연찮은 면이 있어 측정이 불확실한 것 같다고 밝혔다. 전기장

세기가 일정치 못했던 것이 셋 있었고, 다른 전하량들보다 30퍼센트 적은 값을 가진 단순한 이상치가 하나 있었다. 밀리컨은 이 경우 모종의 실험적 실수가 있었으리라고 믿었다. 홀턴은 이렇게 분석했다. "밀리컨은 자신이 잘 된 실험을 봤을 때는 즉각 알 수 있었다고 주장했다. 잘 되었다는 것이 뭔지 계량하거나 기록으로 남길 수 없다 하더라도 간과할 수 없는 사실임에 분명하다고 말한 것이다."[6] 인간적 판단은 늘 과학 활동의 한 부분을 차지한다. 하지만 실험가들은 그 사실을 좀체 인정하지 않으며, 문헌에 적을 마음은 더더욱 없다.

'좋은 일을 해도 구설에 오르게 마련'이라는 말을 증명하기라도 하듯 밀리컨은 곧 지나치게 정직했던 일을 후회하게 된다. 그해에 빈 대학의 물리학자 펠릭스 에렌하프트(1879~1952)가 논쟁에 가담했다. 에렌하프트는 밀리컨의 것과 비슷하지만 물방울 대신 금속 미립자를 활용한 기구를 사용한 실험 결과를 1910년에 발표했는데, 그에 따르면 밀리컨이 최소라고 주장했던 전하량보다 한층 작은 값을 갖는 '전자 이하의 하전입자'가 존재한다는 것이다. 그뿐 아니었다. 에렌하프트는 밀리컨이 신뢰할 수 없다며 버렸던 관측치를 포함시켜 밀리컨의 데이터를 재계산했다. 그럴 경우 미국 실험가의 데이터가 자신의 결론을 지지하는 것으로 드러난다는 듯 포장했다.

에렌하프트의 논문이 등장할 무렵 밀리컨은 이미 실험을 크게 개선할 방법을 발견한 후였다. 첫 논문을 제출하기 직전인 1909년

8월, 밀리컨은 영국 과학진흥협회 모임에 참석하기 위해 캐나다 위니펙을 찾았다. 그해의 협회 회장은 J. J. 톰슨이었다. 밀리컨은 원래 프로그램의 발제자가 아니었지만 실험 결과를 발표하게 해달라고 요청했고, 소개 결과 큰 관심을 끌었다. 모임 직후 그는 물방울보다 무거워서 증발률도 낮은 물질, 가령 수은이나 기름을 쓰기로 결심했다. 다른 종류의 금속 공을 만드는 셈이다. 20년 뒤 출간한 자서전에서 밝힌 바에 따르면 '유레카'의 순간과도 같았던 그 돌파구를 떠올린 것은 집으로 돌아오는 길에서였다. 쉽게 증발되지 말라고 발명된 시계용 기름들이 즐비한 마당에 물방울의 증발과 씨름한다는 게 얼마나 어리석은지, 비로소 깨달았다는 것이다.[7]

그렇지만 발상의 순간이 흔히 그렇듯 실제 어떤 식으로 깨우침을 얻게 되었는지 꼬집어 말하기는 어렵다. 구름의 상층 표면만큼이나 명료하지 못하기 마련이다. 당시 씌어진 논문을 보면 밀리컨은 새 실험에서 분무법을 통해 작은 입자를 만든 공로를 동료 J. Y. 리에게 돌리고 있다. 또 뒷날 밀리컨의 지도 학생 하비 플레처는 기름방울 발상이 자신의 것이라 주장한 바 있다. 십중팔구 단 한 사람이 결정적인 돌파구를 찾아낸 것도, '유레카'의 순간을 빚어낸 발상이 단 한 가지였던 것도 아닐 것이다. 증발 억제 문제는 실험에 참가한 모든 이들의 머릿속에서 최우선 과제였다.

위니펙에서 시카고로 돌아온 밀리컨은 지체 없이 실험실로 향했다. 실험실이 있는 라이어슨 홀은 캠퍼스 정중앙에 수풀이 우거진 부지 가장자리에 놓인 건물이었다. 총안이 있는 흉벽까지 갖춘 근사한 신 고딕 양식 건물이라 바깥에서 볼 때는 19세기 말 미국 제일의 물리학 연구소들 중 하나로 건축된 것임을 믿기 어려울 정도다. 내부도 그랬다. 거대한 참나무 들보와 웅장한 나선형 계단을 보노라면 실험실이라는 생각이 들지 않았다. 견고하고 단열이 훌륭한 이 건물은 나무와 석재만으로 지어졌고 철은 사용되지 않았다. 행여 자기적 교란이라도 생겨 미세한 전자기장을 동원하는 실험들에 방해를 줄까 저어했던 탓이다. 그런 의견을 고집한 사람은 미국인 물리학자 앨버트 마이컬슨이었다. 그는 자신의 실험을 위해서 이런 저런 세목과 건축 자재 문제를 까다롭게 따졌다.

밀리컨은 라이어슨 홀 입구에서 바로 그 마이컬슨과 마주쳤다. 밀리컨은 유능한 동료에게 말하기를, 전자의 전하량을 1퍼센트의 10분의 1 수준 정확도로 측정할 방법을 발견했으며, '성공하지 못하면 나는 멍청이'라고 했다. 그는 즉각 공방에 들러 새 기기를 주문했다. 예의 균형 잡힌 방울 실험을 위한 기기이지만 이번엔 기름을 쓰는 것이다. 실험 방법은 이전과 다르지 않았다. 기름방울이 가득한 상자에 음전하를 방출시키고 몇 분의 1초 정도 중력만으로 낙하하도록 내버려두었다. 그러면 방울의 반경을 계산할 수 있다. 다음에 금속판에 전압을 걸어 작은 방울들이 위로, 다시 아래로, 또 다시 위로 움직이도록 조정했다. 그는 조명을 반대편에서 밝히고 작은 창문 너머로 방울들을 관찰했다. 밀리컨은 기름방울들이 오르락내리락 하는 시간을 잼으로써 전하량을 계산할 수 있었다.

그때부터 밀리컨은 강의 시간도 최대한 줄이고 온통 실험에 몰

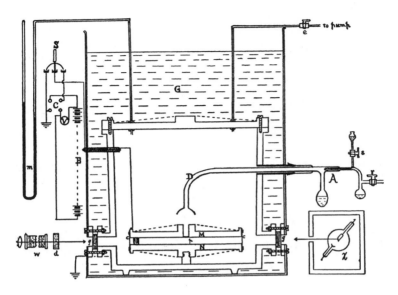

[그림 8-1] 기름방울 실험을 설명한 밀리컨의 그림.

두했다. 아내 그레타는 남편이 없는 데 익숙해졌고 심지어는 집을 찾은 손님들에게 사과하는 데에도 이력이 붙었다. 여느 때처럼 집 주인 노릇을 했어야 하는 저녁 식사 모임을 빼먹은 뒤, 밀리컨은 당황스런 이야기를 들은 적이 있었다. 나중에 마주친 손님 중 한 명이 밀리컨의 수고에 대해 칭찬을 늘어놓았다. 밀리컨은 당시 집에 있지도 않았는데 말이다. 사정은 나중에 밝혀졌다. 그레타가 밀리컨이 없는 것을 사과하면서 그는 "한 시간 반이나 줄곧 이온을 관찰하고 있는데다가(had watched an ion) 좀더 할 일이 있다"고 말했는데, 손님들은 그 말을 "한 시간 반이나 줄곧 청소와 다림질을 한데다가(had washed and ironed) 좀더 할 일이 있다"고 알아들은 것이었다.[8]

1910년 9월, 밀리컨은 전자의 전하량을 다룬 두번째 논문, 즉 기름방울의 결과를 담은 첫번째 논문을 『사이언스』지에 발표했다. 그 몇 달 전에 에렌하프트가 자신의 데이터를 증거로 밀리컨을 공격한 논문을 발표했지만 밀리컨은 아직 읽지 못한 상태였다. 두번째 논문은 첫번째 논문과 구성이 흡사했다. 이번에는 방울에 등급을 매기지 않았지만 전자 전하량 계산 시에 몇몇 관측치를 누락시켰다는 사실은 여전히 솔직하게 밝혔다. 그에 따르면 몇몇 경우에 커다란 실험적 오류들이 있었다. '속도가 지나치게 느릴 때는 잔류로 인한 대류 현상[열에 의해서 공기 중에 소용돌이가 생기는 일]이 발생해 오류가 나고, 반대로 속도가 지나치게 빠를 때는 시간 측정이 부정확해진다.' 또 몇몇 경우는 측정값이 평균에서 너무 벗어난 '비정상'적 수치라 누락시켰다. 그러나 이 방울들을 포함시킨다 해도 평균 전하량 값에는 큰 영향이 없을 것이며 단지 실험의 오차 범위가 조금 달라질 것이라고 주장했다. 밀리컨은 이렇게 썼다. "너무 간단한 방법이고, 실험 데이터로부터 이끌어지는 결론도 너무 자연스럽다. 길 가는 사람 아무나 붙잡고 말해도 실험 방법을 이해시키거나 결과를 확인시키는 데 어려움이 없을 것이다."[9]

밀리컨은 계속 기기를 개량해갔다. 보다 정교한 시계장치를 활용하거나 온도 통제를 강화하는 식이었다. 그리고 1911년을 거쳐 1912년에 이르기까지 더 많은 관찰 결과를 축적했다. 그는 구름상자 한쪽 면에 부착된 현미경에 눈을 바싹 댄 채 수십 개의 기름방울들을 관찰하느라 몇 주나 꼼짝 않곤 했다. 3월 15일 금요일 오후에는 한 시간 반을 들여 마흔한 번째 기름방울을 점검했다. 현미경에 눈을 대고, 스톱워치를 들고, 미세한 눈금 사이로 방울이 오르내린 시각을 기록했다. 그는 이 기름방울을 매우 똑똑히 볼 수 있었고 기류와 같은 흔한 방해 현상도 없었다. 일은 지루한 편이었지만 밀리컨은 갈수록 흥분되었다. 그는 관찰 결과를 실험실 공책에 적을 때 왼쪽 아래 귀퉁이에다 이렇게 덧붙여두었다. 우리 책의 첫머리에 소개했던 말이다. "아름다움. 이 결과는 반드시 발표할 것, 아름답다!"[10]

그때쯤에는 밀리컨도 그의 논문이 허위라고 비난하며 전자 이하의 입자인 하전입자의 존재를 뒷받침하는 새로운 결과가 있다고 주장하는 에렌하프트의 논문을 알게 되었다. 에렌하프트에게는 열렬한 지지자까지 몇 생겨난 터였다. 1913년, 밀리컨은 개량 기구를 사용해 작업한 결과를 바탕으로 종합적인 논문을 다시 펴냈다. 그는 에렌하프트의 도발에 다소 자극을 받은 게 분명했다. 논문에서 밀리컨은 58개 기름방울들을 관찰한 결과를 그대로 실었으며, 이것은 "추려낸 데이터가 아니라 60일 동안 실험한 모든 관찰 결과를 빠짐없이 수록한 것"이라고 날카롭게, 방어적으로 선언했다.[11] 그 결과 전자의 전하량($4.774 \pm 0.009 \times 10^{-10}$ 정전단위, 또는 esu)을 0.5퍼센트 오차 내로 계산할 수 있었다.

학계는 밀리컨의 결론을 수용했다. 단지 그의 논문 하나만 평가했다기보다 전기의 원자적 속성을 지지하는 그 밖의 여러 증거들을 넓게 고려한 결과였다. 1923년, 밀리컨은 이 작업의 성과로 노벨상을 받는다. 에렌하프트는 그후로도 몇 년 간 전자 이하 하전입자를 열렬히 옹호했지만 결국에는 포기했다. 에렌하프트는 말년에 또 다른 문제에 비슷한 집착을 보이게 된다. 자기단극, 즉 한쪽 극만 가지는 자석이 존재할 수 있느냐 하는 문제였다(존재할 가능성이 없지는 않겠지만 누구도 관찰하진 못하고 있었다). 가끔 그는 학회에 나타나 자기단극의 증거라는 것들을 끈질기게 내보이곤 했다. 1946년 뉴욕 시에서 열린 미국 물리학회 연례 총회에서는 특히나 신랄한 장면이 연출되었다. 젊은 이론가 에이브러햄 페이스가 발표를 하는데 에렌하프트가 불쑥 끼어들어 훼방을 놓은 것이다. 일흔을 바라보는 나이이던 에렌하프트는 아직도 자기단극을 적극 주장하고 있었다. 연단에 들이닥친 그는 자기 말을 들어줄 것을 요구하다가, 종내 정중하게 회의실 밖으로 끌려 나갔다.

당시 허버트 골드스타인이라는 한 젊은 물리학자가 스승 아놀드 지거트와 나란히 그곳에 앉아 있었다. 골드스타인은 지거트에게 물었다. "페이스의 이론이 에렌하프트의 이론보다 훨씬 말도 안 되는 것처럼 보이는데요. 그런데 왜 페이스는 물리학자라고 하고 에렌하프트는 미치광이라고 하나요?"

지거트는 잠시 생각하고는 답했다. "에렌하프트는 자기 이론을 정말 **믿고** 있기 때문이지."[12]

지거트의 말은, 에렌하프트의 경우 너무 강한 신념 때문에 과학자라면 응당 가져야 할 상식적이고 쾌활한 태도가 사라졌다는 뜻이다. 위험을 무릅쓰고, 즉석에서 변화를 추구하는 능력이 없어졌다는 것이다(니체가 말했듯이 신념은 거짓보다 위험한 진실의 적이다).

밀 리컨이 데이터를 조작했다는 에렌하프트의 주장은 옳을까? 홀턴은 1913년 논문의 바탕이 된 실험실 공책을 점검해본 결과 밀리컨이 기름방울을 140개 관찰했다고 확인했다. 논문에서는 58개를 실험했다고 했는데 말이다. 그렇다면 "추려낸 데이터가 아니라 60일 동안 실험한 모든 관찰 결과를 빠짐없이 수록한 것"이라던 밀리컨의 주장은 거짓이다. 눈살을 찌푸릴 만한 일이건만, 연구자인 홀턴 본인은 그리 심하게 동요하지 않고 두 가지 부분적 설명을 제시했다. 하나는 에렌하프트와의 논쟁 때문이라는 것이다. 밀리컨은 자신이 옳다고 확신하고 있었기에 에렌하프트에게 더 이상 빌미를 주고 싶지 않았다. 그래봤자 논점이 흐려질 뿐이라고 생각했을 수 있다. 밀리컨이 나머지 기름방울들에 대해 언급하지 않은 두번째 이유는 실험의 오류 때문인 것이 분명하다. 홀턴이 기록에서 찾은 내용을 보면 명확하다. "배터리 전압이 떨어졌다. 유체압력계의 공기가 막혔다. 대류 현상으로 방해가 일어났다. 거리 측정이 일정하지 못했다. 스톱워치 작동에 이상이 있었다. 분무기가 고장났다." 한마디로 밀리컨은 '사라진' 여든두 개의 기름방울들은 아예 데이터의 가치가 없다고 보았던 것이다. 밀리컨의 공책을 보면 기름방울들이 두 종류로 확연히 나뉘어 있다. 한쪽은 완벽한 조건 아래에서 관찰된 것들로서 그가 종종 '아름답다'고 묘사했던 것이고, 나머지는 다양한 오류들로 인해 영향받은 관찰치들이었다. 실험의 마지막 주에 밀리컨이 공책에 적은 내용 중 일부를 홀턴이 아래와 같이 발췌했다.

아름다움. 온도와 조건 완벽, 대류 현상 없음. 발표할 것[1912년 4월 8일]. 발표할 만큼 아름다움[1912년 4월 10일]. 발표할 만큼 아름다움[여기에 가위표가 쳐 있고 다음 문장으로 대체되었다]. 브라운 운동이 발생했음[1912년 4월 10일]. 완벽함, 발표할 것[1912년 4월 11일]. 최고로 훌륭한 데이터 중 하나[1912년 4월 12일]. 이제까지를 통틀어 가장 좋은 결과[1912년 4월 13일]. $V_1 + V_2$의 값을 얻는 두 가지 방법의 결과가 일치함을 보여주는 아름다운 사례, 꼭 발표할 것[1912년 4월 15일]. 발표할 것. V값을 얻는 두 가지 방법을 보여주는 괜찮은 예…… 아니다. 온도계에 뭔가 이상이 있음.[13]

그러니까 밀리컨은 발표해도 좋을 만한 기름방울들을 미리 골랐던 것이고, 에렌하프트가 더 이상 비난하지 못하도록 여지를 없애는 차원에서 누락 사실을 아예 밝히지 않았던 것이다. 밀리컨은 전자의 전하량을 구하는 진정한 문제 앞에서 그 데이터들은 아무 의미가 없다고 보았다. 홀턴의 설명을 빌려 표현하면, 밀리컨은 어떤 것들을 과학적 '창문' 너머로 받아들일 것인지, 달리 말해 어떤 것들을 진정한 데이터로 인정할 것인지 가려내는 과정에 개인적 판단력을 활용한 것이다. 홀턴에 따르면 에렌하프트와 그 지지자들은 반대의 입장이었다. 그들은 "좋든 나쁘든 무관한 것이든, 힘들여 수집한 모든 관찰치를 사용할 것으로 보인다". 그들은 모든 것을 창 너머로 받아들였으며 모든 데이터가 동등한 가치를 갖는다고 생각했다.

홀턴의 분석이 발표된 이래 수많은 역사학자, 언론인, 과학자들이 밀리컨의 연구 과정이 과연 윤리적이고 유효한 것인지에 대해 논박했다. 그들 대부분은 모종의 교훈을 드러내기 위해서 밀리컨의 이야기를 가공하곤 했다. 자신이 말하고 싶은 논점을 부각하고자 복잡한 맥락을 쳐내고 단순화했다. 사실상 역사적 시연을 만들어낸 셈이다. 역사적 사건을 다루는 글을 쓸 때는 정도의 차이는 있을지라도 늘 그런 경향이 존재하는 게 사실이다. 하지만 밀리컨의 경우는 개중에서도 특히 흥미롭다. 과학사학자 율리카 세예르스트롤레는 로버트 밀리컨의 노벨상 실험을 다룬 담론들에 대해 '통조림에 담긴 교육론'이라고 싸늘하게 비판했다.[14] 이 사례에서 가장 두드러지는 특징은 하나의 일화가 철저하게 반대되는 서로 다른 깡통들에 우겨넣어졌다는 점이다. 한쪽은 밀리컨을 훌륭한 과학자로 보는 진영이고 다른 쪽은 그를 양심 없는 사기꾼의 전형으로 보는 진영이다.

홀턴의 논문을 훑은 언론인과 과학 저술가들 중 몇몇은 밀리컨의 데이터 누락에 초점을 맞추었다. 특히 밀리컨이 1913년 논문에서 관찰치를 하나도 빠짐없이 포함했다고 거짓 주장한 점을 지적했다. 이유는 분명하다. 그들이 보기에 이 노벨상 수상자는 과학 윤리를 어긴 죄인인데다 심지어 사기꾼인 것이다.[15] 『뉴욕 타임스』 기자인 윌리엄 브로드와 니콜라스 웨이드는 1983년의 공저 『진실의 배반자들: 과학의 전당에 등장한 사기꾼과 거짓말쟁이들』에서 이렇게 호통을 쳤다. "밀리컨은 실험 결과를 실제보다 훨씬 설득력 있어 보이게 하기 위해 거짓된 방식으로 포장했다."[16] 의학자 알렉산더 콘은 『거짓 예언자들』이라는 제목의 책에서 밀리컨을 거짓 예언자의 사례로 들었다. 다만 데이터의 고의적 누락 문제보다는 밀리컨이 대학원생 플레처의 공로를 제대로 인정하지 않았다는 항간의 주장에 더 초점을 맞춘 듯하다.

반면 다른 과학사학자들은 밀리컨을 좋은 과학자의 사례로 칭송해왔다. 밀리컨이 데이터의 신뢰도에 대해 올바른 판단을 내린 것에 초점을 맞춘 것이다. 이들은 과학적 사고란 단순한 숫자의 문제가 아닌 판단의 문제라는 점을 지적한다. 또 숫자에만 엄격하게 매달렸다면 도리어 미궁에 빠졌을 상황에서 정확한 해석을 동원함으로써 실험을 성공시킨 여러 과거 과학자들의 예를 거론한다. 모든 데이터가 동등하게 산출되는 것은 아니다. 1984년, 과학사학자 앨런 프랭클린은 밀리컨이 1913년 논문에서 누락시켰던 기름방울들을 하나하나 다시 분석하는 수고로운 작업을 해보았다. 그 결과 누락된 데이터에는 거의 대부분 확실한 실험 오류가 있었다는 사실을 확인했으며, 더 중요한 일이겠지만, 밀리컨이 그것들을 전부 포함시켰더라도 최종 결과는 크게 달라지지 않았으리라는 사실을 확인했다.[17]

역사적 정확성이나 과학 연구 과정보다 자신이 주장하고픈 모종의 교훈에 집착하는 사람들은 두 가지 양극단의 이야기를 줄기차게 재생산하고 있다. 그러나 두 시각 모두 복잡성을 간과한다는 점에서 문제가 있다. 밀리컨을 나쁜 과학자로 치부하는 이들은 왜 모든 데이터가 똑같이 좋지 못한지, 왜 가끔 일부를 버리는 게 좋을 때가 있는지 얘기해주지 않는다. 한편 밀리컨을 좋은 과학자로 숭앙하는 이들은 결과를 가장 먼저 발표하고자 하는 압박감, 그로 인해 데이터에 손을 대게 되는 현상에 대해 얘기해주지 않는다. 이런 충돌은 왜 생기는 것일까? 세예르스트롤레에 따르면 과학 활동의 윤리에 대한 서로 다른, 양립하기 힘든 두 가지 시각이 존재한다는 것이 큰 문제다. 첫번째는 칸트적(혹은 '의무론적') 시각으로서, 사람들이 보통 자신들에게 적용하는 원칙들을 나 또한 스스로에게 적용할 용의가 있을 때 그것을 도덕적 행동이라 부른다. 이렇게 본다면 밀리컨은 윤리적이지 못했다. 데이터를 발표하는 일반 원칙을 따르지 않았기 때문이다. 두번째는 실용주의적 시각이다. 과학 활동이란 처음부터 끝까지 오로지 정확한 결론을 얻기 위한 작업이라는 것이다. 밀리컨이 한 일이 바로 그런 것이다. 세예르스트롤레 역시 지적한바 과학계의 경쟁은 너무나 극심하기 때문에 설령 약간의 임시변통이라 할지라도 정확한 결론을 남보다 앞서 얻어내고자 경주하지 않는 자는 도태되게 마련이다.

밀리컨의 행동을 둘러싸고 논박이 오가는 바람에 기름방울 실험의 아름다움은 돌이키기 힘든 손상을 입었다. 하지만 그 아름다움을 다시 확인해보는 것은 확실히 가치 있는 일이다. 우선 우리는 밀리컨이 실제로 **본** 것이 무엇이었는지 곰곰이 생각해봐야 한다. 그는 손수 제작한 상자 속을 현미경을 통해 들여다보았다. 상자는 특이한 배우가 등장해 특이한 활약을 보이는 자그만 무대였다. 한 번에 한 명씩 작은 무대에 오르는 배우들이란 지름이 몇 미크론밖에 되지 않는 초소형 기름방울들이었다. 기름방울은 지름이 가시광선의 파장 정도밖에 되지 않을 정도로 작았기 때문에, 빛이 그 주위로 감겨 지나가면서 회절을 일으켰다. 그래서 기름방울은 눈금을 지날 때 또렷한 공처럼 보이는 게 아니라 가장자리가 뭉개진 원처럼 보였다. 회절로 인한 링이 방울을 감쌌기 때문이다. 그 때문에 밀리컨은 눈으로 직접 방울의 크기를 재지 못하고 스토크스의 법칙에 의존해 계산해야 했다. 아크 등불을 받은 기름방울은 캄캄한 밤하늘에 반짝이는 별처럼 보였다. 방울들은 환경에 극도로 민감했고, 공기 중의 기류, 공기 분자와의 충돌, 그들을 움직이려고 건 전기장의 세기 등에 예민하게 반응했다. 밀리컨은 전기장의 세기에 따라 기름방울들이 위아래로 오르내리는 것을 보았다. 그는 그들이 기류 탓에 이상한 방향으로 흘러가는 것을 보았다. 그는 그들이 브라운 운동을 하며 마구 튀어 다니는 것을 보았다. 그는 전기장 속에서 움직이던 기름방울이 공기 중의 다른 이온과 부딪쳐 갑자기 펄쩍 뛰어오르는 것도 가끔 보았다. "단독 전자 하나가 기름방울에 튀어 올랐다. 사실 우리는 전자가 기름방울에 올라탔다가 떨어지는 정확한 순간을 눈으로 직접 볼 수 있는 셈이다."[18] 기름방울이 "가능한 가장 낮은 속도로 위로 움직이고 있을 때는 기름방울에 단 하나의 전자만이 올라타고 있다는 사실을 확신할 수 있었다". 그는 상자에서 벌어지는 모든 일들을 파악할 수 있을 정도로 상황에 익숙해졌다. 또 눈앞에 펼쳐지는 광경이 우주의 새로운 속성을 보여주고 있음을 잘 알았다. 우리는 어떤 복잡한 상황에서 어떤 물체가 잘 알려진 법칙에 따라 움직이는 모습을 볼 때 감각적인 쾌락을 느낀다. 이를테면 농구공이 공중을 날아가 링에 부딪쳐 튕긴 뒤, 골대의 백보드에 맞고, 다시 링 속으로 빠져 들어가는 것을 볼 때처럼 말이다. 밀리컨이 목격한 장면은 무언가 근본적인 것, 즉 전하라는 근본적인 현상을 증명하는 활동이었다. 그것은 실러가 늘 말하던 종류의 아름다움이었다. "우리를 감각의 세계에서 끌어내지 않으면서도 동시에 관념의 세계로 인도하는" 그런 아름다움이었다.

시카고에 머물던 어느 날 오후, 갑작스런 충동에 휩싸인 나는 밀리컨이 실험을 했던 장소가 어딘지 찾아보기로 했다. 전자의 전하량을 측정했던 일련의 실험, 노벨상을 안겨준 실험, 그것이야말로 앞으로 펼쳐질 전자 시대를 결정짓는 순간이었을 것이다. 나는 시카고 대학으로 가 어찌어찌 라이어슨 홀까지 찾아갔지만 밀리컨에 대한 기념물 같은 것은 하나도 발견하지 못했다. 건물을 오가는 사람들 중에서 실험이 벌어진 연구실이 정확히 어디인지 아는 사람도 없었다. 로버트 밀리컨이 누구냐고 되묻는 이들까지 있었다. 한 비서가 홍보 부서에 도움을 요청해보라고 하기에 그렇게 해보았지만, 그들 역시 난처해하긴 매한가지였다. 이제 컴퓨터과학 학부의 본관이 된 건물에서 나는 밀리컨이나 그의 실험의 자취를 하나도 찾아볼 수 없었다. 실험실에서의 재연, 역사적 포장, 재포장은 언제까지고 반복될 것이다. 하지만 밀리컨이 수행했던 실제 그 실험은 이미 가뭇없이 망각으로 사라지고 말았다. 모든 과학 실험들의 운명이 그렇듯 말이다.

과학에서의 인식

과학자들은 종종 자신의 연구 대상을 직접 '보았다'고 말한다. 아무리 작거나 추상적인 대상이라도 말이다. 생물학자 바바라 맥클린톡은 염색체에 대한 연구를 설명하면서 이렇게 말한 적이 있다. "연구가 깊어질수록 내 머릿속에서 염색체들은 점점 더 커졌고, 굉장히 몰두하여 일할 때 나는 염색체 밖이 아니라 그 안에 있었다. 나는 체계의 일부가 되었다. 나는 그들 바로 옆에 있었으며 모든 것이 그토록 커 보였다. 나는 심지어 염색체의 내부 구조까지도 볼 수 있었다."[1] 천문학자들은 펄서 주위를 도는 행성을 '보았다'고 말한다. 실제로는 회전체가 미치는 중력 때문에 펄서의 라디오파에 동요가 일어난 것을 감지했을 뿐인데 말이다. 몇 년 전 목성의 위성 이오의 한 화산에서 나트륨 구름이 솟아난 것이 발견되었을 때, 한 천문학자는 이렇게 말했다고 한다. "그것은 태양계에 존재하는 영구적인 볼거리 중에서 가장 거대한 것이다."[2]

단순히 부정확한 표현에 지나지 않는다고 느낄지도 모르겠다. "비가 올 것 같이 보여"라고 말할 때처럼, 사실은 진짜 '보는' 행위와는 관련이 없다고 말이다. 전자에서 블랙홀까지 모든 진정한 과학적 개체들은 눈에 보이지 않는 게 아닌가? 특정한 도구의 중재를 통해서만 감각할 수 있는 게 아닌가?

과학자들이 연구 대상을 정말 인식할 수 있는가 하는 문제는 과학과 아름다움이라는 주제에서 중요한 질문이다. 사람들은 보통 아름다움을 묘사할 때 감각적 인식이 결부된다는 점을 강조하기 때문이다. 무언가를 즉각적이면서도 직관적으로 이해하는 인식 활동과 관련이 있다는 것이다. 그런데 과학자들이 오로지 추상, 추론, 방정식 등만을 다룬다면 그런 감각적 인식 활동이란 애초에 불가능하지 않겠는가.

과학에서의 인식 작용은 매력적이고도 복잡한 주제다. 하지만 일상에서의 인식 활동과 크게 다른 것은 아니다.[3] 일상적인 인식 활동에서 우리는 형태나 색깔만을 보지 않는다. 그저 초록색 과일, 노란색 연필이라고 이해하고 마는 것이 아니다. 우리는 그보다 훨씬 복잡한 현상, 가령 용기와 지성, 자기기만과 중독, 도박 기질과 야망 같은 것들도 인식한다. 어째서 그럴 수 있을까? 앞장에서 잠깐 언급했던 현상학의 기본 원리에 따르면, 우리는 기계적으로 미리 정해진 어떤 것을 인식하는 게 아니라 무엇이 전경이고 무엇이 배경 혹은 지평인지에 따라 인식 대상을 결정한다. 그러니까 인식 대상이란, 배경을 바탕으로 하여 도드라진 표지판처럼 '읽히는' 것이다. 일반적인 인식 상황에서는 보통 배경이 미리 주어져 있다. 반면 과학에서는 믿을 만한 도구나 기술을 동원하여 우리가 배경을 바꿀 수 있으며, 그로써 완전히 새로운 것들을 인식할 수 있다. 풍향계를 통해 바람의 방향을 보거나, 온도계를 통해 온도를 느끼는 것처럼 간단한 일일 때도 있다. 하지만 훨씬 복잡할 때도 많다. 이를테면 구름상자 속의 궤적을 통해 전자를 보거나, X선 사진에서 다양한 해부학적 속성을 보는 경우이다. 어느 경우든 과학자가 아닌 사람들도 충분히 인식 방법을 배울 수 있으며 실제로 가능했다. 한 예로 컴퓨터가 널리 보급되지 않았던 입자물리학의 초창기에 과학자들은 주부나 인문학 전공 대학원생들을 고용하여 뮤온과 파이온, 그리고 다른 소립자의 궤적을 읽어내도록 했다. 인간의 인식은 적절한 배경을 설정할 수 있을 때에만 가능한데 그것은 학습으로 배울 수 있는 일이다.

우리가 어떤 물체를 인식한다는 것은 물체의 외관에서 일정한 규칙성 내지는 일관성(철학자들은 윤곽이라고 한다)을 읽어낸다는 뜻이다. 내가 어떤 물체를 책상으로 인식한다고 하자. 나는 그것이 책상 외에 신기루나 마분지 그림, 조각상 따위일 리는 없다고 생각한다. 그렇다는 것은 내가 물체 옆으로 돌아가 물체의 다른 쪽 면을 마주하고, 더 이상 지금 이 면을 볼 수 없게 되더라도 여전히 그것을 '동일한' 물체로 간주하리라는 뜻이다. 내가 물체를 인식할 때 '딸려오는' 이 같은 함축적 외관의 지평은 내 입장에서는 어림짐작이나 공상이 아니다. 물체를 본다는 것은 늘 그런 지평을 예상한다는 것이다. 내가 길을 가던 중 갑자기 눈앞에 미국 대통령이 서 있는 것 같다고 생각하게 되었다고 하자. 나는 아마 옆으로 비켜서서 다른 각도에서 윤곽을 확인하려 할 것이다. 그러면 물체가 사진관의 모형이라는 게 밝혀질 테고, 이제 나는 그것을 사람이 아닌 마분지 장식물로 보기 시작할 것이다.

이처럼, 일상적인 것이든 과학적인 것이든 물체를 인식할 때는 지금 눈에 보이는 특정 윤곽을 받아들이는 동시에 보이지 않는 윤곽들까지도 함께 예상한다. 더없이 평범한 것, 가령 사과를 인식하는 행위도 다르지 않다. 사과를 집어 들고, 한 바퀴 돌려보고, 베어 무는 연속적 경험 속에서 우리는 윤곽들의 지평을 끊임없이 넓혀가고 있는 것이다. 그러다가 깜짝 놀랄 가능성도 있다. 가령 나무나 유리로 만들어진 사과일 수도 있다. 하지만 그럴 때라도 윤곽들의 지평 자체가 사라지는 것은 아니다. 경험을 통해 그것을 교정해 나가며 인식할 뿐이다.

그렇지만 일상적 인식 활동과 과학적 인식 활동 사이에 차이도 있다. 전자에서는 대상의 일관성을 파악할 때 주로 물리적 규칙성에 대한 직관에 의존한다. 반면 후자에서는 일반적으로 이론에 의존한다. 염색체, 행성, 나트륨 구름 등의 과학적 대상을 본다는 것은 그것들 내부에 어떤 규칙성이나 일관성이 있음을 이해하는 일인데, 그 규칙성은 나름의 이론에 따르기 때문이다. 어떤 현상을 계속 동일한 하나의 대상으로 인식하려면 그들의 다양한 윤곽들이 일관성을 해치지 않는 범위의 기대치에 계속 들어맞아야 한다.[4]

현상의 이면에 있으리라 예상되는 윤곽들을 탐색하려는 순수한 욕망, 충족의 순간을 위해 모험에 나서게 하는 것, 그것을 사람들은 '경이감'이라고 부른다. 사람만 아니라 영장류나 여타 생물체들도 그런 욕망을 갖고 있는 듯하다. 그러므로 철학자 맥신 시츠-존스톤이 지적했듯, 경이감은 "그저 사회적으로 구성된 정서이기만 한 것이 아니"라 인류 진화 계보의 일부를 이루는 것이다. 과학자 기질이 있는 이들은 실험을 통해서 이런 모험을 추구한다. 가끔은 상상조차 못했을 정도로 새로운 윤곽들이 실험으로부터 만들어져 나온다.

컵, 의자, 사람 같은 평범한 물체들을 볼 때 우리는 윤곽들의 지평 너머에 무엇이 있을지 대강 알고 있다. 그런데 때로는 무언가가 있으리라는 것을 느낄뿐더러 그것이 놀라운 것일지도 모른다고까지 기대하게 될 때가 있다. 사람들은 그런 것을 '신비로운 것'이라 부른다. 과학자 기질이란 그렇게 놀랄 가능성에 대해 늘 마음을 열어두는 것을 말한다. "인간이 경험하는 가장 아름다운 것은 신비로움이다. 신비로움은 모든 진정한 예술과 과학의 원천이다"라고 말했던 아인슈타인도 같은 생각이었을 것이다.[5]

우리는 믿을 만한 도구와 기술을 동원함으로써 실험실 속에 특수한 배경 환경을 조성한다. 그러면 그곳에서 새로운 것들이 모습을 드러낸다. 온도계, X선, NMR(핵자기공명)같은 비교적 단순한 기기들로부터 복잡한 입자 검출기까지 모두가 그 도구인 셈이며, 밀리컨의 기구도 그런 예였다. 기구 속에는 독자적인 하나의 세계가 있었고 밀리컨은 뼛속까지 철저히 그 세계에 동화되었다. 그는 그 세계의 법칙과 그 세계의 혼란을 잘 알았다. 그는 그 세계에서 무엇이 전형적인 행위와 전형적인 상황인지 알아볼 수 있었고, 어딘지 이해하기 힘든 점이 엿보일 때는 무엇이 비전형적인 행위와 비전형적인 상황인지 가려낼 수 있었다. 그러니 밀리컨이 그 세계의 것들을 정말 볼 수 있었다고 표현해도 과언이 아닐 것이다.

맥클린톡이나 밀리컨 같은 과학자들은 자신의 연구 대상에 대해 이런 식의 친밀감을 느꼈던 것이다. 그들은 자신이 탐구하는 세계를 철저하게 파악한 나머지 그 속의 사물들을 느낄 수 있는 지경에까지 이른 것이고, 바로 그렇기에 그 속에서 아름다움까지 찾을 수 있었다.

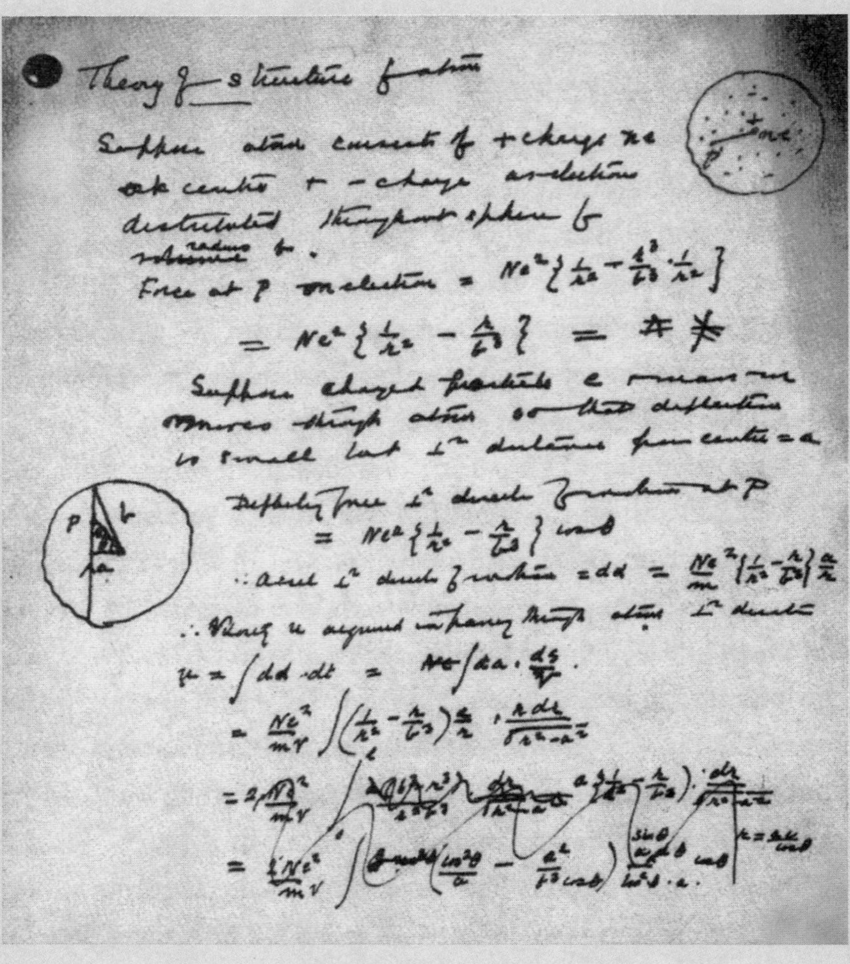

원자의 구조에 대한 러더퍼드의 초고 노트.
1910년에서 1911년 사이 겨울에 씌어진 것으로 추정된다.

아홉

아름다운 여명
러더퍼드의 원자핵 발견

20세기의 첫 십 년 동안, 영국 물리학자 어니스트 러더퍼드 (1871~1937)는 더없이 독창적인 한 실험을 통해 원자의 내부 구조를 밝히는 데 성공했다. 러더퍼드 덕분에 우리는 원자 중심에 양전하를 가진 중심부, 달리 말해 '핵'이 존재한다는 것, 그 핵이 원자의 질량 거의 대부분을 차지한다는 것, 그리고 그 주위를 음으로 대전된 전자들이 구름처럼 뒤덮고 있다는 것을 알게 되었다. 과학자들은 무척이나 놀랐다. 그때까지만 해도 물질의 궁극적 구조란 주제는 사변의 주제로는 흥미로우나 실제 탐구하기는 불가능한 문제라고 여겼기 때문이다. 우주의 시작(과 끝), 생명의 기원, 다른 행성에 생명체가 존재하는가 하는 문제들처럼 말이다. 과학자들은 이렇게 생각했다. 과학자에게 주어진 도구 그 자체가 원자들로 만들어진 것인데, 어떻게 그것으로 원자의 내부 구조를 연구한단 말인가? 고무공의 내부를 조사하려고 또 다른 고무공을 들이대는 것이나 마찬가지인데 말이다. 러더퍼드의 업적은 현대 입자물리학의 탄생을 뜻하는 것이었다.

놀라운 발견으로 향하는 러더퍼드의 행로는 결코 죽 뻗은 길이 아니었다. 그는 처음부터 원자의 구조를 파헤칠 목적으로 실험을 시작한 것이 아니었다. 그는 한참이 지나서야 그런 실험을 수행할 도구를 이미 갖고 있다는 점을 깨달았고, 도구를 제대로 활용하는 법을 익히는 데, 또 실험의 결과가 의미하는 바를 이해하는 데 많은 시간을 소요했다. 다른 과학자들 역시 한참이 지나서야 결과를 받아들일 수 있었다.[1]

러더퍼드는 우람하고, 자신만만하고, 혈색 붉은 얼굴에 끝을 뾰족하게 다듬은 콧수염, 너털웃음, 우렁찬 목소리를 지닌 사람이었다. 그는 늘 조수와 동료들에게 매사를 단순하게 보라고 주문했다. 성공의 비결을 알려달라는 질문을 받으면 이렇게 즐겨 말했다. "나는 단순함을 신봉하는 자이고, 나 자신이 단순한 사람입니다."[2] 허세가 아니었다. 그는 단순한 도구들의 힘을 통해서 자연의 가장 심오한 비밀을 밝혀내는 법을 잘 알았다.

러더퍼드가 수행한 실험들은 단순미, 심오함, 결정성 덕분에 과학에서 가장 아름다운 실험들로 꼽힌다. 동료이자 경쟁자였던 J. G. 크라우더는 러더퍼드가 그토록 단순한 발상들을 실험에 적용하면서 효과를 거두는 것을 볼 때마다 20세기에도 그런 일이 가능하다는 것에 놀랐다고 했다. "물리학이 3백 년에 걸쳐 집약적인 발전을 이루어온 마당이라 단순한 발상들은 이미 모두 발굴되어 고갈되었고 오직 복잡하고 정교한 발상들만 남은 것이 아닌가 생각하는 사람들이 많을 것이다."[3] 다른 동료 A. S. 러셀도 이렇게 말했다. "이제 와서 돌이켜보면 연구 방법의 아름다움뿐 아니라 그토록 수월하게 진실에 도달했다는 점도 놀랍다. 번거롭고 복잡한 것들을 최소화하니 실수 가능성도 최소화되었다. 말하자면 러더퍼드는 저 멀리로부터 단 한 걸음을 내딛었을 뿐인데 누구에게나 어려웠던 일을 최초로 해치우게 된 것이다."[4]

러더퍼드는 예술에 조예가 깊지 않았던 것 같다. 음악적 재능으로 말하자면 주된 레퍼토리인 "〈믿는 사람들은 군병 같으니〉라는 곡을 감칠맛 나게, 그러나 음정이 맞지 않게 불러 젖히는" 정도였다.[5] 하지만 그가 우주의 숨은 구조를 밝혀내기 위해 노력하는 모습은 좋은 예술가의 특질을 모두 갖춘 듯했다. 에너지가 넘쳤고, 재료에 대해 깊이 이해했으며, 물리학적 상상력이 뛰어났다. 러더퍼드 자신도 한번은 "발견 과정은 일종의 예술로 간주될 수도 있다"고 말했다.[6]

그러나 무언가를 창조하는 과정은 구불구불 얽혀 있을 때가 많다. 작업을 물려야 하는 일도 흔하며, 예술가들은 막판에 가서야 자신이 무엇을 찾아 헤맸는지 깨닫기도 한다. 예술만 아니라 과학도 그렇다. 러더퍼드의 최고 걸작, 원자핵 발견이야말로 그런 전형적인 예이다.

　뉴질랜드에서 태어난 러더퍼드는 유년 시절에 카메라, 시계, 아버지의 방앗간에 있는 작은 물레방아 모형 등을 만지작거리기 좋아한 소년이었다. 1895년에 그는 특별 연구원 장학금을 받아 영국 캐번디시 연구소로 향한다. 그곳은 과학사학자 J. L. 하일브론의 말마따나 '핵물리학의 온상'이나 다름없는 최고의 연구소였다.[7] 그가 영국에 도착한 시점은 물리학계가 흥미롭지만 결코 만만치 않은 새로운 도전을 시작하던 때였다. 1895년에는 독일 물리학자 빌헬름 뢴트겐이 X선을 발견했고, 1896년에는 프랑스 물리학자 앙리 베크렐이 우라늄의 방사성을 발견했으며, 1897년에는 캐번디시 연구소의 소장이던 영국 물리학자 J. J. 톰슨이 전자를 발견했다.

　러더퍼드는 경쟁적인 환경 속에서 어렵잖게 두각을 드러냈다. 그리고 1898년에는 몬트리올 맥길 대학의 교수직을 제안받아 '물리학의 온상'을 떠났으며, 1907년까지 캐나다에 머물렀다. 러더퍼드는 캐나다로 떠나기 전에 방사능 물질을 갖고 연구하다가 예기치 못했던 한 가지 결정적 발견을 했다. 우라늄이 서로 다른 두 가지 종류의 방사선을 낸다는 것이다. 러더퍼드는 특유의 재능을 살려 단순하면서도 두말할 수 없을 정도로 확실한 실험을 고안함으로써 발견을 확인했다. 먼저 우라늄 주위를 알루미늄 막으로 덮은 뒤 투과하여 나오는 방사선의 양을 쟀다. 한두 겹 쌀 때는 조금 줄어드는 정도였지만 세 겹이 되면 방사선의 세기가 눈에 띄게 감소했다. 그런데 이상하게도 남은 방사선은 알루미늄 막을 네 겹이나 다섯 겹 싸서는 더 이상 줄어들지 않았다. 알루미늄을 수십 겹 감은 후에야 비로소 투과를 막을 수 있었다. 러더퍼드에 따르면 이것은 우라늄이 두 가지 종류의 방사선을 뿜는다는 증거였다. 둘 중 하나가 훨씬 힘이 센 것이 분명했다. 그는 그리스 알파벳의 첫 두 문자를 따서 투과성이 약한 것을 '알파선', 강한 것을 '베타선'이라고 불렀다.

후에 밝혀지겠지만 알파선은 러더퍼드의 과학 경력에 핵심적인 역할을 하게 될 것이었다. 알파선의 속성, 알파선의 행동 방식, 알파선이 가진 활용도 등이 모두 결정적이었다. 러더퍼드의 학생들은 선생님이 우연히 이 작은 녀석을 발견해서는 자기만의 소중한 보물로 챙겼다고 말하곤 했다. 러더퍼드와 그의 작은 보물은 함께 놀라운 업적들을 이루어갈 것이었다. 그는 알파선 덕분에 원자의 내부를 들여다보게 될 것이었다. 비록 원자 구조를 발견한 것은 우연에 가까웠지만 말이다.

러더퍼드는 알파선과 베타선이 X선 같은 '선'이 아니라는 점을 곧 알아챘다. 대신 전하를 띤 작은 물질들이 모인 것이었는데, 어떤 이유인지는 몰라도 우라늄 원자로부터 조금씩 방출되고 있었다. 이내 음전하를 띤 베타선은 전자로 밝혀졌다. 그런데 양전하를 띤 알파선이 무엇인가는 알기가 어려웠다. 이 문제를 해결한 것도 러더퍼드였다. 그는 알파선의 질량이 헬륨 이온과 비슷하다는 점에 주목했다. 그렇다고 헬륨 원자라고 할 수 있을까? 그는 또 다른 독창적이고도 단순한 실험을 고안하여 증명에 나섰다. 먼저 직공을 불러 알파선이 투과할 수 있을 정도로 얇지만 대기압을 못 견디고 부스러지지는 않을 정도로 유리관을 만들게 했다. 유리관 속에는 알파선을 방출한다고 알려진 기체 원소 라돈을 채웠고, 그 밖을 또 다른 밀폐 유리관으로 쌌는데 두 유리관 사이에는 아무것도 넣지 않았다. 그후 두 유리관 사이의 공기를 빼내어 진공으로 만들었다. 따라서 그 사이를 지날 수 있는 것은 안쪽 관에서 빠져나온 알파선뿐이었다. 러더퍼드는 알파 입자가 안쪽 유리관의 벽을 투과해 나오는 속도에 따라 유리관 사이 공간에 기체가 모이는 것을 확인했다. 그는 기체를 거두어 검사함으로써 헬륨임을 알아냈다. 알파선, 혹은 점차 알파 입자라고 불리게 된 그것의 실체는 헬륨 원자였던 것이다. 러더퍼드의 학생 중 하나였던 마크 올리판트는 이렇게 말했다. "사람들은 이 실험의 단순한 직접성과 아름다움 때문에 대단한 흥미를 느꼈다."[8]

　그래도 풀리지 않는 의문들은 있었다. 양전하를 띠었던 알파 입자가 어떻게 전기적으로 중성인 헬륨 원자로 바뀌었을까? 게다가 헬륨 원자는 우라늄 원자 속에서 뭘 하고 있었던 것일까? 우라늄 원자 덩어리에서 뜯겨 나온 조각일까, 아니면 다른 무엇일까? 원자의 나머지 핵과는 어떻게 연결된 것일까? 러더퍼드는 간접적인 방식을 통해 이 궁금증들에 대답해갔는데, 출발은 베크렐과 우호적인 논쟁을 벌임으로써 시작되었다. 베크렐이 알파 입자를 갖고 실험하다가 결과 중 일부가 러더퍼드와 상충하는 것으로 나타나자 두 과학자는 문제를 좀더 찬찬히 들여다보게 되었고, 결국은 러더퍼드가 옳은 것으로 밝혀졌다. 그렇지만 러더퍼드는 논쟁을 통해 더 큰 호기심을 갖게 되었다. 알파 입자의 속성을 알아보는 일은 왜 이토록 끔찍하게 어려울까? 사려 깊기로 소문난 베크렐이 어쩌다 틀렸을까? 이유는 알파 입자가 공기 분자들에 부딪쳐 마구 튕기는 데 있었다.

러더퍼드는 알파 입자의 이런 행동에 대해 잘 알고 있었으며 역시 특유의 단순하고 직접적인 방식으로 다른 이들에게 보여주기도 했다. 그는 진공 속에 감광판을 설치하고 판을 향해 알파 입자를 발사했다. 그러면 입자가 닿은 부분에는 또렷한 밝은 점이 생겨났다. 다음에는 진공이 아니라 대기 중에서 똑같은 입자선을 똑같은 감광판에 쏘았다. 이번에는 점이 마구 흩어져서 나타났을 뿐 아니라 모양도 또렷하지 않고 흐렸다. 러더퍼드는 1906년에, 알파 입자들이 공기 중의 분자들에 부딪쳐 '선이 산란'되기 때문에 이렇게 희미해진다고 적었다. 산란 현상에 주목하는 것이야말로 원자핵 발견으로 가는 지름길이었지만 당시에는 러더퍼드도 그 사실을 알지 못했다.

2년 뒤, 러더퍼드는 노벨상을 받는다. 놀랍게도 물리학상이 아니라 화학상이었는데 '원소의 붕괴 및 방사성 물질의 화학에 대한 연구'를 인정받은 것이었다. 시상식에서 러더퍼드는 연구 중에 수많은 변환 현상을 목격하였으나 이제껏 본 것 중에서 가장 급작스런 변화는 자신이 물리학에서 화학자로 변한 것이라고 재치 있게 대꾸했다. 당시 그는 영국의 맨체스터 대학으로 돌아와 있었다. 그는 알파 입자의 다양한 속성을 관찰하는 데 열중했으며 산란 현상 때문에 크게 좌절하던 차였다. 가령 알파 입자를 하나씩 검출기에 쏘아 그 전하를 측정하려고 해도 산란 현상 때문에 제대로 성공할 수가 없었다. 동료들 역시 곤란을 겪기는 마찬가지였다. W. H. 브래그는 알파 입자가 '휙휙 꺾인 굴곡을 드러내며' 구름 상자를 지나는 궤적을 그림으로 그려 러더퍼드에게 보냈다. 러더퍼드는 다른 동료에게 보낸 편지에서 "산란 현상은 악마 같다"고 썼다.

분통이 오른 러더퍼드는 새로 일하게 된 조수 한스 가이거를 시켜 산란 현상을 측정케 했다(후에 유명한 가이거 계수기를 발명하게 되는 그 가이거이다. 가이거 계수기는 전기적으로 방사능을 검출하는 기기로서, 실험실뿐 아니라 세계대전 이후 수많은 스릴러물에 등장하게 된다). 이는 실험가의 조심성을 보여주는 또 다른 예라 할 수 있다. 캐번디시가 비틀림 막대 기기의 자기장을 측정할 때 발휘했던 직감, 밀리컨이 물방울의 증발률을 점검할 때 발휘했던 조심성과 다르지 않다. 실험에 방해 요소가 있으면 우선 그것을 구체적으로 측정하고 다음에 상쇄할 방법을 찾는 것이다. 사실 러더퍼드는 가이거에게 조사를 시킴으로써 원자핵 발견을 향해 중요한 한 걸음을 내딛은 셈이었으나 이 역시도 당시는 깨닫지 못했다. 그는 알파 입자의 전하량과 질량을 측정하려는 참이었고, 그 과제를 훼방 놓는 요소가 있으니 어쩔 수 없이 정량적으로 따져볼 수밖에 없다고 생각했을 뿐이다.

알파 입자를 관측하는 것은 힘들고 지루한 일이었다. 러더퍼드와 가이거는 알파 입자가 황화아연 등의 인광체에 부딪칠 때 자그만 섬광, '신틸레이션(scintillation)'이라 불리는 순간적인 불꽃을 낸다는 사실을 알게 되었다. 현미경으로 관찰할 수 있는 불빛이었다.

개별 원자가 (알파 입자는 헬륨 원자이기 때문이다) 시각적으로 목격되기는 그것이 처음이었다. 화학 약품을 바른 막을 세워두고 관찰하면 알파 입자가 막의 어디에 와서 부딪치는지 볼 수 있었다. 알파 입자의 궤적에 대한 정보를 얻는 셈이다. 그러나 눈 깜박할 새 사라지는 희미한 섬광을 관찰하기 위해서 가이거는 최소한 15분 가량 암흑 속에 앉아 눈을 어둠에 적응시킨 뒤 불빛에 집중하는 괴로운 과정을 거쳐야 했다. 시간도 많이 걸렸고 지루했다.

가이거가 산란 현상을 측정할 때 쓴 도구는 오늘날의 기준으로 보면 매우 단순한 것이다. 우선 작은 금속 통 안에 든 조그만 라듐 덩어리가 필요했다. 라듐은 강한 방사성 물질로서 거의 연속적인 선이라 해도 좋을 정도로 알파 입자들을 쏘아냈다. 금속 통에는 가느다란 슬릿이 나 있어 알파 입자가 빠져나올 수 있고, 입자들은 120센티미터 길이의 유리관을 가로질러갔다. 이것이 발사관인데 속은 진공이라 알파 입자들이 공기 분자에 산란될 염려가 없었다. 발사관의 끝에는 비슷한 진공 유리관이 하나 더 붙어 있다. 알파 입자들은 이 유리관을 지난 후 황화아연이 칠해진 막에 가 부딪쳤다. 막을 향해 겨누어진 현미경을 들여다보면 입자가 내는 섬광의 위치를 알 수 있었다. 섬광은 거의 모두 한 장소에 몰려 발생했다. 그런데 가이거가 두 유리관 사이에 얇은 금속 막을 끼워 넣자 섬광은 한 장소에 몰리지 않고 여기저기로 마구 흩뿌려지듯 나타났다.

가이거는 1908년 6월의 왕립학회 모임에서 이 현상을 묘사했다. 알파 입자 대부분은 막을 뚫고 똑바로 직진하는 듯했지만 가끔

막 때문에 산란되는 녀석들이 있었다. 큐볼이 당구대에 가만히 놓인 공들을 쳐서 흩뜨리듯, 알파 입자가 한쪽으로 부딪쳐 밀려나는 것이다. 게다가 금속 막이 두꺼울수록 산란되는 수가 늘었고 꺾일 때의 경사각도 커지는 경향이 있었다. 알파 입자들이 두꺼운 금속 막을 지나면서 여러 번 금속 원자들에 충돌하는 것이 틀림없었다. 또한 금처럼 무거운 원소로 된 막은 알루미늄처럼 가벼운 원소로 된 막보다 더 많이 알파 입자를 산란시켰다.

러더퍼드와 동료들은 산란 현상을 어떻게 설명해야 할지 알지 못했다. 그들이 알기로 알파 입자는 라듐에서 나올 때 초당 수만 킬로미터라는 어마어마한 속도를 가진다. 그들은 얇은 막 속의 원자들이 이 정도의 에너지를 가진 개체를 어떻게 굴절시키는지 어리둥절했다. 사실 러더퍼드와 동료들은 알파 입자가 당구공이나 총알 같은 단단한 물질이라고는 생각지도 못했다. 그것은 현대적인 원자관이다. 그들이 아는 것이라곤 알파 입자가 원자, 그것도 헬륨 원자라는 것뿐, 그 구조에 대해서는 아는 바가 없었던 것이다. 과학자들은 몇몇 원자의 경우 양전하를 띤 알파 입자와 음전하를 띤 베타 입자를 방출한다는 사실을 알고 그제야 원자의 내부 구조에 대해(알파 입자, 즉 헬륨 원자에 대해서도) 이것저것 생각해보기 시작한 터였다. 원자는 전자를 포함하고 있는 게 분명하다. 그리고 보통의 원자는 전기적으로 중성이므로 양전하도 함께 포함하고 있는 게 틀림없다. 그러나 어떻게, 어떤 형태로 구성되어 있는 걸까? 1904년에 J. J. 톰슨은 양전하를 띤 젤리 군데군데에 전자들이 박혀 있는 모양의 원자 모형을 제안했다. 푸딩에 건포도가 박혀 있는 모양과 비슷했기 때문에 건포도 푸딩 모델이라 불렸다. 같은 해에 한 일본 과학자는 행성 모형을 제기했는데, 중심핵이 있고 그 주변을 도는 위성들이 있는 형태였다. 하지만 어느 것이나 추측에 불과했다. 알파 입자, 즉 헬륨 원자가 다른 원자에 부딪쳐 튕겨날 때 무슨 일이 벌어지는가에 대해서는 누구도 확실히 그림을 그리지 못했다.

가이거는 계속 산란 현상을 연구해갔다. 이제는 뉴질랜드에서 온 대학생 조수 어니스트 마스덴과 함께였다. 1908년 가을부터 1909년 봄까지 가이거와 마스덴은 계속 기기를 개량해보았다. 유리관의 벽에 맞아 산란하는 입자들을 빼내기 위해서 세척기 같은 것을 부착하기도 하고, 입자선을 보다 강력하게 만들어보기도 했다. 하지만 여전히 안정적으로 측정하기가 어려웠다. 문제는 알파 입자들이 금속 막뿐 아니라 관 속의 잔여 공기에 의해서도 굴절되며, 관의 표면이나 그 밖의 실험 기기들에 죄다 민감하다는 점이었다. 사방에서 입자들이 튕겨 다니니 무엇이 무엇에 부딪치는 것인지조차 가려 말하기 힘들었다.

1909년 초봄의 어느 날, 러더퍼드가 그들의 실험실을 방문했다. 그는 가이거와 마스덴의 작업 내용 전반을, 그리고 줄어들 줄 모르는 고난을 줄곧 전해 듣고 있었다. 마스덴의 회상에 따르면 그날 러더퍼드는 "금속 표면에서 직접 반사된 알파 입자에 뭐가 있는지 살펴보라"고 말했다. 러더퍼드는 그들이 실험 방향을 조정해서 금속으로부터 직접 튕겨 나오는 알파 입자가 있는지 알아보길 원했다.

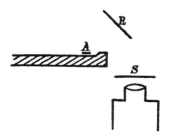

[그림 9-1] 둔각 산란을 측정하기 위해서 가이거와 마스덴이 고안한 실험을 보여주는 그림.

테니스공이 벽에 튕겨나듯, 금속 막을 뚫으며 산란하는 대신 정면으로 반사되기도 하는지 알아보려는 것이다. 가이거와 마스덴은 다시 간단한 기기를 마련했다. 그들은 검출막을 옆으로 옮기고 납 조각으로 둘러쌌다. 금속 막에서 반사된 입자들만 검출막에 닿게 하기 위해서였다([그림 9-1]). 큰 각도로 구부러지는 입자의 수를 늘리기 위해서 알파선의 세기도 한층 강화했다. 실험을 시작하자마자 그들은 정말 측면으로 심하게 구부러지는 입자들이 있다는 사실을 알게 되었다. 몇 주간 실험을 하며 다양한 종류와 두께의 금속 막을 사용해본 결과, 그들은 알파 입자 8천 개 중 하나 정도는 90도 이상의 둔각으로 굴절한다는 사실을 알아냈다. 가이거는 후에 이렇게 썼다. "처음에는 현상[둔각 산란]을 전혀 이해할 수 없었다."[9]

그때쯤 러더퍼드는 새로운 사실을 하나 깨닫고 고민에 빠졌다. 알파 입자가 여러 개의 원자에 부딪쳐 산란하는 것이라면 그 과정을 설명할 때 통계를 동원해야 하는데, 자신이 아는 수학 이상의 수준이 필요했던 것이다. 그래서 1909년 초에 러더퍼드는 확률 개론 수업을 수강한다. 노벨상 수상자는 성실하게 필기를 하고 연습 문제를 풀었으며, 마침내 스스로 '중복 산란'이라 이름 붙인 이론을 조직해냈다. 알파 입자가 우연히 하나 이상의 원자에 부딪치며 그 때마다 조금씩 산란되는 경우를 설명하기 위한 이론이었다. 하지만 중복 산란 이론은 가이거와 마스덴이 확인한 둔각 산란 현상에 제대로 들어맞지 않는 듯했다.

말년에 했던 강연에서 러더퍼드는 가이거와 마스덴이 처음 그 실험을 수행했던 때를 이렇게 회상했다.

이삼 일 정도 지나서 가이거가 내게 와 대단히 흥분하며 이렇게 말했던 것이 떠오른다. "알파 입자들 중 몇 개가 뒤쪽으로 튕겨난 것을 확인했습니다……" 그것은 내 생애에 벌어진 사건들 중 가장 믿기 힘든 일이었다. 35센티미터 정도 되는 포탄을 티슈 한 장에 대고 쐈는데 포탄이 되돌아와 당신을 때린 것처럼 있을 법하지 않는 일이었다.[10]

사실 러더퍼드도 뒤늦게야 그 놀라움을 깨달았다. 물리적으로 바라볼 때 그것은 분명 너무나 믿을 수 없는 사건이었다. 초당 2킬로미터에 가까운 속도로 발사된 무거운 알파 입자가 가냘픈 금속 조각에 부딪쳐 정면으로 반사되다니! 하지만 러더퍼드처럼 천재적인 물리적 상상력을 지닌 자라도 당시에는 그것이 얼마나 놀라운 사건인지 쉽게 파악하지 못했다.

처음에 러더퍼드는 중복 산란으로 인해 둔각 산란이 벌어지는 것이라고 해석했다. 알파 입자들이 수많은 원자들에 여러 차례 충돌하다가 어쩌다 다시 정면으로 되돌아온다는 것이다. 하지만 다음한 해 동안 확률 이론을 더 공부하고 실험 결과를 찬찬히 검토하며 몇 가지 추가적인 발견들을 해나간 결과, 그는 생각을 바꾸게 되었다. 여러 생각들을 발전시켜갔지만 그중에서도 중요한 것은 알파입자의 속성에 대한 것이었다. 그는 알파 입자가 물방울이나 푸딩같은 게 아니라 점처럼 취급되어야 한다고 확신하게 되었다. 이것은 커다란 도약이었다. 무엇보다도 산란 이론을 설명하는 수학을대단히 간결하게 만들어주기 때문이다. 또 알파 입자 산란 현상이아주 귀중한 도구로 쓰일 수 있음을 깨닫는 계기도 되었다. 산란 현상을 충분히 이해하고, 전하량 대 질량 분포 등 다양한 변수들이 어떻게 영향을 미치는지 조사한다면, 알파 입자가 산란되는 모습을관찰함으로써 도리어 산란을 시키는 물질에 대해 연구할 수 있을지도 몰랐다. 산란은 실험가들이 할 수 없이 참아야 할 불유쾌한 방해꾼이 아니라 다른 물질들에 대해 뭔가를 말해줄 흥미로운 도구일지도 몰랐다.

러더퍼드의 머리에서는 특히 알파 입자 산란을 통해 원자의 구조를 어느 정도 알아낼 수 있을지 모른다는 생각이 움트기 시작했다. 가이거에 따르면 러더퍼드는 1910년 크리스마스 직전에 이 중대한 통찰을 떠올렸다고 한다.

어느 날 러더퍼드 교수가 척 보기에도 매우 쾌활한 모습으로 내

방에 들어왔다. 그리고는 이제 원자가 어떻게 생겼는지 알겠고 알파 입자의 커다란 굴절을 어떻게 설명해야 할지도 알겠다고 말했다. 바로 그날 나는 새 실험을 시작했다. 산란된 입자의 수와 산란각의 관계를 조사하는 실험으로서, 러더퍼드 교수가 예상하는 결과를 얻게 될지 확인하려는 목적이었다.[11]

어느 일요일 저녁에 러더퍼드의 식사 초대를 받은 찰스 G. 다윈 또한 비슷한 말을 들었다. 러더퍼드는 매우 들떠서 "상상에서나 봤던 것들이 정말 눈앞에 펼쳐지는 걸 보는 일은 정말 너무 좋습니다"라고 말했다.[12]

산란 이론을 단순하게 정리한 러더퍼드는 알파 입자들이 중복 굴절로 산란되었을 리 없다는 결론에 도달했다. 여러 번 충돌하다가 방향이 바뀐 게 아니라 단 한 번의 충돌로 꺾였을 것이다. 그렇다는 것은 원자의 질량 대부분이 한 가지 전하를 띤 중앙핵에 집중되어 있다는 의미였다.

러더퍼드가 상상 속에 떠올린 원자의 모습은 전하를 띤 거대한 핵이 중앙에 있고, 주변은 텅 빈 모양이었음에 분명하다. 태양계의 빈 공간만큼이나 빈 공간이 많았다. 원자 하나를 축구장 크기로 부풀린다면 핵은 중앙에 있는 파리만할 것이고 전자들은 경기장 내에 골고루 분포한, 그보다 훨씬 작은 먼지 조각만할 것이다. 그리고 경기장의 질량 중 거의 대부분은 그 자그만 핵에 집중돼 있을 것이다. 그러나 러더퍼드는 핵이 양전하를 띠는지 음전하를 띠는지 아직 몰랐다. 1911년에 그는 한 동료에게 이렇게 썼다. "가이거는 여전히 둔각 산란의 문제를 연구하고 있고, 아직까지는 결과가 내 이론을 잘 뒷받침하는 것으로 보이네. 둔각 산란의 원리는 작은 산란 때와는 완전히 다른 것이 분명하네…… 나는 중앙핵이 음전하를 띠고 있으리라고 생각하네."[13] 그는 음으로 대전된 중앙핵 주위를 양으로 대전된 알파 입자들이 마치 태양 주위를 도는 혜성처럼 회전하고 있다고 생각한 것이다.

하지만 러더퍼드는 결과를 즉각 발표하지 않고 미적거렸다. 이유 중 하나는 자신의 이론이 스승인 J. J. 톰슨의 건포도 푸딩 모형에 정면으로 도전하기 때문이었다. 톰슨은 누가 뭐래도 원자물리학의 제일가는 석학이었다. 그러던 중 드디어 러더퍼드에게 행운이 찾아왔다. 역시 톰슨의 제자인 J. G. 크라우더가 베타 입자에 관한 실험을 발표하면서 "원자의 양전하는 원자 전반에 균일하게 분포되어 있다"는 주장을 내세웠던 것이다.[14] 덕분에 러더퍼드는 스승을 직접적으로 공격하는 오이디푸스적 상황을 대면하지 않아도 되었다. 그는 톰슨과의 우호적인 관계는 유지한 채 그저 크라우더의 이론을 비판하는 척하며 싸움에 뛰어들 수 있었다.

1911년 3월, 맨체스터의 한 비공식 자리에서 러더퍼드는 크라우더의 실험 결과와 결론을 입에 올렸다. 그리고 가이거와 마스덴이 발견한 둔각 산란은 중복 산란 이론으로 "설명될 수 없다"고 인정했다. 대신 그는 "알파 입자의 커다란 굴절은 원자와의 단 한 번의 충돌에서 비롯한 것이 분명해 보인다"고 했다. 달리 말하면 "원자의 전하가 중앙에 작은 점으로 집중하여 존재한다"는 뜻이다. 러더퍼드는 크라우더의 결론이 틀렸다고 주장하며 자신의 모형으로도 크라우더의 실험 결과를 대부분 다 설명할 수 있다고 했다.[15]

그해 5월, 러더퍼드는 한 과학 잡지에 논문을 기고한다. 하일브론의 표현을 빌리면 "아름답고도 유명한 바로 그 논문"이었다. 제목은「물질에 의한 α와 β입자들의 산란과 원자의 구조」였다.[16] 가이거와 마스덴의 작업을 소개하고, 단일 산란과 중복 산란 이론을 설명하고, 크라우더의 실험까지 언급한 뒤, 러더퍼드는 '종합적 고찰'이라는 장에 중요한 견해들을 실었다. 형식을 갖춘 이 논문에서 그가 쓴 표현은 다음과 같다. "이제까지의 증거들을 종합적으로 고려하면, 원자의 한가운데에 전하가 밀집되어 있는데 매우 작은 부피만 차지하고 있다고 가정하는 것이 가장 간단한 설명으로 보인다." 이것은 과학의 역사를 통틀어 가장 풍부한 가능성을 담은 논문 중 하나였다. 러더퍼드의 동료 E. N. 다 코스타 안드라데는 "기원전 400년 데모크리토스의 시대 이래 가장 획기적으로 물질에 대한 우리의 생각을 바꿔놓은" 논문이라고 했다. 원자는 더 이상 쪼갤 수 없는 물질의 기본 단위로 여겨지고 있었다. '원자'라는 단어 자체가 그리스어로 '자를 수 없다'는 뜻이다. 그런데 이제 그것의 내부 구조와 부품들을 묘사할 수 있게 된 것이다.

러더퍼드의 모형은 원자 구조를 설명하는 그림을 제공함으로써 원자물리학의 난제들을 푸는 열쇠가 되었다. 가령 알파 입자는 실제로 원자핵의 일부였다가 어쩌다 뜯어내어진, 혹은 방출되어진 것임이 밝혀졌다. 그래서 원자핵과 마찬가지로 양전하를 띠고 있었던 것이며, 방출 후 서서히 속도가 감소하다가 전자를 끌어당겨서 마침내 전기적으로 중성이 된 것이다. 달리 말하면 평범한 헬륨 원자로 바뀐 것이다.

그런데 러더퍼드를 비롯한 당시 과학자들은 이 발견이 믿을 수 없을 정도로 대단하거나 신기원을 여는 것이라고는 조금도 생각지 않았던 것 같다. 러더퍼드는 동료들과 편지를 주고받을 때 이 발견을 크게 자랑하지 않았다. 약 2년 뒤 출간된 책『방사성 물질과 그 방사능』에서도 이 논문에 대해서는 딱 두 번 간략하게 언급했을 뿐이다. 학계 역시 비교적 담담한 반응을 보였다. 당시 유수의 과학 학술지들은 이 논문을 거의 다루지 않았고, 주요한 학회들도 토론 주제로 택하지 않았으며, J. J. 톰슨을 비롯한 저명한 과학자들도 강의에서 소개하지 않았다.

21세기를 사는 우리는 이후 펼쳐진 극적인 원자핵의 역사를 뼈저리게 잘 알고 있다. 그래서 이런 무관심이 놀랍기 그지없다. 하지만 당시에 러더퍼드의 모형은 화학자나 물리학자들이 지녔던 원자에 대한 각종 정보들과 어떠한 연관 고리도 갖지 못한 상태였음을 이해해야 한다. 엄격히 평하자면 그의 모형은 제대로 기능하리라 기대할 수 없는 상태였다. 당시의 지식에 따르면 기계적으로 불안정한 모형이었기 때문이다. 러더퍼드의 모형이 갑자기 안정한 것으로 인정되기 시작한 것은 1912년, 막 맨체스터에 도착한 덴마크 물리학자 닐스 보어 덕택이다. 보어는 미시 수준에서의 에너지는 제멋대로 아무 양이나 가질 수 없고 오로지 특정 크기의 덩어리로만 존재할 수 있다는 양자 개념을 러더퍼드의 모형에 적용했다. 또 양자 이론의 관점으로 수정한 러더퍼드 모형은 많은 문제점들을 풀어 줄 수 있다는 것을 보여주었다. 이를테면 수소 원자가 방출하는 빛의 진동수 같은 문제였다. 나중에는 러더퍼드의 또 다른 제자 해리 모즐리가 러더퍼드-보어 원자 모형을 사용해 원소들의 가장 안쪽 전자들이 방출하는 X선의 진동수를 설명해냈다. 그제야 비로소 러더퍼드만큼 탁월한 물리적 직관을 갖추지 못한 이들도 핵을 품은 원자의 구조를 똑똑히 이해할 수 있었다.

오늘날 러더퍼드의 실험을 되돌아보면서 한때 러더퍼드가 표현했듯 '유레카'적인 순간이었다고 말하기는 쉽다. 물리학 교과서들은 초창기 세관 검역관들이 건초 가마니를 실은 배에 총알을 쏘아 밀수품을 탐지했던 것과 비슷한 실험이라고 설명한다. 총알이 튕겨 나오면 건초 안에 뭔가 단단한 것이 숨어 있다고 생각할 수 있는 것이다. 하지만 러더퍼드와 그의 조수들이 실험을 시작했을 때는 알파 입자가 총알처럼 단단한 것인지조차 확신하지 못한 상태였고 무엇이 어떻게 그들을 튕겨 나오게 하는지도 분명히 알지 못했다. 이 문제들에 대한 해답은 실험 전이 아니라 실험 과정 중에 서서히 떠올랐다. 그리고 러더퍼드와 그의 팀이 일구어낸 발견이 얼마나 혁명적인 것인지 사람들이 깨닫게 된 것은 결론이 발표되고 나서도 한참 뒤, 먼 미래의 일이었다.

과학의 예술

나는 러더퍼드가 원자핵을 발견한 실험을 재현해보겠다는 야무진 계획을 세운 적이 있다. 하려고만 들면 그렇게 단순할 수가 없을 것 같았다. 방사성 물질, 표적, 감광막을 준비한 뒤 어둠 속에서 작은 섬광을 세면 될 것 같았다. 나는 온갖 수고를 들여 실험을 설명한 그림과 도해들을 모으고, 여러 참여자들이 남긴 기록을 수집하고, 과학사학자들의 분석 자료를 찾았다. 심지어 벼락치기로 수학까지 공부했다. 나는 학생들 앞에서 실험을 해보일 것을 머릿속에 그렸다. 비디오로 녹화하거나 다큐멘터리를 만들 수 있을지도 몰랐다. 그러던 중 도움이 필요하다고 느낀 나는 러더퍼드의 알파 입자 산란 실험에 함께 했던 과학자 중 내가 아는 한 사람을 찾았다. 버나드 칼리지의 물리학자 새뮤얼 데본스였다. 나는 내 구상을 설명하기 위해 그의 연구실을 찾았다.

내가 계획을 털어놓자, 데본스는 말 그대로 방이 쩌렁쩌렁 울릴 정도로 웃어댔다. 그것도 아주 오랫동안. 그는 겨우 한숨 돌리고 나서 내게 말하기를, 요즘에는 그렇게 센 방사능 물질을 구하기조차 거의 불가능하다고 했다. 편법은 있다. 가끔 몇몇 대학 연구실에서 사용하는 방법인데, 겨우 감지할 만한 약한 방사능원을 사용하여 요즘의 성능 좋은 전자 기기들로 몇 시간, 혹은 며칠에 걸려서 데이터를 수집하는 방법이었다. 하지만 내가 마음속에 그린 것은 그런 방법은 아니었다. 데본스는 말했다.

그보다 더 중요한 문제는, 실험은 하나의 기예나 마찬가지라는 겁니다. 오래된 바이올린을 만드는 것과 비슷하지요. 바이올린은 사실 그다지 복잡해 보이는 기구는 아니죠. 하지만 당신이 바이올린 제작자를 찾아가서 "스트라디바리우스를 만들려는데 좀 도와주시겠습니까? 바이올린 제작에 흥미가 생겨서 실제로 어떻게들 하시는지 보고 싶군요"라고 말한다면 어떻겠습니까. 그 사람도 방금 제가 웃은 것처럼 웃겠지요. 기예란 것은 손가락으로 기억하는 지식이기 때문입니다. 뭔가를 실제로 만지작거리면서 깨닫는 잔꾀들이지요. 하다가 안 되면 다시 해보기도 하면서 말입니다. 실패를 겪으면 어떻게 극복할 수 있을까 궁리하죠. 그러다가 방법을 찾습니다. 실험이 바뀔 때마다 오래된 기술은 전부 잊어버리고 새로운 기술들을 배워야 합니다. 기술이 중요한 이유는, 실험 기기를 극단으로까지 밀어붙일 때는 잘못된 결과를 얻을 가능성이 매우 높기 때문입니다. 완전한 신천지에 머리를 들이미는 셈이니 무얼 놓쳤는지 정확히 알 도리가 없죠. 실험가들은 누구나 한두 번은 끔찍한 실수를 저지르고, 잘못된 결과를 너무 일찍 발표하는 바람에 완전히 낭패를 본 친구들을 여럿 알고 있죠. 그런데도 또, 지금 손에 쥔 것을 극단으로 밀어붙여야만 한답니다. 내가 하지 않으면 다른 누군가가 할 테니까요. 선수를 빼앗기는 것도 두렵긴 마찬가지니까 말이지요. 너무 조심을 떨다가, 아니면 다른 사람들보다 조금 생각이 모자라서 발견을 놓친 적 없는 과학자는 아마 없을걸요. 러더퍼드가 연구하던 당시에도 오스트리아에서 똑같은 작업을 하던 과학자들이 있었지요. 하지만 요새 누가 그 사람들 얘기를 합니까. 왜냐고요? 단지 러더퍼드가 조금 더 대담하고 재주가 좋았기 때문이지요.[1]

데본스가 묘사한 기예적 지식이라는 것은 물론 물리학에만 있는 것은 아니다. 20세기 중반의 저명한 미국 천문학자 앨버트 E. 휘트포드는 당시 사용되던 거대한 망원경을 조작하는 일은 "고도의 재주를 요구하며, 그것도 스스로 해야 하는 일"이라고 했다. 또 "아름다우면서도 심술궂은 장비, 커다란 망원경을 다루는 데는 진정한 숙련이 필요하다"고 했다. 그리고 실제로 기계의 세부적인 작동법을 배우는 것은 꽤 힘든 일이다. "망원경을 들여다보는 것은 아무리 조건이 좋을 때라도 지루하고 힘겹기 짝이 없는 일이다." 수많은 밤에 거대 망원경을 들여다보며 자료를 모았던 뛰어난 우주론학자 앨런 R. 샌디지의 말이다. "나쁜 상황에서라면 그렇게 춥고 비참할 수가 없다." 하지만 밤하늘 아래서 망원경과 단 둘이 불편함을 견뎌가며 오래 작업하다보면, 과학사학자 패트릭 맥크레이의 표현대로 "과학자와 기계 사이에 친밀한 유대"가 생겨난다.[2] 기계가 무엇을 말해주고 무엇을 말하지 않는지 알기 위해서 실험가는 반드시 이런 깊은 이해력을 갖추어야 한다.

그런 유대감이 존재할 때, 작업의 결과는 예술적이라 불러도 될 만한 수준이 된다.[3] 무릇 어떤 활동의 수행은 세 등급으로 나누어 평할 수 있다. 기계적 반복, 표준화된 수행, 그리고 예술적 수행이다. CD나 자동 피아노의 연주는 기계적 반복의 좋은 예다. 기기는 암호화된 신호를 풀어냄으로써 음악을 연주한다. 하지만 아무리 아름다운 곡조라 해도 그 음악은 창작의 산물이 아니라 메아리일 뿐이다. 반면 표준화된 수행은 최소한의 재주를 필요로 한다. 처음에는 몇몇 숙련된 사람들만 작업할 수 있었던 활동이 점차 그만한 숙련이 없는 사람도 성공적으로 할 수 있는 일로 바뀌어간다. 가령 레이저를 사용해서 근시를 교정하는 수술 기술 같은 게 그렇다. 한때 그 기술은 전문가들의 전유물이어서 많은 비용을 들여야 수행할 수 있는 일이었지만, 지금은 수많은 평범한 병원들이 문제없이 해내고 있는 작업이다.

예술적 수행은 표준화된 작업을 넘어선다. 그것은 이미 잘 알려지고 잘 통제되고 있는 세계의 한계에 도전하는 활동이다. 한마디로 모험이다. 러더퍼드의 원자핵 발견 경우에서 알 수 있듯, 과학적 대상을 발견하려면 우선 혼란스런 배경 중에서 대상을 가려내는 것부터 해야 할 때가 많다. 복잡한 그림 속에 어떤 물체의 모습이 숨겨진 숨은그림찾기를 하는 것과 비슷하다. 처음에는 얽히고설킨 선과 형태 때문에 물체의 모습이 잘 보이지 않는다. 우리는 막연한 긴장과 불편함을 느낀다. 그러다 갑자기 시각이 전환되면서 물체를, 가령 덤불숲이나 나뭇가지나 풀 속에 숨은 토끼를 볼 수 있게 된다. 과학적 대상들도 종종 이와 유사한 과정을 통해 인지되기에 이른다. 하지만 문제는 과학자들이 실험을 할 때는 대상이 정말 존재하는가조차 미리 확신할 수 없다는 데 있다. 게다가 실험 기기는 대상만 아니라 그림 전체를 생산한다. 대상이 감춰져 있는 배경까지 같이 만들어낸다는 것이다. 그 결과 어떻게 실험을 조직하느냐에 따라 새로운 현상을 알아볼 수 있느냐 없느냐가 결정되기도 한다. 원하는 대상을 눈앞에 *끄집어내기* 위해서 실험을 몇 번이고 수정해야 할 때도 있다.

러더퍼드의 실험은 기예가 최상으로 발휘된 좋은 예일뿐더러 어떻게 기예가 표준화되어 범속한 기술로 변해가는가 보여준 예이다. 새로 발견된 효과(러더퍼드의 산란 현상이 그랬듯 훼방을 놓는 효과일 수도 있다)에서 시작된 과학 현상은 실험실 기법을 거쳐 일반적 기술로 나아가는 궤적을 밟는다. 우리는 과학 현상이 빚어내는 특징적이고, 교훈적이며, 유용한 결과를 일컬어 효과라고 한다. 만약 그 효과가 몇몇 흥미로운 변수들에 민감하게 반응한다면 우리는 그것을 하나의 기법으로 활용할 수 있다. 효과를 측정함으로써 변수들을 측정하고, 분석하고, 조정해볼 수 있기 때문이다. 러더퍼드의 알파 입자 산란 효과가 전하 대 질량 분포라는 변수에 좌우되었던 것처럼 말이다. 또 실험실 기법은 언제든 기술로 변이해갈 수 있다. 다시 말하면 표준화할 수 있다는 말인데, 그러면 상업적 가치가 있는 '블랙박스' 기기가 만들어질 수 있고 사용자들은 기기의 작동 원리를 전혀 몰라도 특정한 활동을 수행할 수 있다. 피에조 전기, 즉 압전기의 경우를 떠올려보자. 어떤 결정 물질들에 일정한 방향의 압력을 가했을 때 순간적으로 수만 볼트의 전기가 생겨나는 현상을 압전기라 하며, 대부분 자연 상태의 결정들에서 발견된다. 이 현상이 처음 실험실에 등장한 것은 19세기가 끝나던 무렵으로서 퀴리 형제의 예술적인 작업 덕분이었다. 그들은 복잡한 실험 기기들을 고안하여 압전기를 생성했다(형제 중 동생인 피에르는 후에 첫 여성 노벨상 수상자인 마리 퀴리와 결혼한다). 그런데 제2차 세계대전 무렵이면 압전기는 공중 투하 폭탄의 기폭제로 쓰일 만큼 널리 보편화된다. 보편화는 한층 더 진행되어 한때 실험실에서나 볼 수 있던 이 신기한 현상은 오늘날 담배 라이터의 점화 장치에 흔히 쓰이는 기술이 되었다.

그렇다면 왜 우리는 실험에서 기예의 중요성을 자주 간과하는가? 과학자들이 보이는 태도가 한 가지 원인이다. 과학자들은 자신뿐 아니라 동료 과학자들에 대해서도 매우 정밀하고, 감상적이지 않고, 심지어 비현실적이기까지 한 기준을 설정하는 경향이 있다. 한 예로 일리노이 주 바타비아에 있는 국립 연구소 페르미 랩의 전소장이었던 노벨상 수상자 레온 레더먼은 자신이 '놓쳐버린 발견들'을 되새기며 늘 스스로 채찍질했다. 후에 '손가락 틈새로 놓쳐버린 대단한 발견들'이라 이름붙인 경우들을 모아 한 편의 논문으로 쓰기도 했다. 레더먼은 그중에서도 중요한 입자의 발견을 놓친 한 사건을 강조했는데, 소득이 없었던 레더먼의 연구 이후 6년 뒤에 서로 다른 두 연구팀이 동시에 성공한 실험이었다. 레더먼은 이렇게 썼다. "우리의 생각은 명료하지 못했다. 물리학의 결정적 요소들을 파악하는 능력도 충분치 못했다." 하지만 동료 과학자들은 레더먼의 팀이야말로 일류의 작업을 해내는 팀이라고 평가했다. 오늘날 'J/프사이'라 불리는 그 입자를 발견한 두 팀도 레더먼의 작업을 지침 삼아 연구했다. 한번은 내가 레더먼을 만날 기회가 있었다. 정말로 그 실험을 할 때 굳건한 물리학적 이해가 부족했다고 생각하는지 물어보았더니, 그는 "충분하지 않았지요"라고 대답했다. 나는 "하지만 동료 과학자들은 당신의 실험이 훌륭하다고 평가했고, 지금도 그렇게 여기고 있지 않습니까"라고 되물었다. 그는 다시 말했다. "하지만 충분히 훌륭하지 않았지요. 조금만 더 훌륭했다면 우리가 J/프사이 입자를 찾아냈겠지요. 내가 똑똑하지 못해서 미세한 검출기를 사용할 생각을 못했던 겁니다." 나는 그가 줄곧 굵은 시료들만 사용해왔기 때문에 정밀한 검출기를 쓸 생각을 하지 못했던 건 당연하지 않느냐고 말했으나, 레더먼은 단호하게 고개를 저었다. "두꺼운 재료들을 버리고 얇은 것을 끼워볼 생각을 했어야지요." 내가 되레 항의했다. "하지만 그랬으면 실험의 전체적인 목적이나 물리적 구조 자체가 근본적인 뿌리부터 완전히 바뀌는 게 아니었겠습니까." 그는 조금도 설득당하지 않았다. "내가 더 똑똑했다면……" 그는 생각에 빠졌다. "실험을 뒤엎고 처음부터 다시 시작했겠지요. 하지만 나는 그러지 않았어요. 멍청했던 겁니다."[4]

레더먼, 그리고 그 밖의 과학자들은 왜 이토록 습관적으로 자신을 깎아내리지 못해 안달일까? 자신의 노력을 부정하고, 자신이 지닌 기예를 인정하지 않고, 모든 기예에는 잠재적 오류의 가능성이 있다는 걸 받아들이지 않을까? 사실 사람들은 그런 태도야말로 과학을 하기에 '이상적인 자질'이라고 믿는다. 그런 태도를 지닌 자들은 실험이 실패할 경우 자신의 계획과 판단이 나빴던 것이라 가책하며, 모든 실험에는 본래 위험과 불확실성이 내재해 있다는 사실을 애써 무시한다. 그리고 바로 그런 태도를 지녔기 때문에 그들은 어렵고 모험적인 작업에 끝없이 뛰어들며 더더욱 분발하는 것이다.

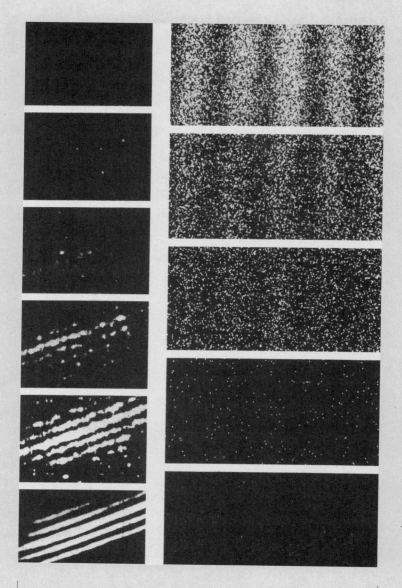

단일 전자들로부터 전자 간섭 패턴이 나타나는 과정을 보여준 그림. 좌측은 볼로냐 그룹의 1974년 실험 결과이고 우측은 히타치 그룹의 1989년 실험 결과이다. 볼로냐 그룹의 간섭 패턴도 원래는 세로로 곧바로 선 것이지만 전자현미경의 자기 렌즈에 의해 살짝 회전되어 보이고 있다.

열

유일한 미스터리
단독 전자의 양자적 간섭

지금부터 어떤 고전적 논리로도 설명할 수 없는, 절대로 설명이
불가능한, 이상한 현상을 소개하고자 한다. 이 현상 속에는 양자역학
의 핵심 개념이 숨어 있다. 사실, 이것은 우리에게 남은 유일한 미스
터리라고 할 수 있다.

— 리처드 파인먼

"나는 그 실험을 에든버러 대학 광학 수업 시간에 봤다." 『물
리학 세계』에 올린 투표에 참여한 한 천문학자가 전자의
이중 슬릿 실험을 추천하며 한 말이다. "교수는 어떤 결과가 나올
거라고 미리 말해주지 않았는데, 그래서인지 충격이 엄청났다. 나
는 실험의 세부 사항들은 이미 다 잊었다. 단지 점들이 분포하는 모

양을 보고 있자니 갑자기 간섭 패턴이 드러났다는 것만 기억날 뿐이다. 시선을 뗄 수 없게끔 하는 놀라운 광경이었다. 마치 그림이나 조각 걸작품에 시선을 빼앗긴 것 같았다. 이중 슬릿 실험을 처음 보는 건 생애 최초로 개기일식을 목격하는 것과 비슷하다. 온몸이 원초적 전율로 떨리고 팔에 난 솜털들이 쭈뼛 선다. 그리고 이렇게 생각하게 된다. **'세상에, 입자 – 파동설인가 뭔가 하는 게 정말 사실이었어!'** 당신이 갖고 있던 지식의 기반 자체가 흔들린 것이다."

미국 물리학자로 노벨상을 받았던 고(故) 리처드 파인먼은 『물리학 강의』에서 이렇게 말했다. "미시 세계 물체들의 행동 양식은 우리가 경험을 통해 이해하는 거시 세계 물체들의 행동과는 전혀 다르다." 그럼에도 불구하고, 파인먼도 지적했다시피, 숙련된 물리학자조차도 양자역학의 복잡성을 무시하고는 전자나 양성자나 중성자, 기타 '저 아래 세계'의 입자들이 '이 위 세계'의 물체들과 비슷하리라 상상해버리곤 한다. 그들이 실체가 분명하고 독립적인 존재들로서 A점에서 B점으로 이동할 때는 어떤 확실한 경로를 따라 움직이며, 만약 우리가 그들의 움직임을 중간에서 놓친다 해도 그들이 어느 한 시점에 어느 한 장소에 '존재한다'는 사실에는 변함이 없으리라고 생각한다. 하지만 이는 양자 이론의 영역에서는 사실이 아니다. 실험을 통해서 증명해 보일 수도 있다. 에라토스테네스의 실험을 통해 천체를 구체적 실체로 파악하게 된 이래 과학자들이 굳건히 지켜온 가정, 즉 우주의 근본적인 것들은 어떻게든 모두 구체적으로 상상하거나 그림 그릴 수 있다는 믿음을 완벽히 부정하고 있는 것이다.

양자 세계의 사건들은 구체적으로 그릴 수 없다는 점을 가장 시각적으로 또한 극적으로 보여주는 사례가 바로 이중 슬릿 실험이다. 토머스 영의 실험을 응용한 것이지만 빛이 아니라 전자 같은 미립자를 사용한다는 점이 다르다. 기술적으로 매우 까다로운 이 실험은 단계별로 발전되었기 때문에 열 가지 가장 아름다운 실험들 중 유일하게 특정 인물의 이름이 붙지 않은 실험이다. 그냥 단독 전자의 이중 슬릿 실험, 또는 양자적 간섭 실험이라 불린다. 내 조사 결과 이 실험은 가장 많은 표를 얻은 독보적 후보였다. 물론 내가 진행한 투표는 과학적인 것은 아니다. 하지만 이중 슬릿 실험의 단순 미, 거부할 수 없는 결정력, 충격적 가치는 누구도 부인할 수 없을 것이며, 그 누가 집계하더라도 반드시 가장 아름다운 과학 실험 목록의 상위에 오를 것이 분명하다.

파인먼은 『물리학 강의』를 비롯한 여러 저서들에서 세 가지 이중 슬릿 실험을 비교함으로써 양자역학의 기이한 속성을 우아하게 설명했다. 하나는 총알(입자)을 쓴 것이고 또 하나는 물(파동)을, 나머지 하나는 전자(입자이자 파동, 혹은 어느 쪽도 아님)를 쓴 실험이다. 그는 '비유와 대조를 적절히 섞어 씀으로써' 각각의 실험이 어떻게 다르고 어떻게 비슷한지 차근차근 보여주었다.[1]

파인먼의 말에 따라 첫번째 실험을 상상해보자. 여기 마구잡이로 총알을 난사하는 기관총이 하나 있다. 총은 강철로 된 판에 대고

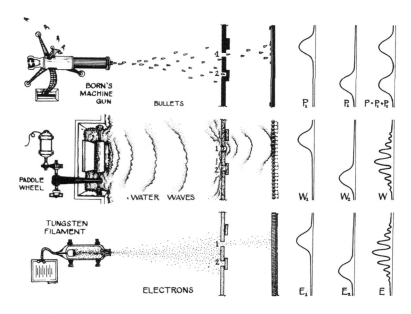

[그림 10-1] 세 가지 이중 슬릿 실험들. 첫번째는 간섭이 전혀 없는 '덩어리진' 물체(총알)의 경우, 두번째는 연속적인 물체(물결파)의 간섭의 예, 세번째는 '덩어리진' 것으로 보이는 물체(전자)의 간섭의 예.

총알을 쏘는 중이다. 철판에는 총알이 통과할 수 있을 정도 크기의 작은 구멍이 두 개 나 있는데, 구멍마다 덮개가 있어서 원하면 완전히 닫아버릴 수도 있다. 구멍을 빠져나간 총알은 철판 뒤에 있는 또 다른 판에 가 부딪친다. 그런데 대부분의 총알은 두 개의 구멍 바로 뒤 지점에 가서 박히겠지만 몇몇은 구멍 모서리에 부딪치면서 꺾여 휘어져 날아갈 것이다. 그래서 우리는 특정한 총알이 판의 어디에 가서 박힐 것인지 미리 알 수가 없다. 다음으로 파인먼은 뒤쪽 판에다 '총알 감지기'를 단다고 상상한다. 총알 감지기는 이리저리 움직이면서 특정 지점에 박힌 총알의 개수를 세어준다. 실험의 목적은 총알이 특정 지점에 박히는 확률을 계산하는 것이다. 정말로 기관총을 설치하고 실험을 한다고 생각해보면, 우선 감지기가 받아들이는 총알은 언제나 온전한 형태라는 것을 떠올릴 수 있다. 감지기를 열어보면 온전한 형태의 총알들만 있지, 반으로 쪼개진 총알이나 더 잘게 바스러진 총알 조각 따위는 없다는 것이다. 따라서 파인먼은 총알의 분포 패턴은 '덩어리'의 형태로 쌓인다고 했다. 하나의 총알은 '한 군데만 공격'할 수 있다. 패턴을 측정한다는 것은 각 지점에 쌓인 온전한 총알들의 총 개수를 세는 것이 된다. 중요하게 봐야 할 점이 또 있다. 구멍 1과 구멍 2를 동시에 열어뒀을 때 특정 지점에 총알이 도달할 확률은 구멍 1과 구멍 2를 하나씩 열어두고 측정했을 때의 확률을 합한 것이 된다. 달리 말하면 하나의 총알이 구멍 1을 통과할 확률은 구멍 2가 열려 있거나 닫혀 있거나 상관없이 일정하다.[2] 또 다른 식으로 생각해보자. 당신이 사격 연습장에서 총을 쏘고 있다. 당신은 일정한 확률로 과녁을 맞히고 있을 것이다. 이때 누군가 옆 연습실에 들어와 총을 쏘기 시작하는데, 가끔 당신의 과녁을 맞히기도 한다. 어쨌든 당신이 과녁을 맞힐 확률은 그 사람에 상관없이 일정하다. 파인먼에 따르면 이것이 '간섭 패턴을 보이지 않는 상황'이다.

이제 두번째 실험을 상상해보자. 이번에는 기관총 대신 물이 담긴 통과 물결을 일으키는 기계를 사용한다. 여기서도 구멍이 두 개 뚫린 벽이 하나 있고, 그 뒤에는 물결 파동을 반사시키지 않는 흡수벽 또는 '모래사장'이 있고, 파동의 세기를 측정할 수 있는 이동식 감지기가 있다(감지기가 파고의 높이 또는 진폭을 측정하면 그 숫자를 제곱해서 파동의 세기를 구할 수 있다). 영의 이중 슬릿 실험을 그대로 수면파에 적용해본 구조다.

이 실험의 목표는 구멍 1과 구멍 2가 하나씩만 열렸을 때와 둘 다 열렸을 때 수면파의 세기를 측정하는 것이다. 이제 수면파를 일으키는 파원 기계가 작동하기 시작한다. 우리는 곧 앞의 실험과는 사뭇 다른 결과들을 목격하게 될 것이다. 우선 파동은 아무 높이나 자유롭게 가질 수 있다. 총알처럼 일정한 덩어리가 아닌 것이다. 파동은 다양한 높이를 띠며 부드럽게, 연속적으로 존재한다. 게다가 구멍을 둘 다 열었을 때 나타나는 파동의 세기 분포는 하나씩만 열었을 때의 분포 값을 더한 것으로 계산되지 않는다. 우리는 그 이유를 영의 실험에서 이미 보았다. 두 개의 파원에서 퍼져 나오는 파동이 서로 보강하기도 하고 상쇄하기도 하며 상호작용하기 때문이다. 이것이 바로 '간섭' 상황이다.

이제 파인먼의 마지막 상상 실험 차례다. 연속적으로 전자들을 쏘는 전자총을 만들어서 구멍이 두 개 난 벽에 대고 난사한다고 하자. 이때도 벽의 뒤편에는 전자 감지기가 달린 판이 하나 더 있다. 파인먼에 따르면, 이번에 우리가 다루는 것은 양자적 행동을 하는 전자이므로 앞서와 다른 기묘한 현상이 벌어질 것이다. 첫번째 실험에서처럼 분포 패턴은 '덩어리' 단위로 감지될 것이 분명하다. 전자들은 한 번에 하나씩 온전한 형태로 감지기에 도달할 것이기 때문이다. 감지기는 '딸깍' 소리를 내며 전자의 도착을 알려 계수하거나 아니거나, 둘 중 하나다. 그런데 구멍을 둘 다 열었을 때의 전자 분포 패턴은 하나씩만 열었을 때의 합과 일치하지 않는다. 전형적인 간섭 패턴이 나타나는 것이다. 이것은 두번째 실험과 비슷하다. 놀랍게도 전자는 구멍을 통과할 때는 파동처럼 행동하다가, 감지기를 활성화시킬 때는 입자처럼 행동하는 것이다.

전자들이 한 번에 여러 개씩 구멍을 통과하다가 서로 부딪쳐서 간섭 패턴을 보인 게 아닌가 생각할 수도 있다. 하지만 한 번에 하나씩만 전자를 쏘아서 실험해본 결과, 그것도 아니었다. 비로소 우리는 '유일한 미스터리'에 직면했다.

자, 전자총의 속도를 낮춰서 한 번에 하나씩 천천히 전자를 발사해보자. 한 시점에는 전자가 단 한 개만 구멍을 지나는 것이다. 애초에 전자끼리 충돌할 가능성을 막아버리는 것이다. 전자총을 켜면 벽 너머에 서서히 전자들이 쌓이기 시작할 것이다. 처음엔 전자들이 일정한 형태 없이 무질서하게 하나씩 감지기에 잡히는 듯 보일 것이다. 그런데 수가 늘어날수록 뭔가 모양이 잡히는 것 같다. 놀랍게도 간섭 패턴이다! 전자는 마치 파동처럼 한 번에 두 개의 구멍을 동시에 빠져나와서 감지기에 걸릴 때는 마치 입자처럼 한 지점에 부딪치는 것이다. 전자는 혼자서 스스로 간섭을 일으킨다. 정말 그럴 수 있는 걸까? 그렇다. 그리고 이것이 바로 '유일한 미스터리'다. 파인먼은 말했다. "나는 아무것도 배제하지 않고, 가장 우아하고 수수께끼 같은 모습의 자연을 있는 그대로 드러내보였다."

오랫동안 물리학자들은 이 실험을 현실에서 수행하기는 불가능하리라 생각했다. 전자를 하나씩 발사시켜 충분히 관찰해야 하는데 그런 총을 만들기는 어렵기 때문이다. 그래도 과학자들은 실제로 실험을 해보면 반드시 이런 결과가 나오리라 믿어 의심치 않았다. 전자가 파동의 속성을 띤다는 걸 증명하는 증거는 그밖에도 수없이 많았기 때문이다. 파인먼은 학생들에게 이렇게 말했다.

> 그런데 이 실험은 당장 뚝딱뚝딱 해볼 수가 없다…… 사실 이 실험은 한 번도 실제로 수행된 적이 없다. 우리가 원하는 현상을 보기 위해서는 극미세한 기기들이 필요한데 지금의 기술로는 제작이 어렵기 때문이다. 그래서 우리는 가만히 상상만 하면 되는 '사고실험'을 할 것이다. 그리고 우리는 실험의 결과가 **어떨지** 이미 알고 있다. 왜냐하면 규모는 다르지만 우리가 알아보려는 현상을 잘 드러낸 실험들이라면 이미 여럿 **나와 있기** 때문이다.

파인먼이 이 말을 한 것은 1960년대 초였다. 아마도 그는 당시 이미 실제로 양자 이중 슬릿 실험을 할 수 있을 만큼 기술이 빠르게 발전하고 있다는 사실을 몰랐던 것 같다. 1961년에 벌써 성공적으로 실험이 치러진 예가 있었다. 그것을 해낸 사람은 독일의 대학원생 클라우스 욘손이었다.

욘손은 1930년에 독일에서 태어났다. 제2차 세계대전이 발발했을 때는 아직 어렸으므로 징집되지 않고 도시에 남았다. 독일군이 연합군에 밀려 함부르크에서 퇴각하자, 욘손은 과학자 기질이 있는 몇몇 학교 친구들과 함께 독일 군대가 떨어뜨리고 간 잡동사니들을 주워 모았다. 아이들은 지프차에서 떼어낸 배터리와 전기 부품들을 가지고 전기 도금 실험을 하며 놀았다. 배터리가 다 되면 놀이도 끝났다. 재충전할 방법은 없었기 때문이다.

전쟁이 끝난 뒤 욘손은 튀빙겐 대학에 진학했다. 지도교수는 전파현미경의 개척자인 고트프리트 묄렌슈테트로 당시 대학 내 물리학 연구소에 몸담고 있었다.[3] 묄렌슈테트의 업적은 프레넬 겹프리즘의 전자 버전이라 할 수 있는 전자 겹프리즘을 (하인리히 뒤커와 함께) 발명한 것이다([그림 10-2]). 6장에서 설명했지만, 영의 이중 슬릿과 프레넬의 겹프리즘은 하나의 빛을 두 개의 파동으로 분리시켜

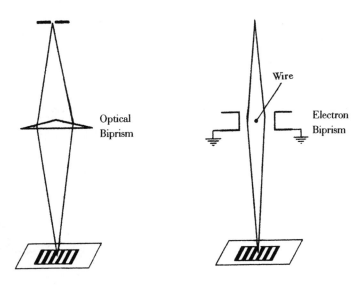

[그림 10-2] 프레넬 광학 렌즈(왼쪽)와 묄렌슈테트-뒤커 전자 겹프리즘(오른쪽)의 차이를 보여주는 그림.

서로 간섭하게 한다는 점에서 개념적으로 비슷한 도구다. 영의 방법은 단일 광원의 빛을 가까이 붙은 두 개의 틈에 통과시킴으로써 두 가닥으로 빠져나오게 하는 것인 반면, 프레넬은 단일 광원의 빛을 삼각 프리즘의 두 면에 동시 통과시킴으로써 나누는 방법을 썼다. 묄렌슈테트의 전자 겹프리즘도 비슷하다. 전자선이 지나는 길 중앙에 아주 가는 선을 하나 둠으로써 전자선을 두 갈래로 가르는 것이다. 일단 상상할 수 없을 정도로 가는 줄이 필요했다. 묄렌슈테트가 처음 택한 방법은 거미줄을 금으로 코팅하는 것이었으나(그래서 실험실 구석구석에 거미들을 키웠다) 나중에 더 싸고 나은 방법을 발견했다. 석영 섬유를 가스 불꽃에 대고 잡아 늘인 뒤 도금하는 방법이었다. 겹프리즘 섬유를 양극으로 대전시키고 전자선을 쏘면 하나의 선이 약간 서로 기운 두 개의 선으로 깨끗하게 갈라졌고, 그것들끼리 간섭을 일으키게 할 수도 있었다.

　1955년 여름, 묄렌슈테트와 뒤커는 연구소의 전 직원을 모아놓고 겹프리즘을 사용한 간섭 패턴을 처음 보여주었다. 물론 욘손도 끼어 있었다. 그후 얼마 지나지 않아 욘손은 겹프리즘 대신 미세한 이중 슬릿을 사용해 전자의 줄무늬 간섭 패턴을 볼 수는 없을까 궁리하기 시작했다. 영의 실험을 그대로 가져와보려는 것이다. 그러나 장애물들이 산더미같이 있었다. 우선 특별한 금속 막에다 극도로 자그만 슬릿을 낼 수 있어야 했다. 빛을 가지고 하는 실험에서는 유리 슬라이드 같은 투명한 물체에 슬릿을 내서 쓸 수 있었지만 전자 실험에서는 그럴 수 없었다. 그런 물질들은 전자를 단박에 산란시켜버릴 것이기 때문이다. 막은 전자에 맞아도 움찔거리지 않도록 안정적이어야 했고, 단단해야 했다. 여기서 욘손은 실험가의 타협 상황에 직면했다. 전자를 견딜 수 있을 정도로 딱딱한 기판 물질이라면 슬릿을 냈을 때 가장자리가 울퉁불퉁하기 쉬운데, 그렇다고 얇은 물질을 쓰면 슬릿은 정밀해질지 몰라도 막 자체가 튼튼하게 지탱하는 힘이 약해진다. 그러면 슬릿을 지나는 전자의 행동에도 영향이 미칠 것이 분명했다. 슬릿은 영의 슬릿보다 훨씬 작아야 했다. 전자선의 두께는 천만분의 1미터(10마이크로미터)밖에 안 되기 때문이다. 또 매끄러워야 했다. 전자가 이물질에 부딪쳐 불규칙하게 튕기면 파동으로서의 '결맞음'에 해가 가기 때문이다. 이때 욘손이 독일군 지프차 배터리를 갖고 놀았던 경험이 도움이 되었다. 덕분에 그는 기판의 청결이 무엇보다도 중요하다는 사실을 깊이 깨닫고 있었다. 하지만 여러 선배 과학자들은 욘손의 실험이 성공하기 어렵다고 생각했고 그만 포기하라고까지 종용했다. 이때 그를 격려한 것은 묄렌슈테트였다. 교수는 욘손에게 "실험 물리학자의 사전에 '안 될 거야'라는 말은 없다"고 말해주었다.

1956년에 박사학위 1차 자격시험을 통과한 욘손은 충분한 두께의 금속 막에 슬릿을 내는 법을 본격적으로 연구했고, 다음해에는 방법을 찾아냈다.[4] 1957년 봄에는 박사학위 이론 자격시험을 최종 통과했고, 박사논문 주제를 잡기 위해 묄렌슈테트와 이야기를 나누었다. 애초에 묄렌슈테트는 욘손이 겹프리즘 간섭 연구를 하길 원했지만 결국은 욘손이 원하는 주제로 변경하도록 허락했다. 작업의

[그림 10-3] 욘손의 실험에서 나타난 전자의 간섭 패턴.

첫 단계는 폭이 8천억 분의 1미터(800 나노미터)도 안 되는 미세한 슬릿을 낼 기계를 만드는 것이었다. 당시로는 시대를 앞설 정도로 최첨단 기계였기 때문에 욘손은 본의 아니게 최초의 '나노 기술' 개척자 중 한 사람으로 이름을 남기게 되었다. 두번째 단계는 약한 전자에도 잘 반응할 특별한 감광 필름을 만드는 일이었다.[5] 그밖에도 간섭 패턴을 왜곡시킬 만한 기계적, 자기적 방해 요소들을 찾아 제거하는 일은 늘 중요한 문제였다. 욘손은 1959년에 드디어 최초의 간섭 줄무늬 패턴 사진을 얻는다([그림 10-3]). 1961년에는 이 작업을 바탕으로 박사학위를 받았다.

욘손의 실험은 새로운 이론적 진전을 이룬 것은 아니었다. 양자역학에 정통한 사람이라면 누구나 그 사실을 알았다. 그래서 결과를 보고 놀란 사람은 아무도 없었다. 그래도 욘손은 "이전에는 불가능하게만 보였던 양자역학의 오래된 사고실험, 교육적 의미와 철학적 의미가 매우 높은 실험"을 현실에서 수행해냈다는 사실에 스스로 대단한 만족을 표했다. 그리고 그의 논문이 영어로 번역되어 물리학 교사들을 위한 학술지 『미국 물리학 회보』에 실렸을 때, 편집자들도 앞 다투어 그의 실험을 칭찬했다. 편집자들은 『회보』 서문에서 주장하기를 욘손의 실험이 이론 물리학의 첨단을 달리는 것은 아니지만 그래도 "훌륭한 실험"이자 "기술력의 **총 집결**"을 보여준 것이라 했다. 또한 "진실하고, 교육적 함의가 풍부하고, 근본적인 실험 특유의 개념적 단순성을 보여주었기 때문에 앞으로 우리는 이 실험을 통해 더욱 풍부하면서도 간결한 양자물리학 교육을 할 수 있을 것"이라 평가했다. 덧붙여 이 실험은 "실제적인 실험의 정수를 보여줌으로써 형식적인 규범으로서의 과학을 살아 있는 직업으로 바꾸는 데" 기여했다고 썼다.

당시 전자를 하나씩 쏘아 실험하는 것은 여전히 불가능했다. 하지만 그로부터 십여 년 만에 이 또한 가능해진다. 이중 슬릿 실험의 결정판은 역시나 흥미로운 상황에서 탄생했다. 1970년, 이탈리아 볼로냐 대학 전자현미경 연구소의 두 젊은 과학자 피에르 조르지오 메를리와 줄리오 포치는 시칠리아 에리체에서 열린 국제 전자현미경 학회에 참석했다. 그곳에서 메를리와 포치는 단일 전자를 감지할 수 있을 만큼 민감한 새 영상 증폭기(정확하게는 광전자 증폭관) 이야기에 깊은 인상을 받았고, 연구소로 돌아오자마자 그것을 활용해 뭔가 할 수 있는 일이 없을까 열심히 궁리했다. 그들이 소속된 연구소는 이탈리아 과학 연구 후원을 담당하는 국립연구협회(CNR)로부터 지원을 약속받은 상태였는데 정부 관료들 특유의 느린 일 처리 탓에 자금이 융통되지 못하고 있었다. 다음해인 1971년, 연구소는 선임 연구원 지안 프랑코 미시롤리와 포치를 로마에 있는 CNR 본부로 보내 왜 자꾸 지원이 연기되는지 알아보라고 시켰다.

기차를 타고 로마로 향하던 두 사람은 눈앞에 닥친 임무로 인한 스트레스를 풀 요량으로 열심히 물리 얘기를 나누었다. 사실 과학자들은 너나 할 것 없이 관료 체계와의 접촉을 꺼리고 어려워하는 편이다. 포치는 미시롤리에게 전자 겹프리즘에 대한 호기심을 털어놓았고, 둘은 곧 함께 일할 수 있는 뭔가가 없을까 토론하기 시작했다. 이것이 이후 삼십 년간 이어질 생산적인 협동 작업의 시작이었다. 미시롤리는 발명에 재능이 있는 연구자였고, 자신이 발견한 것들을 알아듣기 쉬운 단순한 형태로 정리하여 학생들에게 가르치는 데도 관심이 아주 많았다. 그는 그런 것들을 글로 써서 펴내고 싶어했다. 두 사람은 1971년 말부터 힘을 합쳐 실험을 시작했다.[6]

그때쯤 메를리는 막 신설된 재료공학, 전자기기 및 화학공학 연구소(LAMEL)의 연구원이 되어 전자현미경 연구소를 떠난 참이었지만 포치나 미시롤리 등의 전 동료들과 협동 작업을 하는 데는 문제가 없었다. 세 사람은 겹프리즘을 제작한 뒤 지멘스 전자현미경에 설치했다. 그때 메를리가 전자 하나까지 감지해내는 영상 증폭기가 밀라노에 설치되었다는 소식을 들었고 세 사람은 본격적으로 전자 간섭 실험을 구상하기 시작했다. 전자 겹프리즘에 한 번에 하나씩 전자를 보낼 계획이었다. 세 사람은 영상 촬영을 위해 밀라노로 장소를 옮겼다. 그곳의 영상 증폭기에 자신들이 제작한 전자현미경을 연결한 뒤, 대번에 간섭 패턴 감지에 성공했다.

그들은 실험 결과를 정리하여 학술지에 보냈다. 욘손의 논문이 게재되었던 『미국 물리학 회보』였다. 그들은 "학생들이 전자 간섭 실험과 더 친숙해졌으면 한다"고 취지를 밝혔다.[7] 그런데 그들은 거기서 그치지 않고 한층 야심을 갖게 되었다. LAMEL의 또 다른 두 과학자들의 격려와 지지를 발판 삼아 실험에 대한 짧은 다큐멘터리 영화를 만들기로 한 것이다. 지역 학교와 도서관들에서 상영하는것이 목적이었다. 그런데 이 일은 예상보다 훨씬 어렵고 돈이 많이 드는 작업이었고, 세 사람은 이 문제에 거의 전적으로 매달리는 지경이 된다. 이론가가 아니라 실험가인 그들은 정확하게 전 과정을 표현하려면 매우 조심스럽게 접근해야 한다는 점을 잘 알았다.

그리하여 탄생한 다큐멘터리는 매우 뛰어나다. 파인먼을 비롯한 여러 과학자들의 전철을 따라 그들은 세 단계의 비유를 통해 실험을 설명했다. 일단 수면파 간섭 실험을 보여주고(처음에는 자연 상태의 현상을, 그리고 수조에서의 실험을 보여주었다) 다음엔 프레넬 겹프리즘을 이용한 빛의 간섭을 보여준 뒤, 마지막으로 자신들의 전자 겹프리즘을 설명하는 식이다. 세 사람 모두 영화에 출연했고 최종 편집은 메를리가 맡았다. 메를리는 배경 음악도 기가 막히게 선곡했다. 고전적인 사례들(수면파와 빛의 간섭)을 설명하는 대목에는 비발디의 플루트 음악을 깔고 양자 간섭 부분에는 현대적인 무조성 음악을 깔았다. 영화의 클라이맥스는 양자 간섭 패턴이 만들어지는 순간이다. 개개의 전자들이 쌓여 천천히 패턴이 드러나는 모습이 똑똑히 보였다. 효과는 대단했고, 영화는(인터넷에서도 볼 수 있다) 1976년 브뤼셀에서 열린 국제 과학영화 페스티벌에서 상도 받았다.[8] "요즘도 그 영화를 볼 때마다 경외감이 느껴지죠." 포치가 내게 한 말이다. 모든 사람들이 그렇게 생각하고 있지 않을까.

1989년에는 일본 히타치 주식회사 고등 연구소에서 근무하는 수석 선임 연구원 아키라 토노무라가 동료들과 함께 전자현미경 실험을 수행했다. 한층 정교하고 효율적인 전자 감지 장치를 동원한 실험이었다. 그들 역시 『미국 물리학 회보』에 실험 결과를 발표했고,[9] 전자가 하나씩 차곡차곡 쌓이면서 간섭 패턴을 이루어가는 모습을 실시간으로 볼 수 있게 촬영했다. 토노무라는 왕립학회에서 강연할 때 이 동영상을 선보였는데 지금도 인터넷에서 볼 수 있다.[10] 강연 도중 토노무라는 비디오를 빠르게 감아 보여주었다. 그러자 개개의 점들이 무작위로 하나씩 찍혀가다가 마침내 간섭 패턴이 떠오르는, 잊을 수 없을 정도로 인상적인 장면이 활짝 펼쳐졌다. 마치 까만 밤하늘에 자그만 별들이 하나둘 생겨나다가 이윽고 은하가 만들어지는 모습 같았다. 숨겨진 우주의 구조를 드러내는 그 패턴을 부인할 수 있는 사람은 아무도 없다. 장면이 상연되는 동안 토노무라는 이렇게 말했다.

우리는 기묘하기 짝이 없는 결론을 받아들일 수밖에 없습니다. 전자는 입자처럼 하나씩 감지되지만 동시에 전체적으로는 파동으로서의 성격을 드러내어 간섭 패턴을 만들어내는 것입니다. 양자역학은 우리에게 전자를 입자로 상상하는 [관습적인] 생각을 벗어던지라고 요구합니다. 전자가 입자일 수 있는 순간은 감지기에 검출되는 순간뿐입니다.

보다 최근 들어서는 전자가 아닌 다른 입자들, 즉 원자나 분자

등에 대해서도 양자적 간섭 현상이 확인되었다.

전자를 대상으로 한 이중 슬릿 실험은 아름다운 실험이 갖춰야 할 세 가지 핵심 덕목을 고루 지녔다. 일단 매우 근본적인 실험이다. 초미시 세계 물질의 행동 양식이 얼마나 기묘하고 반직관적인지 잘 보여준다. 발사점을 떠난 전자는 일정 거리를 가로지른 후 감지기에 모습을 드러낸다. 그러나 생성과 관측 사이에서는, 대체 어디에 존재하는 것일까? 우리는 양자적 물체가 시공간에 존재하는 양식이 거시 세계 물체들의 양태와 똑같을 것이라 생각하면 안 된다는 점을 양자 간섭 실험을 통해 배운다. 이중 슬릿을 사용하든 겹프리즘을 사용하든 매한가지다. "어디에 있을까?" 하는 질문은 묻지 말아야 한다. 전자는 모든 곳에 있으되 아무 곳에도 없다. 영의 이중 슬릿 실험은 빛의 입자설을 빛의 파동설로 전환시키는 데 필요했던 극적인 증명이었다. 마찬가지로 단독 전자의 이중 슬릿 실험도 패러다임의 전환을 확인하는 극적인 증명이었다. 고전역학이 양자역학으로 바뀌는 순간이었다.

실험은 경제적이기도 하다. 혁명적인 의미를 담은 실험이지만 오늘날 우리의 기술로 거뜬히 만들 수 있는 기기들로만 구성되었으며 기본 개념도 이해하기 어려운 것이 하나도 없다. 게다가 양자역학의 미스터리에 대해서 가장 압축적으로 보여주는 실험이다. 양자역학의 또 다른 미스터리들, 이를테면 슈뢰딩거의 고양이 역설이나 벨의 부등식, 비국소성에 관한 실험들은 모두 양자적 간섭 현상의 미스터리에 뿌리를 두고 있다.

또 신뢰할 만하며 깊은 만족을 주는 실험이다. 양자역학에 대해 회의적인 골수 반대자들조차 납득시킬 수 있다. 사실 양자역학을 아무리 잘 아는 사람이라 해도 이론이란 본디 추상적인 것이기에 의미를 가깝게 받아들이는 것은 여간 어려운 일이 아니다. 그런데 이중 슬릿 실험은 단번에 파악할 수 있는 감각적인 영상을 만들어낸 것이다. "그 실험을 [대학에서] 보기 전만 해도 나는 '현대'[20세기] 물리학이 주장하는 바를 단 한마디도 믿지 않았다." 투표에 응한 한 과학자가 보내온 말이다.

실험은 영의 실험과 흡사한 명료한 아름다움을 가졌다. 간섭 패턴이라는 증거가 눈앞에서 바로 나타나기 때문이다. 예고된 놀라움에서 아름다움을 만들어낸다는 점에서는 피사의 사탑 실험과 비슷하다. 우리는 일상의 틀이 산산조각날 것이란 기대를 갖고 실험을 보며, 그것이 숨김없이 드러나는 광경에 즐거움을 느낀다. 물론 물질이 낱낱의 입자처럼 행동한다는 개념에 익숙해 있어야 할 것이다. 그렇지 않으면 신비로울 것이 없다.

이 실험이 아름다운 마지막 이유는 에라토스테네스의 놀라운 묘기 정반대에 놓인 쐐기이기 때문이다. 적어도 나는 그렇게 생각한다. 그리스 사람들은 에라토스테네스의 실험을 통해 우주도 궁극적으로는 묘사가 가능한 구조를 가진 실체라는 기존의 직관을 확인했다. 규모가 무진장 클 뿐, 우주도 결국 삼차원 공간에서 상호작용하며 움직이는 물체들로 이루어진 뭔가일 뿐임을 증명한 것이다. 양자 간섭 실험은 그 반대다. 우리는 작은 규모에서는 만물이 색다르게 얽혀 있어서 전통적인 직관이나 개념으로는 파악할 수 없다는 사실을 배운다. 우리는 우리 손으로 만든 기기를 통해 완전히 다른 새로운 세상의 존재를 증명한 것이다.

앞으로도 인간의 직관은 양자역학적 세계에 익숙해지지 못할 가능성이 높다. 이론에 대해 아무리 확신하더라도 마찬가지다. 이중 슬릿 전자 간섭 실험은 그 냉엄한 현실을 극적이고, 경제적이고, 구체적인 방식으로 우리에게 보여주었다. 겹프리즘이나 두 개의 슬릿을 빠져나온 하나의 전자가 감지기에 가 닿으며 딸깍 소리를 내고, 그로부터 서서히 간섭 패턴이 떠오르는 풍경, 그것은 인간이 겪을 수 있는 최고로 경이롭고 매혹적인 경험 중 하나다. 단일 전자의 양자 간섭 실험은 앞으로도 오랫동안 아름다운 실험들의 신전에 높이 모셔질 것이다.

또 다른 아름다운 실험들

세 상에서 가장 아름다운 실험을 물었던 투표에서 열 손가락 안
에 들지 못한 차점자들이 수십 가지가 넘는다. 추천된 실험
들은 매우 다양한 분야에 걸쳐 있다. 그중 몇 가지를 소개하는 것도
괜찮을 듯한데, 하나같이 실험이 처했던 환경이 특수하거나 아름다
움을 내보이는 방식이 독특했던 것들이다. 아니, 그저 개인적으로
좋아하는 것도 있다.

차점자들 중 가장 오래된 실험은 시라쿠사의 아르키메데스가 무
심코 수행했던 유체정역학 실험이다. 고대 그리스에서 제일 유명한
수학자이자 발명가였던 아르키메데스는 에라토스테네스와 동시대
인이기도 하다. 기원전 3세기경, 시라쿠사의 왕 히에론 2세가 아르
키메데스를 불러 자신이 선물로 받은 왕관의 금은 비율을 알아내달
라고 했다는 얘기가 있다. 요즘의 과학사학자들도 정말 있었던 일
일지 모른다고 생각하는 일화다. 어쨌든 그 일화에 관한 고대의 기
록들에 따르면, 아르키메데스는 욕조에 앉아 문제를 궁리하다가 문
득 "욕조 밖으로 넘친 물의 양은 사람의 몸이 잠긴 부피와 같음을
깨달았고 이 원리를 통해 문제를 풀 수 있겠다고 착안했다".[1] 아마

아르키메데스가 실제로 깨달은 점은 욕조에서 몸이 뜨는 것으로 보아 (왕의 보물도 뜰 것이고) 왕관의 무게를 공기에서와 물속에서 각기 측정한 뒤 비교하면 왕관의 밀도를 정확히 알 수 있고, 그것을 금의 밀도와 비교하면 된다는 발상이었을 것이다. 왜냐하면 넘친 물의 부피를 정확히 측정하는 게 훨씬 어렵기 때문이다. 해결책을 찾은 아르키메데스가 정말 발가벗은 채 기쁨에 겨워 소리를 지르며 도시를 내달렸을까? 아마도 아닐 것이다. 발견에 따르는 의기양양한 즐거움을 잘 보여주는 장면이긴 하지만 말이다. 좌우간 이 전설의 묘미는 일상적인 사건도 우연한 기회에 새롭게 발견되면 아름다운 실험으로 변할 수 있음을 보여주는 데 있다.

생물과학 분야의 강력한 경쟁자로는 소위 메셀슨-스탈 실험이라 불리는 것이 있다. 작고한 과학사학자 프레더릭 홈스는 이 실험을 주제로 『메셀슨, 스탈, 그리고 DNA의 복제: '생물학에서 가장 아름다운 실험'의 역사』라는 책을 쓴 적이 있다.[2] 1957년에 성공한 이 실험은 DNA의 복제 방식을 밝힘으로써 당시 막 밝혀졌던 DNA의 이중나선 구조가 사실임을 확인했다. 홈스는 한 연구자의 표현에서 책의 부제를 땄다고 하는데 나중에 보니 이 실험을 아는 생물학자라면 누구나 그런 감정을 갖고 있더라고 했다. 이유를 묻자 과학자들은 실험의 단순미, 정확도, 깔끔함, 전략적 중요성을 들었다.

심리학 분야의 후보자 두 가지는 동물 행동에 대한 정통 학설을 전복시켜버린 실험들이다. 매우 단순하지만 매우 확실한 실험들이었다. 첫번째는 미국 심리학자 해리 할로우의 실험이다. 그는 영장류 유아와 어미 간의 유대감에 영향을 미치는 가장 강력한 요인이 먹을 것에의 욕구라는 이론에 도전했다. 할로우는 가짜 '어미 원숭이' 모형들을 만들었는데, 몇몇은 철사로만 만들고 나머지는 위에 부드러운 천을 감쌌다. 일련의 실험을 수행한 결과, 할로우는 어린 원숭이들이 천으로 된 어미 모형을 선호한다는 사실을 발견했다. 젖꼭지에서 우유가 나오는 것은 철사 모형인데도 말이다.[3] 개체간의 결속을 바라는 욕구, 가령 사랑이나 애착처럼 부드러움으로 대변되는 것에 대한 욕구가 음식에 대한 욕구보다 강력한 것이 분명했다.

또 다른 아름다운 동물 심리 실험은 존 가르시아와 로버트 쾰링이 1966년에 수행한 것으로 학습 행위의 동등잠재력이라 불리는 이론에 도전했다. B. F. 스키너가 제창한 이 이론에 따르면 동물이 자극에 대한 반응을 반복하며 학습할 때는 어떤 자극이 어떤 반응과도 동등하게 연결될 수 있었다. 예를 들어 쥐에게 특정한 맛이 나는 물을 피하도록 가르치고 싶다고 하자. 아무 자극이라도 좋으므로 가령 물을 마신 쥐에게 전기 충격을 가하는 방법도 괜찮을 것이다. 가르시아와 쾰링은 쥐들을 두 그룹으로 나누어 실험했는데, 한 그룹에는 자극의 종류를 바꾸어 구역질을 일으키는 물질을 물에 섞는 방법을 썼다. 그랬더니 놀랍게도 구역질 그룹에 속한 쥐들이 전기 충격을 받은 쥐들보다 훨씬 빨리, 훨씬 효과적으로 학습에 성공했다. 구토와 공포는 학습에 서로 다른 영향을 미친다는 사실을 증명한 것이다. 자극에 따라 동물들이 환경을 해석하는 방식이 달라지

는 셈이다. 그런데 이 결론은 당시 정설로 받아들여지던 동등잠재
력 이론에 정면으로 위배되었기 때문에 미국 심리학회의 학술지들
은 십 년이 넘게 가르시아의 논문을 실어주지 않았다.[4]

공학 실험으로 눈을 돌려보자. 리처드 파인먼이 우주왕복선 챌
린저 호 참사를 조사하던 중 O-링을 얼음물에 담갔던 실험은 중요
성, 경제성, 결정성 측면에서 무척 아름다웠다. 파인먼은 이를 통해
고무의 탄성 에너지 손실이 비극의 원인이었음을 생생하게 보여주
었다.[5]

아름다우면서도 흥미로운 차점자 실험을 하나 더 소개하자.
1919년, 영국 탐사대가 중력으로 인한 빛의 굴절을 관측한 실험이
다. 가히 새 시대를 열었다고 할 수 있는 이 실험은 아인슈타인이
1915년에 일반상대성 이론을 통해 예측했던 바를 검증함으로써 아
인슈타인에게 영구적인 명성을 안겼다. 그러나 실험의 조건이었던
개기일식(흔한 자연 현상이다)이나 관측대의 일이었던 별들의 위치
를 확인하는 기술(잘 알려진 천문학적 기술이다)이나, 특별할 것은 하
나도 없었다. 실험의 결과가 극적이라는 것만으로도 아름답다고 할
수 있을까?

후보들 중에는 이론적 논증도 있다. 투표 참여자들은 너무나 간
단명료하고 뛰어난 논증들이라서 '아름답다'고 볼 수밖에 없다고
했다. 그중 하나는 우주에 시작이 있었다는 스티븐 호킹의 증명인
데 단 14단어로 풀이된다("우주가 영원히 존재해왔다면 지금은 만물의
온도가 동일해야 하는데, 그렇지 않으므로 우주의 역사는 무한하지 않

다"). 올베르스의 역설도 있다("밤하늘을 보라. 밝기가 일정하지 않다. 그러므로 우주는 무한하지 않다"). 어떤 참여자들은 발명 솜씨가 거의 전부인 실험들을 언급하기도 했다. 새로운 탐구 영역을 열어주었다는 것이다. 가령 대전된 입자의 궤적을 눈에 보이게 만들어주는 윌슨의 구름상자(9장에서 소개되었다) 같은 것이다. 어니스트 러더퍼드도 구름상자를 두고 "세상에서 가장 놀라운 실험"이라고 표현한 적이 있다. 그밖에도 X선 간섭계, 주사 터널링 현미경, 브룩헤이븐 국립 연구소의 입자가속기인 코스모트론 등이 추천을 받았다.

이번에는 실험을 창조해낸 이들의 헌신적인 노력 덕분에 아름다움이 배가된 사례를 살펴보자. 이탈리아 과학자 마르첼로 콘베르시와 오레스테 피치오니는 제2차 세계대전 중 연합군의 폭격이 쏟아지는 로마 한가운데서 실험을 했다. 많은 물리학자들이 사방으로 흩어지거나 고국을 뜬 상황이었지만 콘베르시는 왼쪽 시력이 나빠 징집을 면했고, 피치오니는 징집된 후 로마에 배치된 상태였다. 연합군이 시칠리아 섬을 침공하는 1943년 7월까지 두 사람은 밤에 대학에서 만나 연구를 계속했다. 그들은 어딘가에서 훔쳐온 전선과 암시장에서 물물교환해온 라디오 부품들을 조립하여 최첨단 전기회로를 만들었다. 목표는 우주 공간으로부터 지구 표면으로 쉴 새 없이 떨어져 내리는 우주선(cosmic rays) 속의 한 입자, 메소트론의 수명을 측정하는 것이었다. 드디어 침공해온 연합군은 대학 바로 옆에 있는 산 로렌초 화물역에 폭격을 퍼붓기 시작했고, 가끔 폭탄이 캠퍼스에 떨어지기도 했다. 겁에 질린 콘베르시와 피치오니는 바티칸 근처의 한 버려진 고등학교 건물 지하로 모든 기기를 옮겼다. 폭격으로부터 안전한 장소이긴 했지만 반파시즘 레지스탕스 요원들과 함께 지내야만 했다. 그곳은 그들의 무기 창고였기 때문이다. 9월, 이탈리아 정부가 연합군과 휴전 협정에 조인하고 나치가 로마를 점령하자 상황은 한층 나빠졌다. 피치오니는 독일군에 생포되었다가 실크 스타킹 한 더미를 몸값으로 지불하고 풀려나기도 했다. 두 사람은 그래도 미친 듯이 연구를 계속했다. "연구는 우리의 유일한 즐거움이었다." 피치오니의 말이다. 1944년 6월 연합군이 로마를 해방시키기 직전, 콘베르시와 피치오니는 메소트론의 수명이 2.2마이크로초 남짓임을 밝혀냈다. 매우 짧긴 해도 당시의 일반적인 예측치보다는 몇 배나 긴 놀라운 수치였다. 두 사람은 독창적이고, 우아하고, 대단히 설득력 있는 실험을 통해 결과를 얻었다. 콘베르시와 피치오니는 오늘날 '뮤온'이라 불리는 메소트론이 기존의 이론에 상당히 어긋나는 속성들을 지녔음을 발견한 최초의 과학자들이었다. 그것은 막 기지개를 켜는 소립자물리학의 역사에서 중대한 진전이었다. 두 사람은 폐허가 된 도시의 지하실에서 업적을 이루어냈던 것이다.[6]

이제 내가 뽑은 아름다운 실험의 후보를 소개할 차례다. 나라면 우젠슝이 책임자 중 하나로 참여했던 1956~1957년의 홀짝성 비보존 실험을 꼽겠다. 특정한 조건 하에서 붕괴하는 입자와 핵들은 스핀 축에 대해 일정한 방향으로 전자를 방출하는 경향이 있음을 보여준 실험이다. 덕분에 물리학에서 가장 굳건하고 근본적이라 여겨졌던 몇몇 가정들이 일격을 맞고 쓰러졌다.[7] 나는 모리스 골드하버의 1957년 실험도 포함시키겠다. 중성미자의 나선성, 즉 중성미자가 운동 방향에 따라 어떤 스핀 방향을 갖느냐를 알아본 실험이었다. 골드하버가 제안한 것은 한 가지 복잡한 핵반응이었다. 반응에 참여하는 모든 입자와 핵의 상태와 속성이 알려져 있는데 **오로지** 중성미자의 나선성만 빈 칸으로서, 세상에 알려진 3천여 가지 핵반응들 중 그런 것은 유일했다. 골드하버의 실험은 믿기 어려울 정도로 절묘하고 독창적이었다. 대부분의 과학자들은 심지어 이론으로도 입증하기 힘들다고 생각하던 일이다.[8] 사람들은 어떤 실험의 발견자가 기회를 놓쳤어도 결국엔 누군가 다른 이가 같은 발견을 해낼 것이라 생각한다. 하지만 이 실험은 그렇지 않았다. 한 물리학자는 모리스 골드하버가 세상에 없었다면 "중성미자의 나선성이 과연 측정될 수나 있었을지, 확신하기 어렵다"고 말했다.[9]

그런데 내가 생각하는 최고로 아름다운 과학 실험은 아직 밝히지 않았다. 궁금하다면 책장을 넘겨보시라.

| 결론 |
과학은 여전히 아름다운가?

10 위 안에 든 실험들 대부분은 한 사람의 작품이거나 기껏해 야 몇 명의 조력자가 가세한 작품이었다. 그리고 비교적 짧은 시간 내에 완료된 실험들이었다. 하지만 지난 반세기 동안 과학 실험의 규모는 엄청날 정도로 팽창해왔다. 요즘 물리 실험들은 거개가 학제간 실험이거나 다국적 실험이며, 수십 개 기관과 수백 명의 참여자들이 결부될 때도 있다. 완성을 보려면 몇 년, 아니 몇십 년씩 걸리기도 한다. 이런 거대과학의 시대에도 실험은 여전히 아름다울 수 있는가?

물론이다.

내가 개인적으로 세상에서 가장 아름다운 과학 실험으로 꼽는 것은 뮤온 g-2 실험이다. 지난 반세기간 네 차례나 반복 수행된 실험으로서, 처음 세 번은 제네바의 유럽입자물리연구소(CERN)에서, 가장 최근의 한 번은 브룩헤이븐 국립 연구소에서 실시되었는데 회를 거듭할수록 많은 인원들이 참가하여 덩치가 커졌다. 가장 최근의 경우에는 무려 수백 개 국에서 온 백여 명의 과학자들이 힘을 보탰고, 작은 항공기 격납고만한 방에다가 세상에서 제일 큰 초전도 코일을 설치하고, 그것을 바탕으로 실험 기기를 구축했다. 이 실험에 대한 내 애정은 순전히 개인적인 데가 있음을 고백하는 게 좋겠다. 실험이 벌어지는 건물이 내 연구실 근처라서 나는 몇 년에 걸쳐 실험이 발전해가는 모습을 가까이서 죄다 지켜보았다. 하지만 실험에 친숙해졌다고 해서 그 아름다움에 대해서도 익숙해진 것은 아니다. 오히려 반대로, 마치 복잡한 소설이나 음악을 접할 때처럼 더욱 감탄이 깊어지기만 했다.

실험의 목적은 '뮤온의 비정상 자기 모멘트'라는 것을 측정하는 일이다. 콘베르시와 피치오니가 수명을 알아냈던 바로 그 입자 뮤온이 자기장 속에서 '흔들리는' 방식을 알아보는 것이다.[1] 보통 정교해서는 그 흔들림을 측정할 수 없기 때문에 연구자들은 매우 독창적인 실험을 고안해야 했다.[2] 과학자들은 뮤온이 붕괴할 때 내놓는 전자와 양전자를 대상으로 삼는데 우젠슝과 그녀의 동료들이 밝혀낸 홀짝성 비보존 현상을 활용하면 뮤온의 스핀 방향을 알아낼 수 있다.[3] 뮤온 수십억 개가 붕괴한 데이터를 그래프로 그려보면 꿈틀거리는 듯한 파동 모양의 선이 나타난다. 파동의 최고점들은 높이가 서서히 낮아지는데, 이것은 가속기 내에서 뮤온이 흔들릴 때

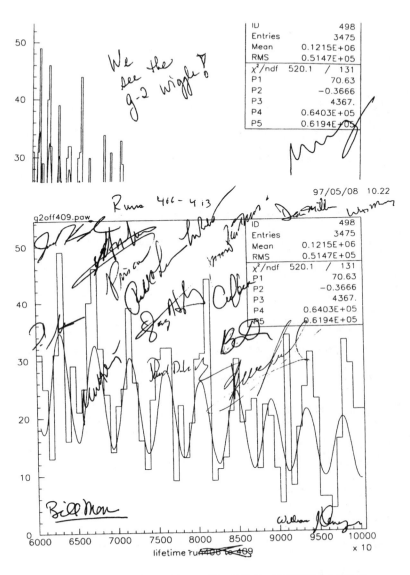

고에너지 양전자의 시간에 따른 변화를 보여주는 위의 표는 브룩헤이븐 g-2 저장 링에서 움직이는 뮤온들의 모습을 드러내는 첫번째 증거였다. 얻어진 결과가 무척 흥분되는 것이었으므로 연구자들이 모두 자신의 이름을 적어두었다.

의 진동수를 반영한다.

브룩헤이븐 실험의 첫번째 데이터는 1997년 5월에 나왔다. 미네소타 대학 물리학자인 프리실라 쿠시만이 며칠 동안 축적된 데이터를 모아 맨 처음 그래프로 작성해보았다. 그는 즉각 뮤온의 상태를 드러내는 꿈틀거림을 알아차렸다. 마침 같은 g-2 실험팀인 게리 번스가 찾아왔다. 쿠시만은 그때를 이렇게 회상했다.

나는 그래프를 번스의 코앞에 들이대면서 말했죠. "봐요! g-2가 흔들리는 것을!" 번스는 "오늘밤에 파티를 해야겠군요!"라고 말했고, 나는 "하지만 할 일이 얼마나 많은데!"라고 말했죠. 하지만 게리 말이 맞았어요. 파티를 할 만했죠. 우리는 너무 오래 기다렸거든요. 자금 지원 기관들이나 그 밖의 여러 비평가들이 우리더러 성공하기 어려울 거라고 하도 말해서 참 힘들었죠. 기계 작동을 시작하고도 2주간은 아무것도 발견하지 못했어요. 그런데 갑자기 이 **아름다운 것**이 툭 튀어나와서 우리는 마침내 g-2가 거기 있다는 걸 알게 된 거죠!

과학자들은 그후로도 몇 년이나 더 데이터를 모아서 입자물리학 역사상 최고로 정교한 측정값을 얻어냈다. 그리고 그 결과를 이론적 예측치와 비교해볼 수 있었다. 이 수치는 과학 역사상 가장 정교하게 계산되고 측정된 숫자라 할 수 있을 것이다.[4] 결론은 이론값과 실험 측정치가 일치하지 않는다는 것이었는데 이는 새로운 물리학의 서막을 알리는 것으로 물리학자들 사이에 대단한 흥분을 불러일으켰다.

　g-2 실험은 우리가 책에서 살펴본 실험들이 공통으로 지녔던 세 가지 미적 요소들을 유감없이 보여준다. 첫째는 깊이 혹은 결론이 얼마나 근본적이냐 하는 것, 둘째는 효율성 혹은 부분에 스며든 경제성, 마지막은 결정성, 즉 추가로 떠오르는 의문은 실험 자체에 대한 의문이 아니라 이 세계(혹은 이론)에 대한 의문이어야 한다는 점이다. 비록 규모는 비할 바 없이 크지만 g-2 실험은 에라토스테네스의 실험과 비슷하다. 우주의 서로 다른 요소들을(상이한 에너지를 가진 현상들을) 하나의 자그만 측정 행위 속에 엮어냈다는 점에서 둘 다 폭이 넓은 실험이기 때문이다. g-2 실험의 경우는 뮤온의 흔들림을 측정하는 것이 바로 그 자그만 결정적 측정이었다. 실험은 지구의 무게를 잰 캐번디시 실험처럼 엄격한 아름다움도 갖고 있다. 무수히 많은 조각들의 연결에 광적인 노력을 기울여 최고의 정밀도를 성취해야 하기 때문이다. 밀리컨의 실험과 비슷한 점도 있다. 하나의 결론에 도달하기 위해서 전자기학부터 양자역학, 상대성 이론까지 다양한 우주 법칙들을 한자리에 모아두었다는 요약적 성격을 지니기 때문이다.[5] 그리고 푸코의 진자에서 볼 수 있었던 숭고한 아름다움도 어느 정도 갖고 있다. 여태껏 상상해본 적 없는 우주의 차원에 대해 암시해준다는 점에서 말이다.

　머리말에서 나는 아름다운 실험에 대한 두 가지 질문을 던졌다. 하나, 실험이 아름다울 수 있다고 할 때, 실험은 어떤 의미를 갖는 것일까? 둘, 아름다움이 실험에 간직될 수 있다고 할 때, 아름다움은 어떤 의미를 갖는 것일까?

이제 첫번째 질문에 답해보자. 우리는 실험의 아름다움을 파헤침으로써 실험이 우리에게 주는 정서적 영향을 느낄 수 있다. 투표에 참가한 응답자 중 많은 수가 학생 때 봤던 실험이나 시연들을 거론했다. 사실 어릴 때 들은 과학 수업의 내용 중에서 기억에 남는 것은 그런 실험들뿐일 때가 많다. 처음으로 망원경을 통해 달을 바라보았거나, 금붕어 지느러미의 혈관에 피가 흐르는 것을 현미경으로 보았던 일, 휙휙 돌아가는 자전거 바퀴의 발판 축을 잡고 회전 방향을 바꾸려다가 저항이라는 것을 처음 깨달은 일, 비치볼이 강한 수직 기류에 휘말려 솟구치는 것을 본 일, 깡통 안의 공기를 빼내면 단단한 통도 짜부라진다는 것을 알게 된 것…… 이런 경험들은 거역할 수 없는 힘으로 우리의 상상력을 사로잡는다.

학생들만 실험에 매료되는 것은 아니다. 경험이 많은 과학자들도 늘 똑같다. 발견의 전율은 무엇에도 비길 수 없다. 스코틀랜드 공학자 존 스콧 러셀은 1834년에 에든버러의 유니온 해협에서 고립파(보통의 파동처럼 반복적으로 일렁이지 않고 단 하나로 솟아오르는 파동이다)를 처음 목격하고는 "내 생애 가장 행복한 날"이라고 말했다. 발견의 기쁨이란 그런 기분인 것이다. 과학의 역사를 뒤져보면 이런 경험을 했다는 사람들이 수도 없이 많다.

역사학자나 철학자들은 이런 이야기에서 뻔히 드러나는 과학자들의 열정을 무시하는 때가 많다. 과학의 객관성, 논리, 존재 이유를 강조하려는 생각에 일부러 그러는 학자들도 있다. 하지만 결과는 어떤가. 과학은 가설을 수립하고, 검증하고, 재형성해가는 기계적 과정으로서 매우 지적인 놀이에 불과하다는 편견이 생겨난다. 정반대 입장을 취하는 역사학자, 철학자들도 있다. 그들은 과학의 사회적 차원을 탐구하는데, 정치, 자금, 유익의 분배 등에서 드러나는 사회적 맥락을 그려내는 것이다.[6] 물론 흥미로운 주제들이다. 그러나 이번에는 특정 이해집단들이 자신의 이익을 지키기 위해 벌이는 거대한 권력 다툼으로서 과학이 정의되고 만다.[7] 한쪽에서는 과학을 논리나 정당성으로만 평가하고 다른 한쪽에서는 정치학, 이해관계, 자금 흐름, 구체적 성과로만 평가한다면 사실 우리는 아무것도 제대로 이해하지 못하고 있는 셈이다. 자, 우리가 과학 실험의 아름다움에 대해 생각해볼 시간을 갖는다면, 비로소 과학의 정서적 측면들이 무대에 다시 등장할 것이다.

다음은 두번째 질문에 대한 답이다. 실험의 아름다움을 깨달으면 우리는 보다 전통적인 의미의 미학을 되살릴 수 있다. 요즘에는 아름다움이라 하면 주로 예술작품이나 자연 현상에 국한하는 경향이 있지만 과거에는 꼭 그렇지 않았다. 하늘에 깔린 노을이나 박물관의 내용물로만 아름다움을 논할 수 있다면 우리는 인간의 생활과 문화에서 아름다움이 차지하는 역할에 대해 다만 절반만 이해하는 게 아니겠는가. 고대 그리스 사람들은 아름다운 것을 '토 칼론(to kalon)'이라 불렀는데, 그것과 예술작품 간에 딱히 특별한 관련이 있다고는 생각지 않았다. 그들은 가치를 지닌 것, 또는 겉이나 속을 감상할 만한 것이라면 뭐든지 아름다운 것으로 여겼다. 그들은 장식이나 화려한 꾸밈에 아름다움을 부여하지 않았고, 오히려 모범적인 것들에 부여했다. 가령 법, 조직, 영혼, 행동 등 어느 것이나 아름다울 수 있었다. 그래서 그리스인들은 진실한 것, 아름다운 것, 선한 것 사이에 밀접한 관계가 있다고 생각했으며 사실상 세 가지가 '얽혀 있다'고 보았다. 뿌리가 하나이므로 떼려야 뗄 수 없다는 것이다.

플라톤은 아름다움이란 질료의 세계에 이데아가 비추는 빛이라 했다. 참되고 선한 것이 발하는 광채가 아름다움이다. 우리 유한한 인간들이 살며 감각하는 세상에 등장한 그들은 아름다운 동시에 교훈적이고, 매력적이며, 만족스럽다. 고차원적인 자연의 이치는 아름다움을 매개로 우리 지식의 향유자들에게 자신의 존재를 알리는 것이다. 플라톤은 그렇기 때문에 지식을 사랑하는 자는 미를 느끼는 감각을 경시할 게 아니라 섬세하게 북돋워야 한다고 주장했다. 그것은 진리에 대한 감각을 돋우는 일이기도 할 것이다. 우리는 세상을 완벽하게 투명한 상태로 인식할 수 없다. 우리는 늘 역사적, 문화적으로 물려받은 어떤 가정들을 매개 삼아 세상을 본다. 덕분에 세상을 쉽게 이해할 때도 있지만, 많은 것을 놓칠 때도 있다. 그런데 간혹 우리를 혼란과 무지에서 벗어나게 해주는 특별한 것들과 마주칠 때, 우리는 그것을 아름답다고 부른다. 플라톤은 『향연』에 쓰기를 인간은 아름다운 것들을 보며 세상과 더 깊은 관계를 맺는다고 했다. 아름다운 것들은 '늘 더 높은 곳으로' 이끄는 '오르막 계단'과 같다.[8] 계단을 밟을 때, 또는 전이를 겪을 때, 우리는 한 장소에서 다른 장소로 이동한다. 우주 속에서 우리의 자리는 고정된 게 아니다. 우리는 항상 움직인다. 높은 곳으로 이끄는 손길을 마다하지 않을 때, 우리는 세상과 점점 더 가까워지며, 그럼으로써 보다 인간다워진다. 그렇다. 실험의 아름다움을 음미할 수 있을 때, 우리는 아름다움이란 본래 어떤 것이었는지, 그 근본적인 의미에 눈을 뜨게 되는 것이다.

과학자가 자연을 연구하는 까닭은 무슨 유익이 있어서가 아니다. 과학자는 즐겁기 때문에 연구한다. 즐거운 까닭은 아름답기 때문이다. 자연이 아름답지 않다면 알 가치가 없을 것이고, 자연이 알 가치가 없다면 인생도 살 가치가 없을 것이다.

— 앙리 푸앵카레

| 감사의 말 |

이 책은 『물리학 세계』에 실었던 글이 바탕이 되어 탄생했다. 잡지에 칼럼을 기고할 기회를 준 편집자들, 특히 마틴 듀라니와 피터 로저스에게 깊이 감사한다. 물론 설문조사에 응해준 수백 명의 응답자들에게도 감사한다. 나는 스토니 브룩 대학의 안식년을 활용해 책을 썼는데(다른 프로젝트도 여럿 진행하긴 했다) MIT의 디브너 과학기술사 연구소에 주로 머물렀다. 연구소장 조지 E. 스미스와 여러 직원들, 칼라 크리스필드, 리타 뎀지, 보니 에드워즈, 트루디 콘토프에게 큰 빚을 졌다. 연구소에 딸린 번디 도서관의 직원들, 앤 바티스, 하워드 케넷, 데이비드 맥지, 주디스 넬슨, 벤 와이스에게도 마찬가지다. 저술 관련 대리인인 존 미첼도 많은 도움을 주었다. 그는 올바른 방향으로 생각을 발전시킬 수 있도록 늘 이끌어주었

다. 담당 편집자 윌리엄 머피도 마찬가지다. 모든 작가들이 그렇겠지만 나 또한 남들을 통해서 많은 영감을 얻고 새로운 발상과 풍부한 정보를 구한다. 내게 유용한 제안과 조언을 주고 여러 가지 도움을 제공한 분들은 다음과 같다. 필립 브래드필드, 에드워드 케이시, 엘리자베스 카비치, 스테파니 크리즈, 로버트 디살, 패트릭 힐란, 제프 혼, 토머스 험프리, 돈 이데, 클라우스 욘손, 사우스 컨트리의 케이트, 장-마르크 레비 르블롱, 제랄드 루카스, 피터 맨체스터, 알베르토 마르티네즈, 피에르 조르지오 메를리, 리 밀러, 아서 모렐라, 줄리오 포치, 패트리 푸글리에즈, 에반 셀린저, 토머스 세틀, 스티브 스나이더, 밥 스트릿, 클리포드 슈워츠, 아키라 토노무라, 제브 바이스만, 에반 웰시, 돈 웰튼, 그밖에도 많다. 언제나처럼 이번에도 나는 예상치 못했던 것들을 만나고 느끼는 데서 큰 힘을 얻었다. 마지막으로 잭 트레인 주니어에게 감사를 전하고 싶다. 그의 혁신적인 과학 저술들과 탁월한 편집력, 너그러움은 수십 년간 나에게 영감의 원천이었다.

머리말 : 전이의 순간

1. 이 실험에 대한 대중적인 설명을 보려면 다음 책을 참고하라. Robert P. Crease and Charles C. Mann, *The Second Creation : Makers of the Revolution in Twentieth-Century Physics*. New Brunswick, N. J.: Rutgers University Press, 1996, pp. 386~390.

2. 왓슨의 이야기는 다음에 나온다. Victor McElheny, *Watson and DNA : Making a Scientific Revolution*. Cambridge, Mass.: Perseus, 2003, p. 52. 밀리컨의 표현에 대해서는 8장을 참고하라.

3. 바이스코프의 첫번째 표현은 다음 책에서 인용했다. K. C. Cole, *The Universe and the Teacup : The Mathematics of Truth and Beauty*. New York : Harcourt Brace, 1998, p. 184(연도는 개인적으로 물어 알아낸 것이다). 두번째 표현은 다음 책에서 인용했다. V. Stefan, ed., *Physics and Society : Essays in Honor of Victor Frederick Weisskopf by the International Community of Physicists*. New York : Springer, 1998, p. 41.

4. G. H. Hardy, *A Mathematician's Apology*. Cambridge, Mass.: Cambridge University Press, 1992, 10~18장. 아름다운 방정식들에 대해서는 다음 책을 보라. G. Farmelo, ed., *It Must Be Beautiful : Great Equations of Modern Science*. London : Granta Books, 2003.

5. Michael Faraday, *The Chemical History of the Candle*. New York : Viking, 1963, 제1강.

6. 이처럼 세상이 우리에게 말을 건다고 보는 것은 전통적 시각이고, 사회구성주의자들이라면 그보다는 우리 자신이 투사한 말들이 다시 우리에게 되돌아온 것이라고 표현할 것이다. 하지만 어느 쪽이든 크게 상관은 없다. 핵심적인 것

은 실험이 의미 생산적인 작업이라는 것이다. 위의 두 가지 표현법 중 어느 것으로도 정확히 그려낼 수 없을 정도로 복잡한 것이다. 다음 글을 참고하라. Robert P. Crease, "Hermeneutics and the Natural Sciences: Introduction," in Robert P. Crease, ed., *Hermeneutics and the Natural Sciences*, Dordrecht: Kluwer, 1997, pp. 259~270.

7. Mark Twain, *The Innocents Abroad*, New York: Literary Classics of the United States, 1984, pp. 196~197.

8. 실러의 미의식은 그의 책 *On the Aesthetic Education of Man*에 소상히 설명되어 있다. 에머슨은 다음 책을 참고하라. Ralph Waldo Emerson, *Essays & Poems*, New York: Literary Classics of the United States, 1996, p. 931.

9. Robert P. Crease, "The Most Beautiful Experiment," *Physics World*, May 2002, p. 17; Robert P. Crease, "The Most Beautiful Experimant," *Physics World*, Sept. 2002, pp. 19~20.

10. 에라토스테네스의 실험은 중학교 과학 수업에서 자주 언급되고, 칼 세이건의 유명한 시리즈 프로그램인 〈코스모스〉에도 등장하며, 어린이 과학책의 소재로도 흔히 활용된다. 갈릴레오의 피사의 사탑 실험은 조지 워싱턴이 체리 나무를 도끼질했다는 일화만큼이나 전설이 된 이야기로서 아폴로 15호의 대원들이 달에서 재현한 바 있다. 갈릴레오의 경사면 실험은 과학 수업 시간에 단골로 등장하며 필립 글래스의 오페라 〈갈릴레오 갈릴레이〉에도 나온다. 아이작 뉴턴이 수행한 프리즘 실험은 18세기와 19세기 작가 및 시인들 사이에 뜨거운 논쟁을 불러일으켰다. 푸코의 진자는 심지어 문화적 정통성을 간직하게끔 되었다. 뉴욕의 UN 본부를 비롯해 수많은 공공 기관에 모셔져 있기 때문이다. 그리고 최소한 두 개 이상의 소설에 등장하는데, 가장 유명한 것은 움베르토 에코의 베스트셀러 『푸코의 진자』이다. 또한 책에 소개한 실험들 중 두 가지, 밀리컨의 기름방울 실험과 러더퍼드의 원자핵 발견 실험은 이후 과학사학자들의 관심을 한 몸에 받아 영향력 있고 논쟁적인 수많은 논문들을 양산하게 만들었다. 단독 전자의 양자적 간섭 패턴을 보여주는 이중 슬릿 실험은 비디오로도 촬영되었다. 서로 다른 두 팀의 과학자들이 이 실험을 촬영해 인상적으로 보여줌으로써 널리 알렸다. 톰 스토파드의 연

극 〈햅굿〉에는 이 실험 및 영의 이중 슬릿 실험에 대한 토론이 등장한다. 그 밖에도 예는 많다.

하나. 에라토스테네스의 지구 둘레 재기

1. Aristotle, *On the Heavens*, tr. J. L. Stocks, 298a. In *The Works of Aristotle*, Vol. 1, Chicago: Encyclopaedia Britannica, Inc., 1952.
2. 상동.
3. 다음 학자들의 자료가 존재한다. 클레오메데스, 카펠라, 스트라보, 플리니우스, 아엘리우스 아리스티데스, 헬리오도루스, 세르비우스, 마크로비우스 등. 다음 글에 그 자료들의 요약문이 발췌되어 있다. A. S. Gratwick, "Alexandria, Syene, Meroe: Symmetry in Eratosthenes' Measurement of the World," in L. Ayres, ed., *The Passionate Intellect: Essays in the Transformation of Classical Traditions*, New Brunswick: Transaction Publishers, 1995. 다음도 참고하라. Aubrey Diller, "The Ancient Measurement of the Earth," *ISIS* 40, 1949, pp. 6~9: 그리고 J. B. Harley and D. Woodward, *The History of Cartography*, Vol. 1, Chicago: University of Chicago Press, 1987, pp. 148~160.
4. Aelius Aristides, Gratwick의 책 183쪽에서 인용.
5. Cordell K. K. Yee, "Taking the World's Measure: Chinese Maps Between Observation and Text," in J. B. Harley and D. Woodward, eds., *The History of Cartography*, Vol. 2, Book 2. Chicago: University of Chicago Press, 1994, pp. 96~127 at P. 97.
6. Pliny, *Natural History*, Book Ⅱ, p. 247. The Loeb Classical Library, Cambridge, Mass.: Harvard University Press, 1997.

| 간주 | 과학은 왜 아름다운가

1. John Ruskin, ed., and abridged by D. Barrie. *Modern Painters*. Great Britain:

Ebenezer Baylis & Son, 1967, p. 17.

2. 가령 로이드 모츠(Lloyd Motz)와 제퍼슨 위버(Jefferson Weaver)는 그들의 책 *The Concepts of Science*에서 경고하기를, 자신들의 연구 분야에 때때로 아름다움이 비치는 것은 분명하나 "감정이나 감각을 진실의 수준까지 끌어올려 찬미하는 것은 과학 진실의 속성을 흐리게 하고, 과학과는 명백히 구분되어야 할 신비주의나 형이상학으로 가는 문을 열어젖히는 것"이라고 경고한다. New York: Plenum, 1988, p. 12.

3. Willa Cather, "Portraits and Landscapes," 다음 책에 인용되어 있다. Daniel Halpern, ed., *Writers on Artists*. San Francisco: North Point Press, 1988, p. 354.

4. Plato, *The Republic of Plato*, tr. Alan Bloom. New York: Basic Books, 1969, 605b.

5. St. Augustine, *Confessions*, tr. R. S. Pine-Coffin, Baltimore, Md.: Penguin, 1970, Book X, 33장.

6. Gottlob Frege, "On Sense and Reference," in *Translations from the Philosophical Writings of Gottlob Frege*, eds. Peter Geach and Max Black. Oxford: Blackwell, 1953, p. 63.

7. 아름다움과 우아함의 차이에 대해서는 다음 글을 참조하라. Michael Polanyi, "Beauty, Elegance, and Reality in Science," in S. Korner, *Observation and Interpretation in the Philosophy of Physics*. New York: Dover, 1957, pp. 102~106.

8. 철학자 로빈 콜링우드(R. G. Colling wood)는 다음과 같이 말했다. "가끔 사람들은 아름다움이 '객관적'이냐 '주관적'이냐 묻곤 한다. 즉 아름다움이 대상에 속한 것이어서 물리적으로 우리 마음에 전달되는 것이냐, 혹은 아름다움이 우리 마음에 속한 것이어서 대상의 속성과는 상관없이 대상에 투사된 것이냐 하는 질문이다…… 그러나 진정한 아름다움은 '객관적'이거나 '주관적'인 어느 한쪽에만 속하여 다른 쪽을 배제하는 것이 아니다. 아름다움이란 우리 마음이 대상 속에서 제 자신의 모습을 발견하는 경험이며, 마음이 대상의 수준으로 고양되는 경험이고, 말하자면 대상이 마음의 힘을 최고로 표현하도록 일깨워지는 경험이다…… 그러므로 모든 구속이 사라진 듯 느껴지고, 이루

말할 수 없는 충일감과 만족감이 느껴지는 것이다. 그것이 진정한 아름다움을 경험한다는 의미다. 그때 우리는 '여기 있을 수 있어서 정말 좋다'고 느낀다. 우리는 편안함을 느낀다. 우리가 이 우주에 속해 있음을 느끼고, 우주가 우리에게 속해 있음을 느낀다."(R. G. Collingwood, *Essays in the Philosophy of Art*. Bloomington, Ind.: Indiana University Press, 1966, pp. 87~88.)

둘. 사탑의 전설

1. NASA의 달 깃털 낙하 실험 홈페이지를 참조하라.
   http://vesuvius.jsc.nasa.gov/er/seh/feather.html.
2. Stillman Drake, *Galileo Studies: Personality, Tradition, and Revolution*. Ann Arbor, Mich.: University of Michigan Press, 1970, pp. 66~69.
3. Viviani, Vincenzio. *Vita di Galileo*. Milan: Rizzoli, 1954.
4. 다음 책에 인용되어 있다. I. Bernard Cohen, *The Birth of a New Physics*. New York: Norton, 1985, p. 7.
5. 앞의 책, pp. 7~8.
6. 다음에 인용되어 있다. Thomas B. Settle, "Galileo and Early Experimentation," in *Springs of Scientific Creativity: Essays on Founders of Modern Science*, eds. R. Aris, H. Davis, and R. Stuewer. Minneapolis: University of Minnesota Press, 1983, p. 8.
7. Galileo Galilei, *On Motion and on Mechanics*, tr. Stillman Drake, ed. I. E. Drabkin. Madison: Uniiversity of Wisconsin Press, 1960.
8. Galileo Galilei, *Two New Sciences*, tr. Stillman Drake. Madison: University of Wisconsin Press, 1974, pp. 66, 75, 225~226.
9. Michael Segre, *In the Wake of Galileo*. New Brunswick, N. J.: Rutgers University Press, 1991, p. 111.
10. Christopher Hibbert, *George III: A Personal History*. New York: Basic Books, 2000, p. 194.

11. Gerald Feinberg, "Fall of Bodies Near the Earth," *American Journal of Physics* 33(1965), pp. 501~503.

12. Thomas B. Settle, "Galileo and Early Experimentation," 앞의 책, pp. 3~21.

13. Stillman Drake, *Galileo at Work : His Scientific Biography*. Chicago : University of Chicago Press, 1978. 다음도 참조하라. Michael Segre, "Galileo, Viviani and the Tower of Pisa." *Studies in the History and Philosophy of Science* 20(1989), pp. 435~451. 또한 나는 이 장과 다음 장의 내용에 대해서 토머스 세틀로부터 많은 도움을 받았다.

| 간주 | 실험과 시연

1. Frederic Holmes, *Meselson, Stahl, and the Replication of DNA : A History of "The Most Beautiful Experiment in Biology."* New Haven : Yale University Press, 2001, pp. ix~x. "메셀슨-스탈 실험은 복잡성 속에서 태동했고, 복잡성에 둘러싸여 있었으며, 미래의 복잡성을 발견하는 방향으로 나아갔다."

셋. 갈릴레오와 경사면

1. Galileo, *Two New Sciences*, tr. S. Drake, 앞의 책, pp. 169~170.

2. Alexandre Koyré, "An Experiment in Measurement," *Proc. American Philosophical Society* 97(1953), pp. 222~236.

3. Thomas B. Settle, "An Experiment in the History of Science," *Science* 133(1961), pp. 19~23.

| 간주 | 뉴턴-베토벤 비교

1. Owen Gingerich, ed., *The Nature of Scientific Discovery*. Washington, D. C. : Smithsonian Institution, 1975, p. 496.

2. I. Bernard Cohen, *Franklin and Newton*. Philadelphia: American Philosophical Society, 1956, p. 43.

3. Immanuel Kant, *Critique of Judgement*, tr. W. Pluher. Indianapolis: Hackett, 1987, 47장.

4. Owen Gingerich, "Circumventing Newton: A Study in Scientific Creativity," *American Journal of Physics* 46(1978), pp. 202~206.

5. Jean-Marc Lévy-Leblond, "What If Einstein Had Not Been There? A *Gedankenexperiment* in Science History." 24th International Colloquium on Group-Theoretical Methods in Physics, Paris, July 2002.

넷. 뉴턴의 프리즘 빛분해

1. I. Newton to H. Oldenburg, January 18, 1672, in W. Turnbill, ed., *The Correspondence of Isaac Newton*, Vol. I, Cambridge: University Press, 1959, pp. 82~83.

2. Michael White, *Isaac Newton: The Last Sorcerer*. Reading, Mass.: Addison-Wesley, 1997, p. 165.

3. Richard S. Westfall, "Newton," in *Encyclopaedia Britannica*, Fifteenth Edition, Vol. 24, p. 932.

4. 다음에 인용되어 있다. White, 앞의 책, p. 179.

5. 앞의 책, p. 164.

6. Newton, *Correspondence*, Vol. I, p. 92.

7. Newton, *Correspondence*, Vol. II, p. 79.

8. Newton, *Correspondence*, Vol. I, p. 107.

9. 앞의 책, p. 416.

10. Thomas Birch, *The History of the Royal Society of London*, Vol. 3. New York: Johnson Reprint Corp., 1968, p. 313.

11. Newton, *Correspondence*, Vol. I, p. 356.

1. Kenneth Clark, *Landscape into Art*, New York : Harper & Row, 1976, p. 65.
2. 시인들이 어떤 방식으로 이 위협에 대처했는가를 다룬 글들이 여럿 있는데,
   그중에서도 다음 둘을 참조하라. Marjorie Nicolson, Newton Demands the
   Muse : *Newton's Opticks and the Eighteenth Century Poets*, Hamden, Ct. : Archon,
   1963. 그리고 M. H. Abrams, *The Mirror and the Lamp : Romantic Theory and the
   Critical Tradition*. New York : Oxford University Press, 1971.
3. 책 한 권을 통째 할애하여 이 파티를 다룬 것도 있다. Penelope Hughes-
   Hallett, *The Immortal Dinner : A Famous Evening of Genius and Laughter in
   Literary London*. Chicago : New Amsterdam, 2002.
4. Nicolson, p. 25.
5. "The Best Mind Since Einstein," *NOVA*, November 21, 1993.

다섯. 캐번디시의 엄격한 실험

1. George Wilson, *Life of the Hon. Henry Cavendish*. London, Cavendish Society,
   1851, p. 166. 보다 최근의 전기로는 다음을 참조하라. Christa Jungnickel and
   Russell McCormmach, *Cavendish : The Experimantal Life*, Lewisburg, Penn. :
   Bucknell University Press, 1999.
2. 앞의 책, p. 170.
3. 앞의 책, p. 188.
4. 앞의 책, p. 185.
5. 앞의 책, p. 178.
6. Isaac Newton, *The Principia : Mathematical Principles of Natural Philosophy*, tr. I.
   Bernard Cohen and Anne Whitman. Berkeley : University of California Press,
   1999, p. 815.
7. Isaac Newton, *Sir Isaac Newton's Mathematical Principles of Natural Philosophy*

and his System of the World, tr. A. Motte, rev. by F. Cajori, Vol. 2. New York: Greenwood Press, 1969, p. 570.

8. Derek Howse, *Nevil Maskelyne: The Seaman's Astronomer*. Cambridge: Cambridge University Press 1989, pp. 137~138.

9. 다음에 인용되어 있다. Russell McCormmach, "The Last Experiment of Henry Cavendish," A. Kox and D. Siegel, eds., *No Truth Except in the Details*. Dordrecht: Kluwer, 1995, pp. 13~14.

10. Henry Cavendish, "Experiments to Determine the Density of the Earth," *Philosophical Transactions of the Royal Society* 88(1798), pp. 469~526.

11. 다음에 인용되어 있다. B. E. Clotfelter, "The Cavendish Experiment as Cavendish Knew It," *American Journal of Physics* 55(1987), pp. 210~213, at p. 211.

12. Wilson, 앞의 책, p. 186.

| 간주 | 대중문화 속의 과학

1. Sarah Boxer, "The Art of the Code, or, At Play with DNA," *The New York Times*, March 14, 2003, p. E35.

여섯. 영의 빛나는 비유

1. '존재론적 섬광'이라는 표현은 다음에 나온 것이다. Mary Gerhart and Allan M. Russell, *Metaphoric Process: The Creation of Scientific and Religious Understanding*. Fort Worth: Texas Christian University Press, 1984, p. 114.

2. 이 사실을 비롯한 토머스 영의 일생에 관한 이야기는 다음에 잘 나와 있다. George Peacock, *Life of Thomas Young*, London: J. Murray, 1855. 그리고 다음 사전의 토머스 영 항목도 참조하라. Edgar Morse, *The Dictionary of Scientific Biography*, Vol. 14. New York: Scribner's, 1976, pp. 562~572.

3. Newton, *Opticks*, Query 28.

4. Thomas Young, "Outlines of Experiments and Inquiries Respecting Sound and Light," *Philosophical Transactions* 1800, pp. 106~150.

5. J. D. Mollon, "The Origins of the Concept of Interference," *Philosophical Transactions of the Royal Society of London* A(2002), pp. 360, 807~819. 뉴턴의 논증은 다음에 등장한다. *The Principia*, Book 3, proposition 24.

6. 이것은 과학의 역사상 어떤 기초 개념을 소개함에 있어 가장 모호하고 애매하게 소개한 순간일 것이다. 이렇게 시작한다. "스미스 박사처럼 훌륭한 수학자가 잘못된 생각을 한때나마 주장했다는 것은 참으로 놀라운 일이다. 스미스 박사는 서로 다른 소리를 나타내는 공기의 진동이 사방으로 퍼져 교차하면서도 각각의 영향력이 합쳐지지 않고 고스란히 따로따로 진행된다고 주장했다. 물론 음파는 서로의 진행을 방해하지 않고 서로 교차할 수 있다. 하지만 그것은 공기 분자들이 두 가지 운동에 모두 참여하기 때문에 가능한 것이다." Young, "Outlines," 11장.

7. Thomas Young, *A Reply to the Animadversions of the Edinburgh Reviewers*. London: Longman et al. Cadell & Davis, 1804.

8. Thomas Young, "The Bakerian Lecture: Experiments and Calculations Relative to Physical Optics," *Philosophical Transactions* 1804, pp. 1~16.

9. Thomas Young, *A Course of Lectures on Natural Philosophy and the Mechanical Arts*. London: Taylor and Walton, 1845, 39강.

10. Nahum Kipnis, *History of the Principle of Interference of Light*. Boston: Birkhäuser, 1991, p. 124.

11. Henry Brougham, "Bakerian Lecture on Light and Colors," *The Edinburgh Review* 1(1803), pp. 450~456.

| 간주 | 과학과 은유

1. 이 장의 내용은 『물리학 세계』의 한 칼럼을 바탕으로 했다("Physics, Metaphorically Speaking," November 2000, p. 17). 그 칼럼은 또 내 책 *The*

310

311

*Play of Nature: Experimentation as Performance*의 3장에 실려 있는 내용에서 비롯한 것이다.

2. 가령 과학사학자 스탠리 잭슨(Stanley Jackson)의 지적에 따르면 요하네스 케플러마저도 16세기 말, 17세기 초의 다른 과학자들과 마찬가지로 자신의 역학 이론에 모종의 영혼적인 속성을 집어넣는 모습을 보였다. 케플러는 1621년에 이렇게 썼다. "'영혼'이라는 단어를 '힘'이라고 바꾸기만 하면 그것이 바로 내가 주장하는 하늘의 물리학의 바탕에 있는 원칙이 된다." 그는 그런 힘이 영적이라고는 주장하지 않았지만 이렇게 말했다. "나는 이 힘이 뭔가 실체적인 것이라는 결론에 도달했다. 문자 그대로 '실체'가 있다는 뜻이 아니다. 우리가 빛을 두고 뭔가 실체적이란 것을 말할 때와 비슷한데, 즉 실체를 가진 물질로부터 실체가 없는 어떤 개체가 뿜어져 나온다는 의미이다."

3. 철학자 브루스 윌셔(Bruce Wilshire)는 이것을 '인상학적 은유'라고 부른다.

4. 마지막으로, 은유인 듯 보이지만 실은 그렇지 않은 과학 용어들도 있다. 가령 쿼크의 이름인 '참(charm)', '스트레인지(strange)', '뷰티(beauty)', '트루스(truth)' 등이 그렇다. 이 이름들을 은유라고 생각하는 건 헛일이다. 그런 이름들은 아무것도 말해주는 바가 없으며 무언가를 뜻하려고 붙여진 것도 아니다. 그냥 적절치 못한 작명의 예라고 생각하는 게 낫다.

5. 최근의 '과학 전쟁'을 떠올려보면 이 과정을 이해하는 것이 왜 중요한지 납득할 수 있을 것이다. '과학 전쟁'은 주로 과학에서 쓰이는 은유들이 창조적이냐(그러므로 그에 따라 생산된 지식이 문화적으로나 역사적으로 의미가 있느냐) 혹은 여과적이냐(그러므로 폐기 가능한가)를 두고 벌어진 논쟁들이다. 좋은 예로서 파리의 국립 광산대학 혁신사회학 연구소의 교수이자 사회학자인 브루노 라투르(Bruno Latour)와 존 후스(John Huth)가 상대성 원리를 놓고 벌인 설전을 들 수 있다. 라투르는 아인슈타인이 한 책에서 상대성 원리를 설명하기 위해 관찰자와 계량자의 심상에 의존했다는 것을 확인하고는, 이것이야말로 상대성 이론이 사회적으로 구성된 증거라고 주장했다. 후스는 책은 대중화의 수단일 뿐이라고 반박했다. 책에 거론된 이미지는 아인슈타인이 설명하고자 하는 이론에 있어서 전혀 핵심적인 내용이 아니라는 것이다. 후스는 라투르의 방법론이 '은유 장사'라고 비난했다.(John Huth, "Latour's

Relativity," A House Built on Sand, ed. N. Koertge, New York: Oxford University Press, 1998, pp. 181~192.) 그러나 하버드 대학의 과학사학자 피터 갤리슨은 은유가 깊은 역할을 수행했을 수 있다는 다른 가능성을 지적했다. 세기말의 유럽에서 기차 운행을 통제하기 위해 시계를 똑같이 맞추던 것이 아인슈타인의 사고 과정에 중요한 역할을 했다는 것이다. 갤리슨에 따르면 아인슈타인은 특허청 직원으로서 이 기술에 대해 잘 알고 있었을뿐더러, 빛의 속도가 유한할 때의 동시성의 문제를 푸는 데 그 사실을 은유적으로 확장함으로써 단서를 잡았다는 것이다. 갤리슨에 따르면 아인슈타인의 핵심적인 통찰은 어딘가에 '기준 시계'가 있어야 한다는 기차 조정 시의 조건을 과감히 생략한 데 있었다.

일곱. 푸코의 숭고한 진자

1. "The Foucault Pendulum" (글쓴이 미상), *The Institute News*, April 1938.
2. 다음에 인용되어 있다. Stephane Deligeorges, *Foucault et ses Pendules*. Paris: Editions Carre, 1990, p. 48.
3. M. L. Foucault, "Physical Demonstration of the Rotation of the Earth by Means of the Pendulum," *Journal of the Franklin Institute*, May 1851, pp. 350~353.
4. M. L. Foucault, "Démonstration expérimentale du mouvement de rotation de la Terre," *Journal des Débats*, 31 March 1851. 푸코에 대해서 더 알려면 다음을 참조하라. Amir Aczel, *Pendulum: Leon Foucault and the Triumph of Science*. New York: Pocket Books, 2003; William John Tobin, *The Life and Science of Léon Foucault, the Man Who Proved the Earth Rotates*. London: Cambridge University Press, 2003.
5. 지구의 병진 운동, 즉 축을 기준으로 회전하는 자전 운동이 아니라 우주 공간을 가로질러 움직이는 운동을 증명하는 것은 훨씬 어려울 것이다.
6. M. Merleau-Ponty, *Phenomenology of Perception*, tr. C. Smith. London: Routledge & Kegan Paul, 1962, p. 280. 몇몇 생각들을 발전시키는 데 도움

을 준 패트릭 힐란에게 감사한다. 밥 스트리트에게도 감사한다. 그는 어떤 사람이 커다란 진자의 추 안에 들어가 있다면 어떻게 될까, 혹은 진자가 지구를 회전하는 떠 있는 레스토랑에 설치되어 있는데 레스토랑의 회전 주기는 항성일과 같고, 캄캄한 밤하늘을 배경으로 그 진자를 본다면 어떻게 될까 하는 궁금증들을 떠올리게 해주었다.

7. Deligeorges, *Foucault*, p. 60.

8. H. R. Crane, "The Foucault Pendulum as a Murder Weapon and a Physicist's Delight," The Physicist's Delight," *The Physics Teacher*, May 1990, pp. 264~269, at p. 269.

9. H. R. Crane, "How the Housefly Uses Physics to Stabilize Flight," *The Physics Teacher*, November 1983, pp. 544~545.

10. 핵심 부품이란 철선, 철선을 설치하는 받침대, 철선 설치대의 이음 고리에 달린 작은 추진기이다. 이 추진기는 푸코가 사용했던 것과 비슷한 원리인데 다만 진자의 바닥이 아니라 위에 달린다는 점이 다르다. 역할은 추가 서서히 느려지는 것을 막기 위해 간간이 조금씩 밀어주는 것이다.

11. 여러 진자들 사이의 가장 큰 차이점은 진동면이 시간당 몇 도나 돌아갈 것인가 하는 점인데, 이것은 진자가 놓인 위치에 달린 문제다. 북극과 남극에서는 진자가 매 24시간마다 완전히 한 바퀴, 즉 360도를 돌 것이므로 시간당 15도가 될 것이다. 북반구에서는 시계 방향, 남반구에서는 시계 잔대 방향이다. 그 밖의 곳에서라면 시간당 회전 각도는 위도와 상관이 있는데, 위도의 사인 값에 15도를 곱한 값이 된다. 런던은 12도가 조금 못 되는 정도, 파리는 시간당 11도다. 뉴욕은 시간당 9와 $\frac{3}{4}$도, 뉴올리언스는 7도, 스리랑카는 2도가 채 못 된다.

| 간주 | 과학과 숭고함

1. Edmund Burke, "A Philosophical Inquiry into the Origin of Our Ideas of the Sublime and the Beautiful," 4th ed. Dublin: Cotter, 1707, Part 1, 6장.

2. Immanuel Kant, *Critique of Judgement*, tr. W. Pluher. Indianapolis: Hackett, 1987,

28장. 움베르토 에코의 다음 책에도 또 다른 종류의 숭고함이 소개되어 있다. *Foucault's Pendulum*, tr. William Weaver. New York : Ballantine Books, 1988.

여덟. 밀리컨의 기름방울 실험

1. 밀리컨의 실험에 관한 가장 포괄적인 글은 이것이다. Gerald Holton, "Subelectrons, Presuppositions, and the Milikan-Ehrenhaft Dispute," in *The Scientific Imagination : Case Studies*(Cambridge, Mass. : Cambridge University Press, 1978) pp. 25~83. 다른 문헌들은 다음 글을 보면 여럿 소개되어 있다. Ullica Segerstråle, "Good to the last drop? Millikan Stories as 'Canned' Pedagogy," *Science and Engineering Ethics* 1 : 3 (1995), pp. 197~214.

2. Millikan, *Autobiography*, New York : Houghton Miffliin, 1950, p. 69.

3. 앞의 책, p. 73.

4. 앞의 책.

5. 홀턴은 이렇게 썼다. "밀리컨은 초창기의 명성을 안겨준 그 실험을 고안하거나 설계한 것이 아니다. 그는 그 실험을 발견했다…… 개별 물방울이 존재한다는 사실에 대해서는 누구도 부인하지 않았다. 누구라도 구름 대신 하나의 방울을 보겠다는 생각만 했다면 십수 년 전에라도 벌써 기기들을 조립하여 실험을 해낼 수 있었을 것이다…… 구름을 갖고 작업해야 한다는 전통 때문에 사람들의 상상력이 제약받아왔는데, 밀리컨의 경우 우연에 의해 그 제약이 사라졌던 것이다."(Holton, 앞의 책, p. 46.)

6. 앞의 책, p. 53.

7. Millikan, *Autobiography*, p. 75.

8. 앞의 책, p. 83.

9. Millikan, "The Isolation of an Ion, a Precision Measurement of Its Charge, and the Correction of Stokes' law." *Science* 32(1910), p. 436.

10. 해당 공책 페이지는 다음에 복사되어 있다. Holton, "Subelectrons," p. 64.

11. Millikan, "On the Elementary Electrical Charge and the Avogadro Constant,"

Physical Review 2(1911), pp. 109~143.

12. 허버트 골드스타인과 나눈 개인적 대화로부터.

13. Holton, 앞의 책, p. 71.

14. Segerstråle, 앞의 책.

15. 폭로성 기사란 언제라도 큰 영향력을 갖는 법이겠지만 특히 워터게이트 사건 이후엔 더했다. 홀턴의 글도 바로 그때 발표된 것이다. 매체 비평가 데이비드 포스터 월러스 같은 이들은 왜 사람들이 "비밀스럽고 수치스런 부도덕의 현장이 까발려져 세상에 나와 단죄되는 것을 보길 이토록 좋아하는지" 연구했다. 월러스에 따르면 폭로는 우리에게 "인식론적 우위"의 느낌을 준다. "일상의 문명화된 표피 아래로 침투하여" 기저에서 작동하고 있는 악하고 음흉하고 사악하기까지 한 힘들을 드러내기 때문이다. David Foster Wallace, "David Lynch Keeps His Head," in *A Supposedly Fun Thing I'll Never Do Again*(New York: Little, Brown), p. 208.

16. 브로드와 웨이드가 오명을 씌운 유명 과학자들 중에는 갈릴레오도 있다. 그들은 갈릴레오의 가상 대화가 역사적 사실을 그대로 서술한 것이라고 가정하고, 쿠아레의 고집스런 갈릴레오 해석을 그대로 믿은 뒤, 갈릴레오도 "과학계의 사기꾼임이 확실하거나 심증이 짙다"고 결론 내렸다. 갈릴레오가 "실험 결과물을 과장했다"는 것이다. 브로드와 웨이드는 보다 최근에 갈릴레오의 자료를 심층 연구함으로써 쿠아레야말로 갈릴레오를 오해했다는 것을 밝혀낸 학자들, 즉 세틀이나 드레이크 등의 연구 내용은 자신들의 책 참고문헌 목록에만 고이 묻어두었다.

17. A. Franklin, "Forging, Cooking, Trimming, and Riding on the Bandwagon," *American Journal of Physics* 52(1984), pp. 786~793.

18. 앞의 책, p. 83.

| 간주 | 과학에서의 인식

1. 다음에 나와 있는 표현이다. Evelyn Fox Keller, *Reflections on Gender and Science*, New Haven: Yale University Press, 1985, p. 165.

2. 미상, *Science News* 139(1990), p. 359.

3. 다음 자료들을 참조하라. Robert P. Crease, *The Play of Nature : Experimentation as Performance*(Bloomington, Ind.: Indiana University Press, 1993); Patrick A. Heelan, *Space-Perception and the Philosophy of Science*(Berkeley: University of California Press, 1983); Don Ihde, *Technology and the Lifeworld*(Bloomington, Ind.: Indiana University Press, 1990).

4. 그런데 과학 용어(가령 '전자' 같은)가 소위 '이중 의미'를 가질 때에는 문제가 좀 복잡해진다. 이론에서의 추상적인 용어인 동시에 실험실에서의 확실한 물리적 실체를 가리킬 때도 있는 것이다(일례로 악보에서의 'C'음과 실제 연주장에서 들리는 'C'음의 차이를 생각해보라). 과학에서의 이중 의미론에 관해서는 다음 글을 참조하라. Patrick A. Heelan, "After Experiment: Realism and Research," *American Philosophical Quarterly* 26(1989), pp. 297~308). 그리고 다음도 참조하라. Crease, *Play of Nature*, pp. 88~89.

5. Albert Einstein, in Clifton Fadiman, ed., *Living Philosophies*. New York: Doubleday, 1990, p. 6.

아홉. 러더퍼드의 원자핵 발견

1. 이 실험에 대한 고전적인 저술로는 다음이 있다. J. L. Heilbron, "The Scattering of α and β Particles and Rutherford's Atom," *Archive for History of Exact Sciences* 4(1967), p. 247~307.

2. M. Oliphant, *Rutherford : Recollections of the Cambridge Days*. Amsterdam: Elsevier, 1972, p. 26.

3. J. A. Crowther, *British Scientists of the Twentieth Century*. London: Routlege & Kegan Paul, 1952, p. 44.

4. A. S. Russell, "Lord Rutherford: Manchester, 1907~1919: A Partial Portrait," *Proceedings of the Physical Society* 64(1 March 1951), p. 220.

5. Oliphant, 앞의 책, p. 123.

6. 다음에 인용되어 있다. 앞의 책, p. 65.

7. J. L. Heilbron, "An Era at the Cavendish," Science 145, 24 August 1964, p. 825.

8. Oliphant, 앞의 책, p. 11.

9. 다음에 인용되어 있다. D. Wilson, *Rutherford: Simple Genius*. Cambridge, Mass.: MIT Press, 1983, p. 290.

10. E. N. da C. Andrade, *Rutherford and the Nature of the Atom*. New York: Doubleday, 1964, p. 111.

11. 다음에 인용되어 있다. Wilson, 앞의 책, p. 296.

12. 다음에 인용되어 있다. A. S. Eve, *Rutherford*. New York: Macmillan, 1939, p. 199.

13. 다음에 인용되어 있다. 앞의 책, pp. 194~195.

14. J. A. Crowther, "On the Scattering of Homogeneous Rays and the Number of Electrons in the Atom," *Proceedings of the Royal Society of London* 84(1910~1911), p. 247.

15. E. Rutherford, "The Scattering of α and β Rays and the Structure of the Atom," *Proceedings of the Manchester Literary and Philosophical Society*, series 4, 55, no. 1(March 1911), p. 18.

16. E. Rutherford, "The Scattering of α and β Particles by Matter and the Structure of the Atom," *Philosophical Magazine*(May 1911), pp. 669~688.

| 간주 | 과학의 예술

1. 다음에 인용되어 있다. Robert P. Crease and Charles C. Mann, *The Second Creation: Makers of the Revolution in Twentieth-Century Physics*. New Brunswick, M.J.: Rutgers University Press, pp. 337~338.

2. 이 단락의 모든 인용들은 다음에서 가져온 것이다. Patrick McCray, "Who Owns the Sky? Astronomers' Postwar Debates over National Telescopes for Optical Astronomy"(미발표 논문).

3. Robert P. Crease, *The Play of Nature : Experimentation as Performance*, Bloomington, Ind.: Indiana University Press, 1993, p. 109~111.

4. 이 대화는 다음에도 인용되어 있다. Crease, *The Play of Nature*, pp. 117~118.

열. 단독 전자의 양자적 간섭

1. R. P. Feynman, R. B. Leighton, and M. Sands, *The Feynman Lectures on Physics*, Vol. 3(Menlo Park: Addison-Wesley, 1965), 1장. 인용문 중 몇몇은 다음에서 가져왔다. Feynman, *The Character of Physical Law*(Cambridge, Mass.: MIT Press, 2001), 6장.

2. 파인먼의 비유도 결국은 다른 모든 비유들처럼 근사한 예일 뿐이다. 그래서 꼼꼼하게 따져보면 허점도 없지 않다. 총알들도 감지기에 닿기 전에 서로 부딪쳐 패턴을 흩뜨릴 수 있다. 그리고 전자만큼 작은 총알이 벽 모서리에 부딪쳐 꺾인다면(진짜 총알들과는 달리) 그들은 스스로도 운동량의 변화를 일으키고 막에도 운동량의 변화를 가져올 것이다. 해서 다음으로 쏘아진 총알과 벽의 상호관계에도 변화가 생길 것이다. 마지막으로, 파인먼이 총알을 물결파와 대조시킨 것은 말 그대로 수사일 뿐이다. 어떤 물질이든 극단적으로 희석하면 결국에는 모든 것이 원자나 장의 수준으로 내려간다. 두 가지 모두 양자화가 가능한 것이다. 즉 사실 늘 연속적인 파동 같은 것은 존재하지 않는다.

3. 1888년에서 1973년까지, 물리학 연구소는 도시 중심에 위치해 있었다. 고해상도 전자현미경이나 전자 간섭계를 연구하는 물리학자들은 도심에서 발생하는 물리적이고 자기적인 방해 현상들과 싸워야 했다. 1973년, 연구소는 도시 외곽 언덕에 지어진 새 건물로 이사했다. 천문학자들이 문명의 불빛을 피해 도시에서 먼 곳에 망원경을 설치하듯, 묄렌슈테트는 연구소가 전자기 방해 요소들을 피해 건설되길 바랐다.

4. 은손은 이렇게 진행했다. 우선 임시 기판으로 4×4 센티미터 크기의 유리판 위에 20나노미터 두께의 은막을 증착(금속 등을 가열, 증발시켜 그 증기를 물체 표면에 얇은 막으로 입히는 일/옮긴이)을 통해 입힌다. 이렇게 완성된 임

시 기판은 0.5마이크로미터 두께의 구리막을 전기도금으로 입히기에 충분히 안정하다. 그런데 구리막에 슬릿은 어떻게 낼까? 처음 떠오른 생각은 긁는 기계로 슬릿을 내는 것이었다. 빛의 간섭 실험을 할 때 사용할 슬릿을 준비하는 것처럼 말이다. 하지만 적합한 기계를 만들기 어려웠고, 애초 그런 기계로는 0.5마이크로미터 길이의 슬릿을 낸다는 게 불가능했다(막이 물리적으로 안정하기 위해서는 슬릿이 그 이상 길어서는 곤란하다). 이 부분에서 욘손이 오래 전 전기도금을 하며 놀았던 경험이 도움이 되었다. 기판에 먼지가 조금이라도 있으면 그 부분에 도금이 되지 않는다는 점을 떠올린 욘손은 도금을 하기 전에 은막 기판 위에다 슬릿 모양의 절연막을 입히기로 했다. 여기서 이번에는 뮐렌슈테트의 격언이 효과를 발휘했다. 그 격언은 실험을 하다 먼지 때문에 이상한 현상을 겪게 되면 그 현상을 당신에게 유리하게 작용하도록 만들라는 것이다. 욘손은 실제로 소위 스튜어트 층이라는, 먼지로 인한 현상을 발견한다. 이것은 전자현미경 내부에 기름 증기가 들어갔을 때 기름 분자들이 뭉쳐 나타나는 현상이었다. 기름 분자들이 전자 빔을 맞아 '갈라진' 뒤 중합을 일으켜 스튜어트 층을 형성하는 것이다. 따라서 현미경으로 오래 물체를 관찰할수록 스튜어트 층은 점점 두껍게 형성되고, 현미경의 해상도를 떨어뜨렸다. 스튜어트 층을 연구한 욘손은 이것이 좋은 절연체임을 발견했고, 은막 위에 스튜어트 층을 슬릿 모양으로 만들면 그 부분에는 구리 도금이 방지되리라는 것을 깨달았다. 이 설명을 직접 해준 클라우스 욘손에게 감사한다.

5. 그는 은막 기판 위에 슬릿 모양의 스튜어트 층을 찍기 위해서 전자 탐침 형태의 전자광학 기기를 만들었다. 여러 개의 슬릿을(최대 열 개까지) 나란히 만들기 위해서, 그는 기기에 축전기를 단 뒤 전압을 걸면 전자 탐침이 슬릿 방향과 수직으로 움직일 수 있도록 했다. 기판이 전자에 노출되고 나면 10~50나노미터 두께의 스튜어트 층이 만들어졌다. 욘손은 구리막 위에 원하던 슬릿 모양을 찍어낼 수 있었다. 그런데 그들을 어떻게 기판에서 떼어낼 것인가? 어떻게 은막과 중합체를 슬릿에서 떨어낼 것인가? 이 대목에서 욘손은 운이 따랐다. 그는 족집게를 사용해 슬릿의 구리-은 막을 유리 기판에서 들어내면 슬릿을 손상시키지 않고도 벗겨낼 수 있음을 발견했다. 그가 0.5마이크로미터 이상 두께의 격막에 슬릿을 내고 현미경으로 보았더니, 슬릿에 아무 문제가

없었다. 프린트 과정 중에는 전자 빔이 유리-은 기판 위의 스튜어트 층에 부딪쳐 엉겼고 구리막이 제거된 뒤에도 그대로 남았다. 그러므로 슬릿을 만드는 데 생겼던 두 가지 큰 문제점들이 다 극복되었다.

6. 1972년, 그들은 지멘스 엘미스코프 1A 전자현미경 견본 삽입부에 집어넣은 수제 필라멘트를 장착한 전자 겹프리즘으로 최초의 줄무늬 간섭 패턴을 얻었다. 이탈리아 물리학회는 이 작업에 대해 최고의 교육적 실험상을 수여했다.

7. P. G. Merli, G. F. Missiroli, and G. Pozzi, *American Journal of Physics* 44(1976), pp. 306~307.

8. 웹사이트 주소는 다음과 같다.
www.Lamel.bo.cnr.it/educational/educational.html

9. A. Tonomura, J. Endo, T. Matsuda, T. Kawasaki, and H. Ezawa, "Demonstration of Single-Electron Buildup of an Interference Pattern," *American Journal of Physics* 57(1989), pp. 117~120.

10. 토노무라의 왕립학회 강연은 다음에서 볼 수 있다. http://www.vega.org.uk/series/vri/vri4/index.html. 다음도 참조하라. Peter Rodgers, "Who Performed the Most Beautiful Experiment in Physics?" *Physics World*, Sept. 2002.

| 간주 | 또 다른 아름다운 실험들

1. 이 이야기에 대한 고대 자료로는 로마의 건축가이자 기술자 비트루비우스 폴리오가 남긴 것이 있다. 나는 다음 사전의 '아르키메데스' 항목에서 이야기를 따왔다. *Dictionary of Scientific Biography*, Charles C. Gillispie, editor in chief, New York: Scribner, 1970~1980.

2. Frederic Lawrence Holmes, *Meselson, Stahl, and the Replication of DNA: A History of "The Most Beautiful Experiment in Biology."* New Haven: Yale University Press, 2001.

3. 다음을 보라. Deborah Blum, *Love at Goon Park: Harry Harlow and the Science of Affection*. Cambridge, Mass.: Perseus, 2002.

4. J. Garcia and R. Koelling, "Relation of cue to consequence in avoidance learning," *Psychonomic Science* 4(1966), pp. 123~124.
5. 다음 웹사이트에서 볼 수 있다.
http://www.aps.org/apsnews/0101/010106.html
6. 다음 책의 대중적인 설명으로부터 이야기를 가져왔다. Robert P. Crease and Charles C. Mann, *The Second Creation: Makers of the Revolution in Twentieth-Century Physics*. New York: Macmillan, 1986, pp. 164~165.
7. 대중적인 설명을 보려면 다음을 참조하라. 앞의 책, pp. 206~208.
8. 대중적인 설명을 보려면 다음을 참조하라. Robert P. Crease, *Making Physics: A Biography of Brookhaven National Laboratory, 1946~1972*. Chicago: University of Chicago Press, 1999, pp. 248~250.
9. 다음에 인용되어 있다. 앞의 책, p. 400.

결론 : 과학은 여전히 아름다운가?

1. 뮤온의 비정상 자기 모멘트 값을 정확히 측정하는 것은 물리학에서 어떤 수치를 가장 열광적으로 측정하려 나선 예일 것이다. 엄청난 어려움을 안고 있음에도 불구하고 그토록 빈번히 시도된 것만 봐도 알 수 있다. 그 까닭은, 이론적 예측치와 실험에서 실제로 측정된 값이 차이를 보일 경우, 소립자물리학의 표준 모델에 무슨 문제가 있는지에 대해서 핵심적인 정보를 얻을 수 있기 때문이다. 소립자물리학이란 20세기 후반에 형성된 학문으로서 물질의 가장 기초적인 구성 요소들의 행동을 설명하는 이론이다. 알려진 모든 입자들, 그리고 그들간에 작용하는 힘들에 대해 다룬다. 다음을 참조하라. William Morse, et al., "Precision Measurement of the Anomalous Magnetic Moment of the Muon," Proc. of the XVIII Inter. Conf. on Atomic Physics, H. Sadeghpour, E. Heller and D. Pritchard, eds., World Scientific Publishing, 2002.

2. 모든 뮤온은 축을 두고 끊임없이 회전하는데, 주기는 늘 일정하다. 그런데 일정한 자기장 속에서 원형의 경로를 따를 때는 이 축이 떨린다. 즉 흔들린다. 이

흔들림의 진동수는 뮤온의 자기 회전비, 즉 'g-인자'에 의해 결정된다. 고전 물리학에서는 입자가 늘 고정된 시공간 값을 갖기 때문에 이 g-인자가 늘 1이었다. 그런데 P. A. M. 디랙이 상대성 이론을 양자역학과 결합해 계산해본 결과, g-인자는 정확히 2로 나왔다. 그런데 유명한 하이젠베르크의 불확정성 원리에 따르면 뮤온(또는 모든 소립자)의 질량은 결코 정확히 측정할 수 없다. 뮤온이 끊임없이 방출하고 흡수하는 가상 입자들, 유령처럼 잠시 존재하는 그들의 후광에 덮여 있기 때문이다. 그래서 g-인자는 정확히 2가 아니게 된다. 일차 보정 계산 결과는 무한이 나와버렸는데, 이때 파인먼, 슈윙거, 토모나가가 양자 전기역학을 동원해 계산한 결과 2.002의 값을 얻었다. G-2 실험은 g-요인의 값이 2에서 얼마나 다른지 정확도 백만 분의 1 수준으로 정교하게 재는 것이다. 이 수치는 물리학자들에게는 굉장히 중요하다. 여태껏 발견되지 않았던 새로운 입자의 존재를 드러낼지도 모르기 때문이다. 그것은 또 현재의 표준 모델이 종합적인지 아닌지 평가하는 계기가 될 것이다. 만약 실험값이 이론적 예측치와 완벽하게 맞아떨어진다면 표준 모델은 종합적이다(최소한 현재의 수준에서는). 그러면 표준모델을 대치하는 새로운 이론은 현재로선 필요가 없을 것이다. 하지만 불일치가 일어난다면 표준 모델이 충분치 않다는 얘기가 된다. 즉 새로운 물리학으로 가는 길이 될 것이다. 이 흔들림을 측정하기 위해서는 아주 독창적인 기기를 계획하고 조립해야만 했다. 이 기기를 짓는 데만도 10년이 넘게 걸렸고 수천 개의 섬세한 부품들을 조립하고 제대로 끼워 맞추는 노역을 해야 했다. 모든 부분이 전체에 영향을 미칠 수 있으므로 끊임없이 타협해야 했다. 뮤온은 AGS라 불리는 브룩헤이븐의 입자가속기에서 생성되었다. 우선 가속기의 양성자가 과녁에 충돌하면 파이온이라는 입자들이 생겨나고, 파이온들이 붕괴하여 뮤온을 낳는다. 뮤온은 스핀 편극되어 있다. 즉 모든 뮤온의 스핀 축이 한 방향으로 동일하다. 뮤온은 거대한 초전도체 자석 속에 들어간 뒤 자석의 영향을 받는 거대한 진공실 속에서 원형으로 회전한다. 브룩헤이븐에 설치된 자석은 단일 초전도체 자석으로서는 세계에서 가장 거대한 것이다. 어떤 과학자들은 그런 거대한 초전도체를 만들기 어렵기 때문에 실험 자체가 불가능하다고 생각할 정도였다. 자석에 걸리는 자기장은 일정하고 균일해야 한다. 과학자들은 끊임없이 기복이라도 없는지 확인

한다. 확인하는 방법 중 한 가지는 감지기를 탑재한 수레를 만들어 진공실 내
부를 주기적으로 순찰하게 하는 것이었다. 한번은 과학자들이 수레에 자그만
비디오카메라를 붙여 한 시간 남짓한 수레의 여행을 촬영하게 했다. 결과는
기나긴 지하철 터널을 여행하는 것처럼 지루한 화면이었다.

3. 뮤온은 붕괴하며 전자(그리고 두 개의 중성미자)를 방출한다. 하지만 붕괴는
마구잡이로 이루어지지 않는다. 고에너지 전자들의 홀짝성 비보존 때문에 뮤
온의 스핀 축에 대하여 일정한 방향으로만 전자가 방출되는 것이다. 실험은
링 안에 위치한 감지기가 이 붕괴물 전자들을 감지함으로써 이루어진다.

4. 토이치로 키노시타라는 코넬 대학 이론 물리학자가 초고속 컴퓨터들을 동원
해 거의 십 년을 방정식을 갖고 작업함으로써 그 수치의 고차 보정을 해냈을
정도다.

5. 상대성 이론이 결부되는 한 가지 지점은 다음과 같다. 뮤온은 빛의 속도에 가
깝게 움직일 때는 시간 지연을 겪기 때문에 2.2마이크로초가 아니라 그보다
비교적 긴 64마이크로초를 살게 된다. 사실은 그 덕분에 이 실험 자체가 가능
한 것이다.

6. 과학에 대한 사회구성주의적 접근법에 대한 비판, 그리고 연구가 본질적으로
서로 다른 이해집단 간의 이해를 교환하는 정치적, 법적 타협 과정이라는 주
장의 내용에 대해서는 다음을 참조하라. Martin Eger, "Achievement of the
Hermeneutic-Phenomenological Approach to Natural Science: A Comparison
with Constructivist Sociology," in Robert P. Crease, ed., *Hermeneutics and the
Natural Sciences*, Dordrecht: Kluwer, 1997, pp. 85~109.

7. 철학자 맥신 시츠-존스톤이 냉소적으로 이름 붙인 표현을 빌리자면, 그러한
'우리는 이렇게 일해요' 시나리오를 액면 그대로 믿는 것은 너무나 간단한 일
이다. 하지만 그것은 꾸며낸 형식일 뿐이다. 복잡한 과정을 단순하게 포장한
것들이 으레 그렇듯, 그것은 의도와 목적을 갖고 조직된 것이다. 각 접근법의
액면 아래 깔린 의도 때문에 과학에서는 육체가 사라지고 만다. 뼈와 피가 흐
르는 물리적 육체라는 뜻이 아니라, 철학자들이 '겪어지는 실체'라고 표현하
는 그런 것 말이다. 원시적이면서도 없앨 수 없는 불변의 것으로서 애초에 인
간과 우주를 가능케 한 그런 생산적인 무언가를 말한다. 논리에 치중한 학자

들은 이 겪어지는 실체를 없애고 과학에서 정서적인 차원을 소멸시키고자 한다. 그들이 보기에 객관적이고 비개인적인 과정인 과학 속에 임의성과 비합리성의 요소가 도입되는 것처럼 느껴지기 때문이다. 그런 서술 속에는 아름다움이 기거할 자리가 없으며, 있다 하더라도 아주 인위적일 것이다. 반면, 과학의 사회적 측면에만 배타적으로 초점을 맞추는 학자들은 반대의 이유에서 겪어지는 실체를 없애고자 한다. 살아 있는 인간의 실체가 앎에서 기본적인 역할을 한다는 점을 인정해버리면 인간의 경험이 생성되고 발현되는 구조를 사회적으로 정의하는 데 큰 장애물이 되기 때문이다. 인간의 경험이 사회적 요인들로 백 퍼센트 환원되지 않을 우려가 있는데다가 심지어는 사회적 요인들을 일정 정도 몰아내는 결과를 낳을 수도 있는 것이다. 이런 서술에도 아름다움의 자리는 없다. 아름다움은 본래적인 선인데, 권력 투쟁의 어법은 모든 선을 도구적 선으로 규정하기 때문이다. 그러므로 이런 접근법도 과학을 순전한 논리 싸움으로 보아 지나치게 합리적인 용어들로만 과학을 정의하는 접근만큼이나 비인간적이긴 마찬가지다. 인간의 탐구에 있어서 육체 내지는 실체의 역할에 대해서 알려면 다음을 참조하라. Sheets-Johnstone, *The Primacy of Movement* (Philadelphia: John Benjamins, 1999). 예술가와 마찬가지로 과학자도 그들의 존재 전체를 걸고 작업한다. 달리 말하면 과학자의 작업에는 어쩔 수 없이 정서적 측면이 개입한다. 정서나 아름다움의 요소들을 모두 걷어내고 과학을 본다면, 그것은 정말 잘못 보는 것이다. 그렇게 그려본 과학은 학문적인 허구 내지는 인공물에 지나지 않는다. 제대로 된 설명은 아름다움 같은 것의 자리를 인정하는 것일 터이다. 너무나 근본적인 것을 결정적으로 드러내는 바람에 우리로 하여금 한동안 멍하니 몰두하게 만드는 것, 감각의 영역에 속하는 동시에 이상의 영역에 속하는 것의 존재를 느끼게 하는 것을 인정해야 과학을 온전히 설명할 수 있다. 제대로 된 설명이란 사랑의 역할을 인정하는 것일 테다. 사랑이야말로 아름다운 대상과 결부된 감정이기 때문이다. 아름다운 것이 불러일으키는 열정이 사랑이고, 우리가 아름다운 것을 보았을 때 느끼는 감정이 사랑이다.

8. Plato, *Symposium*, 211C.

화학을 전공한 나는 예전에 나름대로 많은 실험을 해보았다. 그래서 '세계에서 가장 아름다운 열 가지 과학 실험'을 꼽는다는 이 책을 읽고 당연히 '내가 겪은 가장 아름다운 실험은 무엇이었을까' 생각해보았다.

아, 그러나 안타깝게도 나는 잊히지 않을 정도로 아름다운 실험들을 기억해낼 수 없었다. 왜일까? 시료를 정제하고 분석하고 합성하며 즐거움을 느끼고, 결과를 표나 그래프로 만들며 짜릿한 성취감을 느낀 때가 없지 않은데 어째서 섬광처럼 멋진 실험의 경험이 떠오르지 않을까?

나는 그 이유 역시 이 책을 통해 깨달았다.

무엇이 아름다운 실험일까? 지은이는 세 가지로 답한다. 새로운 지식을 보여주는 깊이가 있을 것, 형식이 간결하고 효율적이어서 단순미가 있을 것, 쐐기를 박듯 결정적이어서 모든 의문의 방향을 미래로 돌려놓을 것이다.

그러면 어떤 실험들이 그 조건을 만족하는가? 많은 과학자들이 손수 투표한 3백여 가지 후보군 중에서 추린 열 가지 실험은 시기적으로 기원전 3세기에서 21세기까지 아우른다. 모두 위 세 가지 조건을 만족하되, 구체적으로 아름다운 부분은 저마다 다르다.

가령 해시계라는 흔해 빠진 도구로 지구의 둘레 길이를 잰 에라토스테네스의 실험은 일상적 경험을 발견의 순간으로 격상시킨 '폭의 아름다움'을 지녔다. 편집증적일 정도로 꼼꼼함을 발휘해 향후 백 년간 그보다 나은 결과를 허락지 않았던 캐번디시의 중력상수 측정 실험은 '정교한 아름다움'을 지녔다. 전자가 입자인 동시에 파동이라는 것을 극적으로 보여준 이중 슬릿 실험은 심지어 시각적으로도 아름답다. 그런가 하면 새롭게 알게 되는 것이 하나도 없는 실험이라도 아름다울 수 있다. 푸코의 진자 실험은 열 가지 실험들 중에서 전형적인 미의식 기준에 가장 들어맞는 실험이다. 이미 다 아는 이론을 보여준 것뿐인데도 무대의 연극성 덕분에 믿을 수 없게 놀랍고, 숭고하게 여겨진다.

단지 과학자들이 뽑은 아름다운 실험들을 나열한 것에 그쳤다면 의미가 덜했을 것이다. 지은이는 말수 적고 말주변 없는 과학자들을 대신해 왜 아름다운 실험이 아름다운지, 실험을 아름답다고 부르는 것이 과연 타당한 표현인지 점검하였다. 그래서 이 책의 의미가 더욱 크다.

지은이는 아름다운 실험의 요건을 정리하고, 일상적 인식과 과학적 인식의 차이와 공통점을 짚고, 과학의 아름다움이 대중문화나 일상에 수용되는 형태에 주목하고, 과학에서 말(비유나 은유)의 도구적 가치를 점검한다. 그럼으로써 아름다움이라는 것, 아름다움을 느낀다는 것, 아름다움을 아름다움으로 표현한다는 것의 의미를 되짚어본다.

사람들이 가장 아름다움과 동떨어졌을 것이라 짐작했던 영역에서 아름다움을 찾아내는 일은 재미를 넘어 중요하기까지 하다. 과학은 이미 우리 삶의 조건에서 가장 중요한 요소이기 때문이다. 그 속에서 인간의 정서가 미친 영향과 결과를 발견하는 것은 인간을 가장 인간답게 하는 일이다. 결국 실험이 아름답다는 것은 부끄러운 일이 아니다. 과학자들은 본능적으로 훌륭한 것을 아름답다고 이해하는 경향이 있는바, 이것은 인간의 미의식이 뻗어나갈 수 있는 신천지이다. 지은이는 그렇게 말한다.

다시 답해보자. 결국 나 역시 실험에 대해 줄곧 오해한 셈이다. 혹은 제대로 이해하지 못한 셈이다. 멋진 그래프를 낳는 실험은 꽉 짜인 방정식을 낳는 이론보다 열등하다는 편견을 가졌던 것 같다. 가령 실험이 주가 되는 유기화학의 경우 천재성보다 손재주랄까, 끈질김이랄까, 그런 범상한 것이면 충분하다는 생각을 나도 모르게 했던 것이다. 가끔 재주가 뛰어난 친구가 번복 없이 한 번에 우아하게 아름다운 결과를 실험으로 낳는 것을 보면 별수 없이 무척 부러

위했지만, 그 실험이 새로운 세상을 보여주는 첨단의 행위라고는 한 번도 생각하지 못했다. 실험이란 기존의 이론을 확증하거나 검증하는 도구일 뿐이라고 착각했다. 실험의 진정한 가치를 겪지 못했던 것이고, 떨리는 순간을 맛보지 못했던 것이고, 한마디로 아름다움을 느끼지 못했던 것이다.

이 책은 여러 각도로 읽힐 수 있다. 우선 어떤 실험이 아름다운가, 즉 훌륭한 실험의 전범은 어떤 것인가를 맛보게 하는 과학사 책이다. 또한 실험이 아름답다고 할 때 아름다움이란 무엇인가, 즉 21세기에 걸맞은 새로운 미의식의 정립을 요구하는 철학책이다.

그런데 나는 이를 넘어서 실험의 가치를 복권하길 주장하는 책으로 읽어도 좋다고 생각한다. 그래서 '실험이란 세상을 교묘하게 꾀어 우리에게 중요한 뭔가를 말하도록 만드는 것이다'라는 지은이의 정의가 마음에 든다. 그리고 깨닫는다. 실험의 아름다움을 느끼는 것은 곧 과학의 의미를 깨닫는 것이다. 인간은 아름다움을 마음껏 추구하는 것 이상의 쾌락을 모른다. 그러므로 아름다움과 과학은 협력해야 할 것이다.

| 찾아보기 |

| 인물 |